JISUANJIJICHUJIAOCHENG

计算机基础教程

杜建敏 主编

山西出版传媒集团
山西人民出版社

图书在版编目（CIP）数据

计算机基础教程／杜建敏主编.—太原：山西人民出版社，2012.8

ISBN 978－7－203－07873－9

Ⅰ．①计⋯　Ⅱ．①杜⋯　Ⅲ．①电子计算机－高等职业教育－教材　Ⅳ．①TP3

中国版本图书馆 CIP 数据核字（2012）第 187462 号

计算机基础教程

主　　编：杜建敏

责任编辑：李建业

装帧设计：陈　婷

出 版 者：山西出版传媒集团·山西人民出版社

地　　址：太原市建设南路 21 号

邮　　编：030012

发行营销：0351－4922220　4955996　4956039

　　　　　0351－4922127（传真）　4956038（邮购）

E－mail：sxskcb@163.com　发行部

　　　　　sxskcb@126.com　　总编室

网　　址：www.sxskcb.com

经 销 者：山西出版传媒集团·山西人民出版社

承 印 者：山西出版传媒集团·山西人民印刷有限责任公司

开　　本：787mm×1092mm　1/16

印　　张：16

字　　数：400 千字

印　　数：1—6000 册

版　　次：2012 年 8 月第 1 版

印　　次：2012 年 8 月第 1 次印刷

书　　号：ISBN 978－7－203－07873－9

定　　价：27.00 元

计算机基础教程
编 委 会

杜建敏　主　编

宗　毅　副主编

刘小莉　李慧芳　胡娟　王晓丽　么瑶　冯迪雅　原秀明　编　著

内 容 简 介

　　本书是根据《全国计算机等级考试大纲》中对一级 MS Office 的相关要求编写而成的计算机基础教程。全书共分为六章，主要内容包括：计算机基础知识、Windows XP 操作系统、文字处理软件 Word 2003 的使用、电子表格软件 Excel 2003 的使用、演示文稿软件 PowerPoint 2003 的使用及计算机网络。

　　本书在内容的安排上完整、科学、结构合理；在内容的叙述上图文并茂、通俗易懂；在习题的设计上以实用为主，注重于实际操作和应用能力的培养。

　　本书适合作为高职、高专相关专业的基础教程，也可作为其他学校或计算机培训班的教材。

前　言

随着社会的发展，世界各国的竞争已成为以经济为基础，以科技（特别是高科技）为先导的综合国力的竞争。在高科技中，信息科学技术又以其知识高度密集、学科高度综合及科学与技术相融合的学科特点，直接渗透到了经济、文化和社会的各个领域，迅速改变着人们的观念、生活和社会结构，是当代发展知识经济的支柱之一。

为了适应知识经济发展的需要，大力推动信息产业的发展，需要在全民中普及计算机知识，广开渠道，培养和造就一批能熟练运用计算机和软件技术的各行各业的专门人才。本书正是应时代的需求，根据《全国计算机等级考试大纲》中对一级 MS Office 的相关要求编写的计算机基础教程，目的是使计算机初学者在较短的时间内充分掌握计算机基础知识，适应社会的需求。

全书共分六章，内容包括：计算机基础知识、Windows XP 操作系统、文字处理软件 Word 2003 的使用、电子表格软件 Excel 2003 的使用、演示文稿软件 PowerPoint 2003 的使用及计算机网络。

本书主要有以下几个特点：

● 内容丰富，几乎覆盖全部考试内容。

● 讲解清晰，前后呼应；操作直观，由浅入深。

● 实例背景交代清楚，注重教育和学习规律。

● 附有大量的实例、图片、同步练习，便于复习与巩固。

● 版面美观，针对性强。

本书适合作为高职、高专相关专业的基础教程，也可作为其他学校或计算机培训班的教材。

本书由杜建敏担任主编、宗毅担任副主编，参加编写的有刘小莉、李慧芳、胡娟、王晓丽、么瑶、冯迪雅、原秀明，编写者均为教学一线教师，具有丰富的实际教学经验。本书内容经过多次教学研讨并采纳诸多专家的意见和建议最终定稿。

在本书的编写和出版过程中，得到了各方大力支持，在此表示衷心感谢。由于编者水平所限，书中若有不妥之处，敬请广大读者批评指正。

编　者

2012 年 6 月

目　　录

第 1 章
计算机基础知识

知识点

- 计算机的发展史、特点、分类和应用领域。
- 数制的基本概念,各种数制间的转换。
- 计算机中西文字符和汉字的编码。
- 计算机系统的组成。
- 计算机的性能和技术指标。
- 计算机病毒的概念和防治。

重点

- 计算机的发展史、特点、分类和应用领域。
- 数制的基本概念,各种数制间的转换。
- 计算机中西文字符和汉字的编码。
- 计算机系统的组成。

本章知识结构图

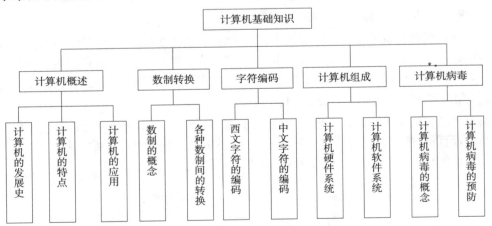

电子计算机是 20 世纪人类最伟大的技术发明之一。它具有高速、准确、可靠的计算功能,以及能够模拟人类分析、判断、逻辑思维和记忆等能力,尤其是微型计算机的

出现和网络的发展，使计算机渗透到社会的各个领域，对人类社会的发展和科学技术的进步产生了极其深远的影响。

1.1　计算机概述

1.1.1　计算机的发展史

人类所使用的计算工具随着生产的发展和社会的进步，经历了从简单到复杂、从低级到高级的发展过程，相继出现了算盘、计算尺、手摇机械计算机、电动机械计算机等。它们在不同的历史时期发挥了各自的作用，而且也孕育了电子计算机的设计思想和雏形。

1946 年 2 月 15 日，世界上第一台电子计算机 ENIAC（Electronic Numerical Integrator And Calculator，电子数值积分计算机）在美国的宾夕法尼亚大学诞生了，如图 1-1 所示。它是为计算弹道和射击表而设计的，采用的主要元件是电子管。该机器使用了 1 500 个继电器，18 800 个电子管，占地 170m²，重 30t，耗电量达 150kW，耗资 40 万美元，是一个昂贵的"庞然大物"。尽管 ENIAC 有许多弱点，但是在人类计算工具发展史上，它仍然是一座不朽的里程碑。由于它采用了电子线路来执行算术运算、逻辑运算和存储信息，从而大大提高了运算速度。ENIAC 每秒可进行 5 000 次加法和减法运算，把计算一条弹道的时间缩短为 30s。它的

图 1-1　ENIAC

问世标志着电子计算机时代的到来。从此，电子计算机在解放人类脑力劳动的道路上突飞猛进地发展。

自第一台计算机诞生到现在，电子计算机在短短的 60 多年里，计算机技术以前所未有的速度迅猛发展，根据计算机所采用的电子元件不同，经过了电子管、晶体管、集成电路（IC）和超大规模集成电路（VLSI）4 个阶段的发展，使计算机的体积越来越小，功能越来越强，价格越来越低，应用越来越广泛，目前正朝智能化（第五代）计算机的方向发展。

1.　第一代电子计算机（1946—1958）

第一代电子计算机所采用的电子元件是电子管，如图 1-2 所示。它们体积较大、运算速度较低、存储容量不大。而且价格昂贵，使用也不方便，为了解决一个问题，所编制程序的复杂程度难以表述。这一代计算机主要用于科学计算，只在重要部门或科学研究部门使用。

2.　第二代电子计算机（1958—1965）

第二代计算机采用晶体管作为电子器件，如图 1-3 所示，其运算速度比第一代计算机的速度提高了近百倍，体积为原来的几十分之一。在软件方面开始使用计算机算法语言。这一代计算机不仅用于科学计算，还用于数据处理、事务处理及工业控制。

图 1-2　电子管

图 1-3　晶体管

3．第三代电子计算机（1965—1970）

这一时期的主要特征是以中小规模集成电路（Small Scale Integrated Circuit，SSI）为电子器件，如图 1-4 所示，集成电路是做在硅片上的一个完整的电子电路，这个硅片比手指甲还小，却包含了几千个晶体管元件。第三代计算机的特点是体积更小、价格更低、可靠性更高、计算速度更快，并且此时出现了操作系统，使计算机的功能越来越强，应用范围越来越广。

图 1-4　集成电路

它们不仅用于科学计算，还用于文字处理、企业管理、自动控制等领域，出现了计算机技术与通信技术相结合的信息管理系统，可用于生产管理、交通管理、情报检索等领域。

4．第四代电子计算机（1970—至今）

第四代计算机使用的元件依然是集成电路，不过，这种集成电路已经大大改善，它包含着几十万到上百万个晶体管，人们称之为大规模集成电路（Large Scale Integrated Circuit，LSI）和超大规模集成电路（Very Large Scale Integrated Circuit，VLSI）。1975 年，美国 IBM 公司推出了个人计算机（Personal Computer，PC），从此，人们对计算机不再陌生，计算机开始深入到人类生活的各个方面。

想一想

目前，计算机所用的电子器件是什么？

第四代计算机的另一个重要分支是以大规模、超大规模集成电路为基础发展起来的微处理器和微型计算机。以微处理器为核心的微型计算机属于第四代计算机，通常人们以微处理器为标志来划分微型计算机，如 386 机、486 机、Pentium 机、Pentium II 机、Pentium III 机、Pentium 4 机等。微型机以小巧的体积、灵活的方式和低廉的价格，进入了办公室、商店、工厂、实验室和家庭，它们的身影几乎无处不在。

现在人们已经越来越离不开计算机，人类发明了计算机并不断地改进它，在计算机的帮助下，在各个领域取得了巨大的进步，而这一切又反过来促进了计算机的发展，所以从某个角度来看计算机正在进行"自我完善"。无法想象计算机未来的样子，但可以肯定地说，未来的计算机运算速度将更快，体积也将更小，形式更多样，功能更强大，它将是半导体技术、光学技术、纳米技术和仿生技术相结合的产物，将与人们的关系更为密切。

1.1.2　计算机的主要特点

计算机作为一种通用的智能工具，具有以下几个特点。

1．处理速度快

计算机的运算速度（也称处理速度）通常以每秒完成基本加法指令的数目来表示。计算机的运算速度是其他任何计算工具无法比拟的，它使得过去需要几年甚至几十年才能完成的复杂运算任务，现在只需几天、几小时，甚至更短的时间就能完成。这正是计算机被广泛使用的主要原因之一。

2．计算精度高

由于在计算机内部是用二进制数编码的，数的精度主要由这个数的二进制码的位数决定，可以通过增加数的二进制位数来提高精度，位数越多精度就越高。如用计算机计算圆周率 π，目前已可达到小数点后数百万位了。

3．存储容量大

计算机的存储器类似于人的大脑，可以"记忆"（存储）大量的数据和计算机程序，在计算的同时，还可把中间结果存储起来，供以后使用。

4．工作全自动

计算机在人们预先编制好的程序控制下自动工作，不需要人工干预，工作完全自动化。

5．网络与通信功能

计算机网络功能的重要意义是改变了人类交流的方式和信息获取的途径。

1.1.3　计算机的应用

由于计算机具有存储容量大、处理速度快、工作自动化、可靠性高等特点，因此成为推动生产力发展最为积极的因素，它几乎已经深入到人类生产和生活的一切领域，引起了经济结构、社会结构和人们生活方式的急剧变化。在短短40多年的时间里，其应用就遍及4 000多个行业，用途超过5 000多种，而且还在不断发展着新的应用。这些应用可以归纳为以下几类。

1．数值计算

这是计算机最早的应用领域，起初计算机就是为科学计算的需要而发明的。在现代科学研究和工程技术中，有各种复杂的数学问题，如果由人工计算，不但耗时费力，而且难以及时提供准确的数据。计算机的高速度、大容量等特性为解决这些庞大、复杂的计算问题提供了可能。在气象预报、天文研究、水利设计、原子结构分析、生物分子结构分析、人造卫星轨道计算、宇宙飞船的研制等许多方面，都显示出计算机独特的优势。

2．信息处理

据统计，目前全球装机总量的80%用于信息管理，它是目前计算机应用最为广泛的领域之一。信息管理是指用计算机对各种形式的信息（如文字、数据、图像、声音等）收集、存储、加工、展示、分析和传送的过程。虽然在这方面应用中计算公式并不复杂，但数据量极大。在当今信息爆炸的时代，人工已难以胜任这一重任，计算机则成为信息管理的重要工具。如今，计算机用于信息管理，对办公自动化（OA）、管理自动化乃至社会信息化都有积极的促进作用。应该指出，办公自动化大大地提高了办公效率和管理水平，越来越多地应用到各级政府机关的办公事务中，信息化社会要求各级政府办公人员掌握计算机和网络的使用技术。

3．实时控制

利用计算机对一定的动态过程进行控制、指挥和协调，不但可以减轻劳动强度、提高工作效率，而且能够提高控制的精确程度，获得高质量的成果。

例如，在汽车制造业已有了由计算机控制的装配、传输生产线，技术人员只需把加工任务编好程序送入计算机，就可以在无人的情况下自动进行生产。此外，计算机在控制化工生产、交通流量、卫星飞行、导弹发射等许多方面起着不可替代的作用。

4．辅助系统

计算机还可以辅助人们更好地完成多种任务，例如，计算机辅助设计（CAD）是利用计算机帮助设计人员进行电路设计、建筑设计、机械设计、飞机设计等设计工作,提高设计速度和质量。计算机辅助制造(CAM)是利用计算机进行生产设备的管理和操作,以提高产品质量和生产效率。计算机辅助教学(CAI)是利用计算机作为教学媒体和工具,帮助教师提高教学质量的过程。它正在引起教育方法、教育思想乃至教育体制的变革。还有计算机辅助技术(CAT)和计算机仿真模拟等(Simulation)。

5. 人工智能

人工智能(AI)是计算机应用的一个广阔的新领域。科学工作者正在研究如何使计算机模拟人脑进行理解、学习、分析、推理等各种高级思维活动,使计算机具有更多的人类智能,能够识别环境,适应环境,自动获取知识,解决问题,以便利用计算机在某些领域实现脑力劳动的自动化。

6. 网络与通信

计算机网络技术的发展使计算机和通信完美结合,尤其是 Internet 已将分布在全球的几十个国家的数万个网络、几百万台计算机连接起来,为世界人民相互沟通、全球信息资源共享作出了不可估量的贡献。

7. 数字娱乐

目前,多媒体技术的发展使计算机成为多种信息媒体的控制中心,将音响设备连成一体,以声形并茂的方式传播信息,从而将计算机的应用扩展到更接近人们的家庭学习和娱乐领域。数字娱乐的另一个重要发展方向是计算机和电视的组合——"数字电视"走入家庭,使传统电视的单向播放进入交互模式。

8. 嵌入式系统

有许多特殊的计算机用于不同的设备中,包括大量的消费电子产品和工业制造系统,都是把处理器芯片嵌入其中,完成特定的处理任务。这些系统称为嵌入式系统。如数码相机、数码摄像机以及高档电动玩具等都使用了不同功能的处理器。

1.1.4 计算机的分类

计算机种类很多,可以从不同的角度对计算机进行分类,如图 1-5 所示是计算机的分类。

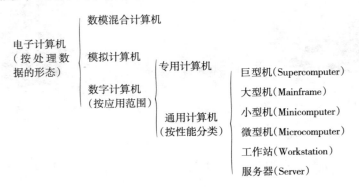

图 1-5　计算机的分类

1．按处理数据的形态分类

可分为模拟计算机、数字计算机、数模混合计算机。

2．按应用范围分类

可分为通用计算机、专用计算机。

3．按性能分类

（1）巨型机（Super Computer）

（2）大型机（Mainframe）

图 1-6　巨型机

图 1-7　大型机

（3）小型机（Minicomputer）

（4）微型机（Personal Computer）

图 1-8　小型机

图 1-9　微型机

（5）工作站（Workstation）

（6）服务器（Server）

图 1-10　工作站

图 1-11　服务器

1.1.5　计算机的新技术

嵌入式计算机、网格计算和中间件技术是在 21 世纪初将会得到快速发展并有重要影响的新技术。

1．嵌入式技术

嵌入式系统，就是将软件和硬件相结合，嵌入到整机里面使整机实现智能化的一个系统，例如,现在的智能手机,各种家电如电冰箱、全自动洗衣机、数字电视机等等,都广泛应用到了这种技术。

嵌入式系统主要由嵌入式处理器、外围硬件设备、嵌入式操作系统和特定的应用程序组成,是集软件、硬件于一体的可独立工作的"器件"用于实现对其他设备的控制、监视和管理等功能。嵌入式系统要求具有实时性。

2. 网格计算

随着科学的进步,世界上每时每刻都在产生着海量信息。例如,您可以分析来自外太空的电讯号,寻找隐蔽的黑洞,并探索可能存在的外星智慧生命;您可以寻找超过 1000 万位数字的梅森质数;您也可以寻找并发现对抗艾滋病病毒的更为有效的药物。这些项目都很庞大,需要惊人的计算量,仅仅由单个的电脑或是个人在一个能让人接受的时间内计算完成是绝不可能的。于是,科学家把目光移向在互联网中处于闲置状态的计算机。如果能在网络中自动搜索到这些计算机,并将它们并联,之后形成的计算机能力将是许多高性能计算机也无法达到的。网格计算就是专门针对这种复杂科学计算的新型计算模式。这种计算模式是利用互联网把分散在不同地理位置的电脑组织成一个"虚拟的超级计算机"。这个"虚拟的超级计算机"有两个优势:一个是数据处理能力超强;另一个是能充分利用网上的闲置处理能力。

网格计算的特点是:
- 能够提供资源共享,实现应用程序的互相连接。
- 协同工作,共同处理一个项目。
- 基于国际的开放技术标准。
- 可以提供动态的服务,适应变化。

3. 中间件技术

中间件技术是介于应用软件和操作系统之间的系统软件。特点如下:
- 满足大量应用的需要。
- 运行于多种硬件和 OS 平台。
- 支持分布计算,提供跨网络、硬件和 OS 平台的透明性的应用或服务的交互。
- 支持标准的协议。
- 支持标准的接口。

目前,中间件技术已经发展成为企业应用的主流技术,并形成许多种不同的类别,如交易中间件、消息中间件、专有系统中间件、面向对象中间件、数据存取中间件、远程调用中间件等。

1.1.6 未来计算机的发展趋势

21 世纪是人类走向信息社会的世纪,是网络的时代,是超高速信息公路建设取得实质性进展并进入应用的年代。当前,计算机的发展趋势表现为 4 种,即巨型化、微型化、网络化和智能化。未来新一代的计算机可分为模糊、量子、超导、光子和 DNA 5 种类型。

1. 计算机的发展趋势

(1)巨型化

巨型化是指计算速度更快、存储容量更大、功能更强、可靠性更高的计算机。其运算能力一般在每秒百亿次以上，内在容量在几百 G 字节以上。巨型计算机主要用于尖端科学技术和军事国防系统的研究开发。巨型计算机的发展集中体现了计算机科学技术的发展水平。

（2）微型化

因大规模、超大规模集成电路的出现，计算机迅速向微型化方向发展。微型化是指体积更小、功能更强、可靠性更高、携带更方便、价格更低、适用范围更广的计算机系统。因为微型计算机可以渗透到仪表、家电、导弹弹头等小型机无法进入的领域，所以 20 世纪 80 年代以来发展异常迅速。

（3）网络化

计算机网络是计算机技术发展的又一重要分支，是现代通信技术与计算机技术相结合的产物。网络化就是利用现代通信技术和计算机技术，将分布在不同地点的计算机连接起来，按照网络协议互相通信，共享软件、硬件和数据资源。

（4）智能化

第五代计算机要实现的目标是"智能"计算机，让计算机来模拟人的感觉、行为、思维过程，使计算机具有视觉、听觉、语言、推理、思维、学习能力，成为智能型计算机。

2．未来新一代的计算机

（1）模糊计算机

1956 年，英国人查德创立了模糊信息理论。依照模糊理论，判断问题不是以是非两种绝对的值或 0 与 1 两种数码来表示，而是取许多值，如接近、几乎、差不多及差得远等等模糊值来表示。用这种模糊的、不确切的判断进行工程处理的计算机就是模糊计算机，或称模糊电脑。模糊电脑是建立在模糊数学基础上的电脑。模糊电脑除具有一般电脑的功能外，还具有学习、思考、判断和对话的能力，可以立即辨识外界物体的形状和特征，甚至可帮助人从事复杂的脑力劳动。

日本科学家把模糊计算机应用在地铁管理上。1990 年，日本松下公司把模糊计算机装在洗衣机上，它可以根据衣服的肮脏程度以及衣服的质料调节洗衣程序。我国有些品牌的洗衣机也装上了模糊逻辑芯片。此外，人们又把模糊计算机装在吸尘器里，可以根据灰尘量以及地毯厚实程度调整吸尘器的功率。模糊计算机还能用于地震灾情判断、疾病医疗诊断、发酵工程控制、海空导航巡视等多个方面。

（2）生物计算机

微电子技术和生物工程这两项高科技的互相渗透为研制生物计算机提供了可能。利用 DNA 化学反应，通过和酶的相互作用，可以使某基因代码通过生物化学的反应转变为另一种基因代码，转变前的基因代码可以作为输入数据，反应后的基因代码可以作为运算结果。利用这一过程可以制成新型的生物计算机。科学家们认为，生物计算机的发展可能要经历一个较长的过程。

（3）光子计算机

光子计算机是一种用光信号进行数字运算、信息存储和处理的新型计算机，运用集成电路技术，把光开关、光存储器等集成在一块芯片上，再用光导纤维连成计算机。1990 年 1 月底，贝尔实验室研制成第一台光子计算机。光子计算机的关键技术为光存储技术、光互联技术、光集成器件。除了贝尔实验室外，日本和德国的其他公司都投入巨资研制光子计算机，预计未来将出现更先进的光子计算机。

（4）超导计算机

超导技术的发展使科学家们想到用超导材料来替代半导体制造计算机。超导计算机具有超导逻辑电路和超导存储器，运算速度是传统计算机无法比拟的。美国科学家已经成功地将 5000 个超导单元装置在小于 10cm3 的主机内，组成一个简单的超导计算机，每秒能执行 2.5 亿条指令。研制超导计算机的关键之一是要有一套维持超低温的设备。

（5）量子计算机

量子计算机中的数据用量子位存储。由于量子叠加效应，一个量子位可以是 0 或 1，也可以既存储 0 又存储 1，因此一个量子位可以存储 2 个数据。同样数量的存储位，量子计算机的存储量比传统的电子计算机大许多。传统计算机与量子计算机之间的区别是，传统计算机遵循着众所周知的经典物理规律，而量子计算机则遵循独一无二的量子动力学规律，是一种信息处理的新模式。同时量子计算机能够实行量子并行计算，其运算速度可能比目前个人计算机的 PentiumⅢ 晶片快 10 亿倍。最近，年轻的科学家艾萨克·庄领衔的 IBM 公司科研小组向公众展示了迄今最尖端的"5 比特量子计算机"。目前，关于量子计算机所应用的材料研究仍然是其中的一个基础研究问题。

1.1.7　信息技术的发展

信息社会的到来，给全球带来了信息技术飞速发展的契机。半个多世纪以来，人类社会正由工业社会全面进入信息社会，其主要动力就是以计算机技术、通信技术和控制技术为核心的现代信息技术的飞速发展和广泛应用。纵观人类社会发展史和科学技术史，信息技术在众多的科学技术群体中越来越显示出强大的生命力。随着科学技术的飞速发展，各种高新技术层出不穷，日新月异，但是最主要的、发展最快的仍然是信息技术。

信息同物质、能源一样重要是人类生存和社会发展的三大基本资源之一。数据处理之后产生的结果为信息，信息具有针对性、实时性，是有意义的数据。信息技术是指：应用在信息加工和处理中的科学、技术与工程的训练方法与管理技巧；上述方面的技巧和应用；计算机以及与人、机的交互作用；与之相应的社会、经济和文化等多种事物。目前，信息技术主要指一系列与计算机相关的技术。

一般来说，信息技术包括了信息基础技术、信息系统技术和信息应用技术。

1. 信息基础技术

信息基础技术是信息技术的基础，包括新材料、新能源、新器件的开发和制造技术。

2. 信息系统技术

信息系统技术是指有关信息的获取、传输、处理、控制的设备和系统的技术。感测技术、通信技术、计算机与智能技术和控制技术是它的核心和支撑技术。

3. 信息应用技术

信息应用技术是针对种种实用目的的技术。如信息管理、信息控制、信息决策等技术门类。

信息技术在社会各个领域得到了广泛的应用，显示出强大的生命力。展望未来，现代信息技术将面向数字化、多媒体化、高速度、网络化、宽频带、智能化等方面发展。

1.2　数制及数制转换

计算机中的数据可概括分为两大类：数值型数据和字符型数据。数值型数据用以表示量的大小、正负，如整数、小数等。字符型数据也叫做非数值型数据，如大小写英文字母、标点符号、汉字、图形、声音数据等都属于非数值型数据。所有的非数值型数据都要经过数字化后才能在计算机中存储和处理。本节着重介绍数值型数据。

1.2.1　数制的基本概念

1．十进制（Decimal）

人们在日常生活和生产实践中创造了多种表示数的方法，这些用一组固定的符号和统一的规则来表示数的方法称为数制。例如最常用的十进制、钟表计时用的六十进制（每分钟为60秒、每小时60分钟，即逢六十进一）、十二进制（计量单位"一打"）等。

从最熟悉的十进制计数法中可以看出，任何一个十进制的数都可由0～9共10个数字符中的数字符串来表示，数字符又叫数码。在一个计数制中所包含的数字符号的个数称为该数制的基数，用 R 来表示。因此十进制的 $R=10$。十进制的加法规则为"逢十进一"。

而在一个十进制数中，数码所处的不同位置代表的数值不同。由位置决定的值就叫做位值（位权），用 R^i 来表示。例如351.35这个数中，第1个数3处于百位代表300，第2个数5处于十位代表50，第3个数1处于个位代表1，第4个数3处于十分位代表0.1，第5个数5处于百分位代表0.05，因此，十制数351.35可以写成：

$$351.35 = 3 \times 10^2 + 5 \times 10^1 + 1 \times 10^0 + 3 \times 10^{-1} + 5 \times 10^{-2}$$

上式称为数值的按权展开式，其中 10^i 称为十进制数的权。

2．二进制（Binary）

在二进制数中，其基数为2。在二进制数中出现的数码只有两个：0与1。二进制的位权为 2^i。二进制的加法规则为"逢二进一"。

在计算机中，最常用到的是二进制，这是因为二进制具有如下特点。

（1）简单可行，容易实现。因为只有两个数码0和1，这在物理上很容易实现，例如电路的导通或截止，磁性材料的正向磁化或反向磁化等；0和1两个数，传输和处理抗干扰性强，不易出错，可靠性好。

（2）运算规则简单。以加法为例，二进制的加法规则只有4条：

$0+0=0；0+1=1；1+0=1；1+1=10$（逢二进一）。

想一想

$1+1+1=?$（二进制）

（3）适合逻辑运算。二进制数中"1"和"0"正好与逻辑代数中的两个值"是"和"否"或称"真"和"假"相对应，为计算机实现逻辑运算和程序中的逻辑判断提供了便利的条件。

逻辑运算有3种基本运算："与"运算、"或"运算、"非"运算。

①"与"运算（AND）

"与"运算又称逻辑乘，用符号"×"或"∧"来表示，运算规则如下：

$0 \wedge 0 = 0；0 \wedge 1 = 0；1 \wedge 0 = 0；1 \wedge 1 = 1$。

即当两个参与运算的数中有一个数为 0,则运算结果为 0,都为 1 结果为 1。

②"或"运算（OR）

"或"运算又称逻辑加,用符号"+"或"∨"表示,运算规则如下:

$0 \vee 0 = 0; 0 \vee 1 = 1; 1 \vee 0 = 1; 1 \vee 1 = 1$。

即当两个参与运算的数中有一个数为 1,则运算结果为 1,都为 0 结果为 0。

③"非"运算（NOT）

非运算又称为逻辑否定。其运算符号为在逻辑变量的上方加一横线,例如 $\overline{A}$,表示对 A 的否定运算,运算规则如下:

$\overline{0} = 1; \overline{1} = 0$。

但是由于二进制的书写一般比较长,而且容易出错,不便于阅读。因此除了二进制外,为了便于书写,计算机中还常常用到八进制和十六进制。

3．八进制（Octal）

在八进制数中,基数 R 为 8。因此,在八进制数中出现的数码有 8 个:0、1、2、3、4、5、6、7,八进制的位权为 8^i。八进制的加法规则为"逢八进一"。

4．十六进制（Hexadecimal）

在十六进制数中,基数为 16。因此,在十六进制数中出现的数码有 16 个:0、1、2、3、4、5、6、7、8、9、A、B、C、D、E、F,其中 A、B、C、D、E、F 分别表示十进制数 10、11、12、13、14、15。十六进制的位权为 16^i,十六进制数中的加法规则为"逢十六进一"。

二进制数和十六进制数都是计算机常用的数制,所以在一定数值范围内直接写出它们之间的对应表示,计算机中经常遇到。如表 1-1 所示列出了 0 ~ 15 这 16 个十进制数与其他数制的对应表示。

表 1-1　各种数制表示的相互关系

二进制数	十进制数	八进制数	十六进制数
0	0	0	0
1	1	1	1
10	2	2	2
11	3	3	3
100	4	4	4
101	5	5	5
110	6	6	6
111	7	7	7
1000	8	10	8
1001	9	11	9
1010	10	12	A
1011	11	13	B
1100	12	14	C
1101	13	15	D
1110	14	16	E
1111	15	17	F

为区分不同数制的数,本书约定对于任一 R 进制的数 N,记作:$(N)_R$。如 $(1011)_2$、$(534)_8$、$(BE25)_{16}$,分别表示二进制数的 1011、八进制数的 534 和十六进制数的 BE25。不用括号及下标的数,默认为十进制的数。人们也习惯在一个数的后面加上字母 D(十进制数)、B(二进制数)、O(八进制数)和 H(十六进制数)来表示其前面的数用的是什么进制。如 1011B 表示二进制数 1011;BE25H 表示十六进制数 BE25。

1.2.2 各种数制之间的相互转换

不同数制之间的转换,实质是基数间的转换。一般转换的原则是:如果两个数相等,则两个数的整数部分和小数部分一定分别相等。因此,在各数制之间进行转换时,通常对整数部分和小数部分分别进行转换。

1. 非十进制数转换成十进制数

非十进制数转换成十进制数的方法是:把各个非十进制数按权展开求和即可。

【例 1.1】 $(1101.101)_2=1 \times 2^3+1 \times 2^2+0 \times 2^1+1 \times 2^0+1 \times 2^{-1}+0 \times 2^{-2}+1 \times 2^{-3}$
$=8+4+0+1+0.5+0+0.125=(13.625)_{10}$

【例 1.2】 $(305)_8=3 \times 8^2+0 \times 8^1+5 \times 8^0=192+5=(197)_{10}$

练一练:

① $(100110.101)_2=($ $)_{10}$

② $(5675)_8=($ $)_{10}$

③ $(3B)_{16}=($ $)_{10}$

2. 十进制数转换成非十进制数

把十进制数转换为非十进制的方法是:整数部分用"除 $R(R=2、8、16)$ 取余法"并且要将得到的余数倒序排列;小数部分用"乘 $R(R=2、8、16)$ 取整法"并且要将得到的整数正序排列。

【例 1.3】 将十进制数 125.25 转换为二进制数。

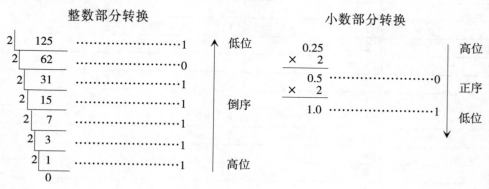

结果为 $(125.25)_{10} = (1111101.01)_2$

【例 1.4】 将十进制数 $(1725.6875)_{10}$ 转换为八进制数。

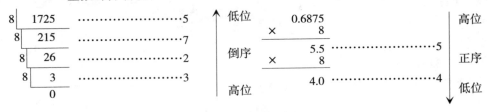

整数部分转换

小数部分转换

$(1725.6875)_{10}=(3275.54)_8$

练一练：

① $(75.75)_{10}=($ 　　　　　　 $)_2$

② $(29.625)_{10}=($ 　　　　　　 $)_8$

③ $(12345.671875)_{10}=($ 　　　　　　 $)_{16}$

3. 非十进制数之间的相互转换

（1）二进制数与八进制数间的相互转换

由于1位八进制数相当于3位二进制数，因此，要将八进制数转换为二进制数时，只需以小数点为界，将整数部分向左、小数部分向右的每1位八进制数用3位二进制数代替即可。反之，二进制数转换为八进制数，只是上述方法的逆过程，即以小数点为界，将整数部分向左、小数部分向右的每3位二进制数用1位八进制数代替即可。如果不足3位，用零补足。

【例1.5】　将八进制数$(714.43)_8$转换成二进制数。

7	1	4	.	4	3
111	001	100	.	100	011

$(714.43)_8=(111001100.100011)_2$

【例1.6】　将二进制数$(1110111.00101)_2$转换成八进制数。

001	110	111	.	001	010
01	6	7	.	1	2

$(1110111.00101)_2=(167.12)_8$

（2）二进制与十六进制间的相互转换

由于1位十六进制数相当于4位二进制数，因此，要将十六进制数转换为二进制数时，只需以小数点为界，将整数部分向左、小数部分向右的每1位十六进制数用4位二进制数代替即可。反之，二进制数转换为十六进制数，只是上述方法的逆过程，即以小数点为界，将整数部分向左、小数部分向右的每4位二进制数用1位十六进制数代替即可。如果不足4位，用零补足。

【例1.7】　将十六进制数$(1AC.5B)_{16}$转换成相应的二进制数。

1	A	C	.	5	B
0001	1010	1100	.	0101	1011

$(1AC.5B)_{16}=(110101100.01011011)_2$

【例1.8】　将二进制数$(111010111100010111)_2$转换为十六进制数。

0011	1010	1111	0001	0111
3	A	F	1	7

$(111010111100010111)_2 = (3AF17)_{16}$

练一练：

① $(57.25)_{10} = ($　　　　　$)_2 = ($　　　　　$)_8 = ($　　　　　$)_{16}$

② $(10101011.101)_2 = ($　　　　　$)_{10} = ($　　　　　$)_8 = ($　　　　　$)_{16}$

③ $(157.34)_8 = ($　　　　　$)_2 = ($　　　　　$)_{16} = ($　　　　　$)_{10}$

④ $(2CE.D8)_{16} = ($　　　　　$)_2 = ($　　　　　$)_8 = ($　　　　　$)_{10}$

1.3　计算机中字符的编码

在计算机中,除了要处理数值数据外,还要处理各种非数值数据,目前,计算机越来越多地应用于非数值计算领域,在计算机处理的各种形式的信息中,文字信息占有很大的比重。对文字的处理即是对字符的处理,为了能让计算机识别字符,也必须将它们转换成二进制格式的代码。每一个西文字符和一个确定的二进制编码相对应,而一个汉字字符则和一组确定的二进制编码相对应。

1.3.1　西文字符的编码

计算机中的信息都是用二进制表示的。用以表示字符的二进制编码称为字符编码。计算机中常用的字符编码有:IBM 大型系列机采用的 EBCDIC 码（Extended Binary Coded Decimal Interchange Code）和微型机采用的 ASCII 码（American Standard Code for Information Interchange,美国标准信息交换码）。

ASCII 码是由美国国家标准局（ANSI）制定的,它已被国际标准化组织（ISO）指定为国际标准。ASCII 码有 7 位码和 8 位码两种形式,国际通用的是 7 位 ASCII 码。

因为 1 位二进制数可以表示 $2^1 = 2$ 种状态,即 0、1;而 2 位二进制数可以表示 $2^2 = 4$ 种状态,即 00、01、10、11;依此类推,7 位二进制数可以表示 $2^7 = 128$ 种状态,每种状态都唯一地编为一个 7 位的二进制码,对应一个字符,这些码可以排列成一个十进制序号 0～127。所以,7 位 ASCII 码是用 7 位二进制数进行编码的,可以表示 128 个字符。

第 0～32 号及第 127 号（共 34 个）是控制字符或通信专用字符,如控制符 LF（换行）、CR（回车）、FF（换页）、DEL（删除）、BEL（振铃）等,以及通信专用字符 SOH（文头）、EOT（文尾）、ACK（确认）等。第 33～126 号（共 94 个）是字符,其中第 48～57 号为 0～9 十个阿拉伯数字,65～90 号为 26 个大写英文字母,97～122 号为 26 个小写英文字母,其余为一些标点符号、运算符号等（见附录 A）。

注意:在计算机的存储单元中,一个 7 位的 ASCII 码值占一个字节（1 字节 =8 个二进制位）,其最高位置 0。

1.3.2　汉字的编码

ASCII 码只对英文字母、数字和标点符号等作了编码。为了用计算机处理汉字,同样需要对汉字进行编码。计算机对汉字的处理过程实际上就是各种汉字编码间的转换过程。这些编码主要包括:汉字信息交换码、汉字输入码、汉字内码、汉字字形码、汉字地址码。

1. 汉字信息交换码(国标码)

汉字信息交换码是用于汉字信息处理系统之间或者与通信系统之间进行信息交换的汉字代码,简称交换码。

我国 1981 年颁布了国家标准——《信息交换用汉字编码字符集——基本集》,代号"GB 2312—80",所以国家标准汉字交换码又称为国标码。

(1)常用汉字及其分级。国标码规定了 7 445 个字符编码。其中 682 个非汉字图形字符(如序号、数字、罗马数字、英文字母、日文假名、俄文字母、汉语拼音等)6 763 个汉字的代码。汉字代码中又分为一级常用字(3 755 个)和二级常用字(3 008 个)。一级常用字按汉语拼音字母顺序排列,二级常用字按偏旁部首排列,部首顺序依笔画多少排列。

(2)两个字节存储一个国标码。

(3)国标码的编码范围是:2121H ~ 7E7EH。

(4)区位码。把 7 445 个国标码放置在一个 94 行 × 94 列的阵列中。阵列的行称为"区",列称为"位",区号和位号的范围是 1 ~ 94。一个汉字的区号和位号的组合就是该汉字的"区位码"。例如,"中"字的区位码是 5448,其中 54 是区号,48 是位号。

区位码的形式是:高两位为区号,低两位为位号。国标码在区位码表中的安排是:1 ~ 15 区是非汉字图形区;16 ~ 55 区是一级常用汉字区;56 ~ 87 区是二级常用汉字区;88 ~ 94 区是保留区,可用来存储自造字代码。实际上,区位码也是一种输入法,其最大的优点是一字一码、无重码,最大的缺点是难以记忆。

(5)区位码和国标码之间的关系。

将一个汉字的十进制区号和位号分别转换成十六进制数,然后分别加上 20H,就是该汉字的国标码。

例如,"中"字的区位码是 5448,54(36H),48(30H)分别加上 20H 为 56H 和 50H,所以"中"字的国标码是 5650H。

2. 汉字输入码(外码)

为了将汉字输入计算机而编制的代码称为汉字输入码,也叫外码。

汉字输入码由键盘上的字符和数字组合而成。

汉字输入码是根据汉字的发音或字形的结构等多种属性和汉语有关的规则编制的。

常用汉字编码方案有:全拼输入法、双拼输入法、自然码输入法、五笔字型输入法等。

- 全拼输入法和双拼输入法是根据发音编码的,称为音码。
- 五笔字型输入法是根据字形编码的,称为形码。
- 自然码是音形结合的,称为音形码。

对于同一个汉字,不同的输入法有不同的输入码,这些不同的输入码通过"输入字典"转换到标准的国标码之下。

3. 汉字内码

汉字内码是在计算机中对汉字进行存储、处理和传输的汉字代码。

一个汉字输入计算机后就转换为内码,然后才能在计算机中传递、处理。

对应于国标码的一个汉字的内码用两个字节存储,为了避免与 ASCII 码产生歧义,每个字节的最高位置为"1"。

汉字机内码 = 汉字国标码(十六进制)+8080H。

例如,"中"字的机内码为 5650H+8080H=D6D0H。

4. 汉字字形码

汉字信息处理系统中产生汉字字形方式,多数是数字式的,即以点阵的方式形成汉字。

确定一个汉字字形点阵的代码,也叫字模或汉字输出码。

将汉字用方块框住,然后将方框分成 $n×n$ 的格子,即成为点阵,凡有笔画的地方为黑点,用二进制数"1"表示;否则为白点,用二进制数"0"表示。这样,一个汉字就可以用一串二进制数表示了。图 1-12 是"春"字的 24×24 点阵示意图。

图 1-12　"春"字的 24×24 点阵字形图

在计算机中一个 8 位二进制数组成一个字节,所以一个 16×16 点阵汉字有 256 个点,故需要用 16×16÷8=32 个字节保存;一个 24×24 点阵需要用 24×24÷8=72 个字节保存;一个 32×32 点阵需要用 32×32÷8=128 个字节保存。

汉字点阵字形的缺点是放大后会出现锯齿现象,很不美观,中文 Windows 下通常采用 TrueType 类型的字形码,它采用数学方法来描述一个汉字的字形码。这种字形码可以实现无级放大而不产生锯齿现象。

5. 汉字地址码

汉字地址码是指汉字字库(这里主要是指整字形的点阵式字模库)中存储汉字信息的逻辑地址码。

在汉字库中,字形信息都是按一定的顺序(大多数按标准字交换码中汉字的排列顺序)连续存放在存储介质上的,所以大多数汉字地址码是连续有序的,而且与汉字内码有着简单的对应关系,以简化汉字内码到汉字地址码的转换。

6. 各种汉字代码间的关系

汉字的输入、处理和输出的过程,实际上是汉字的各种代码之间的转换过程,或者说汉字代码在系统有关部件之间传送的过程。如图 1-13 所示表示了这些代码在汉字信息处理系统中的位置及他们之间的关系。

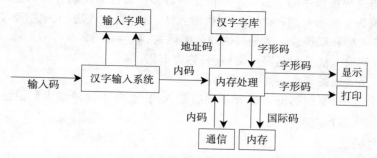

图 1-13　汉字代码转换关系示意图

7. 汉字字符集简介

(1)GB 2312—80 汉字编码

GB 2312 码是中华人民共和国国家标准汉字信息交换用编码,全称《信息交换用汉字编码字符集——基本集》。标准号为 GB 2312—80,由中华人民共和国国家标准总局发布,1981 年 5 月 1 日实施,习惯上称为国标码 GB 码,或区位码。它是一个简化汉字的编码,通行于中国大陆地区,新加坡等地也使用这一编码。

(2)GBK 编码(Chinese Internal Code Specification)

GBK 编码是又一个汉字编码标准(GB 即"国标",K 是"扩展"的汉语拼音第一个字母)。全称《汉字内码扩展规范》,由中华人民共和国全国信息技术标准化技术委员会于 1995 年 12 月 1 日制定。

GBK 向下与 GB2312—80 编码兼容,向上支持 ISO 10646.1 国际标准。它共收录了 21 003 个汉字、883 个符号,并提供 1 894 个造字码位,简、繁体字融于一库。

微软公司自 Windows 95 简体中文版开始,系统采用 GBK 代码。

(3)UCS 编码(Universal Multiple-Octet Coded Character Set)

ISO10646 是国际标准化组织 ISO 公布的一个编码标准 Universal Multiple-Octet Coded Character Set(简称 UCS),译为《通用多八位编码字符集》。

在 UCS 中,每个字符用 4 个 8 位序列表示(即占用 4 个字节),这样巨大的编码空间足以容纳世界上的各种文字。不过由于汉字数量众多,据统计包括各种古字和生僻字在内,汉字总容量达六万多个(有人认为是八万多个),再加上还有许多繁体字,所以并非这些汉字都进入了 UCS。考虑到实用性和一些限制性因素,经过各使用汉字的国家 / 地区专家的广泛合作和艰苦努力,整理形成了 UCS 中统一的汉字字符集 CJK(C-China\J-Japan/K-Korea)。在 CJK 中,总共有汉字 20 902 个, 这个字符集于 1995 年 12 月 8 日由国家技术监督局标准化司和电子工业部科技与质量司共同签发。

1.4　指令和程序设计语言

计算机能够自动工作是由于事先在内存中存储了程序,通过控制器从内存中逐一取出程序中的每一条指令,分析指令并执行相应的操作。下面介绍指令和程序的基本概念。

1.4.1　计算机的指令系统

指令是计算机完成某一操作而发出的指示或命令。一条指令包括操作码和地址码两部分。

其中,操作码指出指令要进行的操作,例如,加、减、乘、除、取数、存数等;地址码(也称操作数)表示参加运算的数据在存储器中的位置和操作结果存放的位置。

指令系统:一台计算机所有的指令集合称为该计算机的指令系统。指令系统不仅是硬件设计的依据,而且是提供给用户编制程序的基本依据,也是衡量计算机性能的一个指标。不同类型的计算机,其指令系统也不同。

程序(Program):计算机要解决某一问题,需按解题步骤和要求,在指令系统中选出有关的指令进行顺序编排(称为编程),当计算机上执行这一指令序列时,即可完成预定的任务。使计算机完成某个特定的一组有序的指令集合称为程序。

1.4.2　计算机程序设计语言

像人们交往需要语言一样, 人与计算机交往也要相互理解的语言。人们同计算机交往的语言叫程序设计语言,程序设计语言通常分为四代。

1. 第一代语言——机器语言

机器语言是计算机诞生和发展初期使用的语言,表现为二进制的编码形式。直到如今,机器语言仍然是计算机唯一能够识别并直接执行的语言。所以与其他程序设计语言相比,其执行效率高。

机器语言是由硬件设备决定的,不同的计算机设备有不同的机器语言,可移植性差;由于机器语言中每条指令都是一串二进制代码,可读性差、不易记忆,编写程序既难又繁,容易出错。

使用机器语言编写程序是很不方便的,它要求用户熟悉计算机的所有细节。为了把计算机从少数专门人才手中解放出来,减轻程序设计人员在编制程序工作中的重复、烦琐的劳动,进一步拓展编程人员的范围,计算机工作者开展了对于程序设计语言的研究以及语言处理程序的开发。

2. 第二代语言——汇编语言

汇编语言开始于 20 世纪 50 年代初期,它是符号化了的机器语言,一条机器指令对应一条汇编指令。由于便于识别记忆,汇编语言比机器语言在编写、修改和阅读程序等方面都有了相当大的改进。但汇编语言也是针对特定的计算机或计算机系统设计的,对硬件的依赖性仍然很强。计算机不能直接识别和执行,用汇编语言编好的程序要依靠计算机的汇编程序翻译成机器语言后方可执行。

3. 第三代语言——高级语言

高级语言起始于 20 世纪 50 年代中期,它与人们日常熟悉的自然语言和数学语言更接近,可读性强,便于用户的理解和运用,编程方便。由高级语言编写的程序称为高级语言源程序,可以在不同计算机上使用,可移植性强,但计算机是不能直接识别和执行的,也要用翻译的方法把高级语言翻译成等价的机器语言(称为目标程序)才能执行。把高级语言源程序翻译成机器语言程序的方法有"解释"和"编译"两种。

解释执行方式类似于我们日常生活中的同步翻译,应用程序源代码一边由相应语言的解释器"翻译"成目标代码(机器语言),一边执行,因此效率比较低,而且不能生成独立的可执行文件。应用程序不能脱离其解释程序,但这种方式比较灵活,可以动态地调试、修改应用程序,但效率比较低。典型的解释类高级语言有 QBASIC 等。

编译是用相应语言的编译程序先把源程序编译成机器语言的目标程序,然后再把目标程序和各种的标准库函数连接装配成一个完整的可执行的机器语言程序后才能执行。也就是说一个高级语言源程序必须经过"编译"和"连接装配"两步才能成为可执行的机器语言程序。现在大多数的编程语言都是编译型的,例如 C、C++ 和 Delphi 等。第三代语言是面向过程的,用结构化的过程语言编写程序,用户可不必了解计算机的内部逻辑,而是主要考虑解题算法的逻辑和过程的描述,把解决问题的执行步骤通过语言告诉计算机。

4. 第四代语言——非过程化语言

用户使用这种语言,不必关心问题的解法和过程描述。只要说明所要完成的目的、指明输入数据以及输出形式,就能得到所要的结果,而其他的工作都由系统来自动完成。

第四代语言只要求人们告诉计算机做什么,而不必告诉计算机怎么做。所以,一般称第四代语言是面向对象的语言。

1.5　计算机系统的组成

一个完整的计算机系统由硬件(Hardware)系统和软件(Software)系统两大部分组成。

硬件是指物理上存在的各种设备,是用眼睛看得见的计算机部件,通常所看到的计算机会有一个机箱,里边有各种各样的电子元件,还有键盘、鼠标、显示器和打印机等,它们是计算机工作的物质基础。不同种类的计算机硬件组成各不相同,但无论什么类型的计算机,都可以将其硬件划分为功能相近的几大部分。

软件是指运行在计算机硬件上的程序以及运行程序所需的数据和相关文档的总称。程序是由一系列指令组成的,每条指令都能指挥计算机完成相应的操作。当程序执行时,其中的各条指令就依次发挥作用,指挥计算机按指定顺序完成特定任务,把执行结果按照某种格式输出。计算机的执行就像琴师演奏,乐谱就是程序,琴师根据乐谱一个音节一个音节地演奏,直到乐谱结束。乐谱的演奏结果就是一首乐曲。

计算机系统是一个整体,既包括硬件系统也包含软件系统,两者缺一不可。计算机如果没有软件的支持,也就是在没有装入任何程序之前,被称为"裸机",裸机是无法实现任何处理任务的。反之,若没有硬件设备的支持,单靠软件本身,软件也就失去了其发挥作用的物理基础。计算机系统的软件系统与硬件系统是相辅相成的,共同完成处理任务。

计算机系统的组成,如图 1-14 所示。

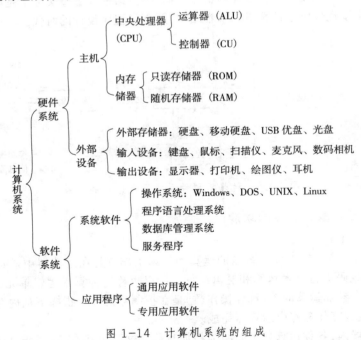

图 1-14　计算机系统的组成

1.5.1　计算机基本结构原理

1."存储程序控制"的概念

计算机经历了多个发展阶段,但始终发挥重要作用的是著名的冯·诺依曼原理,即"存储程序控制"原理。采用该思想后,使计算机的全部运算过程成为真正的自动过程。

"存储程序控制"原理是1946年由美籍匈牙利数学家冯·诺依曼提出的,所以又称为"冯·诺依曼原理"。直到现在,各类计算机的工作原理还是采用冯·诺依曼原理思想。这一原理在计算机的发展过程中,始终发挥着重要作用,确立了现代计算机的基本组成和工作方式。

"存储程序控制"原理的基本内容如下:

(1)采用二进制形式

在计算机内部用二进制表示数据和指令。它既便于硬件的物理实现,又有简单的运算规则,故可简化计算机结构,提高可靠性和运算速度。

(2)存储程序控制

将程序(数据和指令序列)预先存放在存储器中,使计算机在工作时能够自动高速地从存储器中取出指令,并加以执行。

(3)计算机的五大基本部件

计算机由运算器、存储器、控制器、输入设备和输出设备五大基本部件组成,并规定了这五大部件的基本功能。如图1-15所示表示了这5个部分的相互关系,图中空心的双箭头代表数据信号流向,实心的单线箭头代表控制信号流向。冯·诺依曼思想实际上是电子计算机设计的基本思想,奠定了现代电子计算机的基本结构,开创了程序设计的时代。

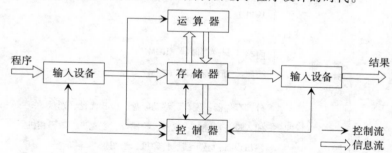

图1-15　计算机硬件系统五大部件的关系

2.计算机五大基本部件的功能

(1)运算器(ALU)

运算器是一个"信息加工厂",数据的运算和处理工作就是在运算器中进行的。它的主要功能是对二进制数码进行算术运算和逻辑运算。所以也称它为算术逻辑单元(Arithmetical and Logical Unit,ALU)。参加运算的数(称为操作数)是在控制器的统一指挥下从内存储器中取到运算器里,绝大多数运算任务都由运算器完成。

由于在运算器内,各种运算均可归结为相加和移位这两个基本操作,所以运算器的核心是加法器(Adder)。为了能将操作数暂时存放,且将每次运算的中间结果暂时保留,运算器还需要若干临时寄存数据的寄存器(Register)。

运算器主要由一个加法器、若干个寄存器和一些控制线路组成。

（2）控制器（CU）

控制器是整个计算机的指挥中心，它取出程序中的控制信息，经分析后，便按要求发出操作控制信号，使各部分协调一致地工作，就像人的大脑指挥躯体一样。控制器的基本功能是根据指令的地址从内存取出一条指令，对其操作码进行译码，再由操作控制部件有序地控制各部件完成操作码规定的功能。控制器也记录操作中各部件的状态，使计算机能有条不紊地自动完成程序规定的任务。

（3）存储器

存储器是计算机中存放程序和数据的地方，是计算机的记忆装置。所以存储器应该具备存数和取数的功能。存数是指处理器往存储器里"写入"数据；取数是指处理器从存储器里"读取"数据。

一个二进制位（bit）是构成存储器的最小单位。实际上，存储器是由许许多多个二进制位的线性排列构成的。为了存取到指定位置的数据，通常将 8 位二进制组成一个存储单元，称为字节（Byte），并给每个字节编上一个号码，称为地址。

存储器可容纳的二进制信息量称为存储容量。目前，度量存储容量的基本单位是字节。此外，常用的存储单位还有 KB（千字节）、MB（兆字节）、GB（吉字节）和 TB（太字节）。它们之间的关系如下：

表 1-2　常见存储单位

单　　位	名　　称	意　　义	说　　明
bit	位	1 位二进制数	最小的存储单位
B	字节	1Byte=8 bit	基本单位
KB	千字节	1 KB=1 024 Byte=2^{10}B	存储容量的常用单位
MB	兆字节	1 MB=1 024 KB=2^{20}B	
GB	吉字节	1 GB=1 024 MB=2^{30}B	
TB	太字节	1 TB=1 024 GB=2^{40}B	

（4）输入设备

输入设备的主要作用是把程序和数据等信息转换成计算机所适用的编码，并顺序送往内存。常见的输入设备有键盘、鼠标、扫描仪等。

（5）输出设备

输出设备的主要作用是把计算机处理的数据、计算结果等内部信息按人们要求的形式输出。常见的输出设备有显示器、打印机、绘图仪等。

1.5.2　微机的硬件部件及其功能

微型计算机是大规模集成电路技术发展的产物，微处理器是它的核心部件。自 1971 年在美国硅谷诞生第一片微处理器以来，微型计算机异军突起，发展极为迅速。随着微处理器的不断更新，微型计算机的功能越来越强，应用越来越广。微型计算机具有计算机的一般共性，也有其特殊性。

1．中央处理器

中央处理器是微型计算机的核心部件，它是包含有运算器和控制器的一块大规模集成电路芯片，即 CPU（Central Processing Unit），俗称微处理器。大家通常简单称呼其型号，例如，286、386、486、PⅡ、PⅢ、P4（P 代表 Pentium，中文译为奔腾）等。计算机内所有的操作都受 CPU 控制，所以它的品质直接影响着整个计算机系统的性能。

CPU 的性能指标直接决定了由它构成的微型计算机系统的性能指标。CPU 的主要性能指标有字长和时钟主频。

- 字长：在计算机中，作为一个整体参与运算、处理和传送的一串二进制数，称为一个"字"（word）。组成该字的二进制数的"位数"，称为"字长"。字长表示 CPU 每次处理数据的能力。因此，在用字长来区分计算机时，常把计算机说为"8 位机"、"16 位机"、"32 位机"。当前流行的 Pentium 4 的 CPU 每次能处理 32 位二进制数据。
- 时钟主频：对于同一种型号的 CPU 还可按它们的主频进一步加以区分，例如，100、133、166、200、233、266、300 等（单位：MHz）。时钟主频是运算速度的主要参数。

目前，在我国微型计算机中使用的主流微处理器是 Intel 推出的 32 位 Pentium 系列微处理器，而且时钟主频都选用 1.0GHz 以上的。

CPU 和内存储器构成了计算机的主机，是计算机的主体。输入／输出（I/O）设备和外存储器统称为外部设备（简称外设），它们是人与主机沟通的桥梁。

2．存储器

存储器是微型计算机存储各种信息的部件。存储器分为两类：一类是设在主机中的内存储器（简称内存），也叫主存储器，用于存放当前 CPU 要用的数据和程序，属于临时存储器；另一类是属于计算机外部设备的存储器，叫外存储器（简称外存），也叫辅助存储器，外存中存放暂时不用的数据和程序，属于永久性存储器，需要时应先调入内存。

（1）内存储器

内存储器按其功能和性能，可分为随机存储器（RAM）和只读存储器（ROM），两者共同构成了内存储器。但通常说"内存容量"时，则指 RAM，不包括 ROM 在内。

① 随机存储器（Random Access Memory，RAM）

RAM 又称为随机读写存储器。目前，所有的计算机大部分使用半导体 RAM 存储器。半导体存储器是一种集成电路，其中有成千上万个存储元件。依据存储元件结构的不同又可分为静态 RAM（Static RAM，SRAM）和动态 RAM（Dynamic RAM，DRAM）。

静态 RAM 利用触发器的两个稳态来表示所存储的"0"和"1"，这类存储器集成度低、价格高，但存取速度快，常用作高速缓冲存储器（Cache）。

Cache 是用来缓解 CPU 的高速度和 RAM 的低速之间的矛盾。它的速度基本上与 CPU 速度相匹配，它的位置在 CPU 与内存之间，如图 1-16 所示。在通常情况下，Cache 中保存着内存中的部分数据。CPU 在读写数据时，首先访问 Cache。如果 Cache 含有所需的数据，就不需要访问内存；如果 Cache 中不含有所需的数据，才去访问内存。设置 Cache 的目的，就是为了提高机器运行速度。

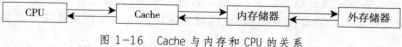

图 1-16　Cache 与内存和 CPU 的关系

动态 RAM 则是用半导体器件电容上有无电荷分布来表示"0"和"1"的,因为保存在分布电容上的电荷会随着电容器的漏电而逐渐消失,所以需要周期性地给电容充电,称为刷新。这类存储器集成度高、价格低,但由于要周期性地刷新,所以存取速度慢,常作为主存使用。

RAM 存储当前 CPU 使用的程序、数据、中间结果和与外存交换的数据,CPU 根据需要可以直接读 / 写 RAM 中的内容。RAM 有两个特点:一是其中信息可读可写,存取方便;二是加电使用其中的信息会完好无缺,但是一旦断电(关机或意外掉电),RAM 中存储的数据就会消失,而且无法恢复。由于 RAM 的这一特点,所以也称它为临时存储器。

② 只读存储器(Read Only Memory,ROM)

顾名思义,对只读存储器只能进行读出操作而不能进行写入操作。ROM 中的信息是在制造时用专门设备一次写入的。只读存储器常用来存放固定不变重复执行的程序,如存放汉字库、各种专用设备的控制程序等。ROM 中存储的内容是永久性的,即使关机或掉电也不会消失。随着半导体技术的发展,已经出现了多种形式的只读存储器,如可编程的只读存储器 PROM(Programmable ROM)、可以擦除可编程的只读存储器 EPROM(Erasable Programmable ROM)以及掩膜型只读存储器 MROM(Masked ROM)等。它们需要特殊的手段改变其中的内容。

(2)外存储器

外部存储器不能被 CPU 直接访问,必须将外存储器中的信息先调入内存储器才能为微处理器所利用。与内存相比,其价格低、容量大、速度慢。外存储器一般用来存放需要永久保存的或相对来说暂时不用的各种程序和数据。

常见的外存主要有硬盘、光盘(CD-ROM)、USB 移动硬盘和 USB 优盘等,都必须通过各自的驱动器才能运行。

① 硬盘

硬盘由质地坚硬的合金盘片为基材,在表面喷涂磁性介质。一般硬盘是由一块到几块的盘片组成的,并和磁盘的读写装置封装在一个密闭的金属腔体中。

硬盘是计算机中最广泛使用的外存储器之一,其中的每个盘片同样被划分成若干个磁道和扇区,各个盘片中的同一个磁道称为一个柱面。一块硬盘可以被划分成为几个逻辑盘,分别用盘符 C、D、E……表示。硬盘具有存储容量大、存取速度快等特点。硬盘中信息的读、写速度远远高于软盘,其容量远远大于软盘。但是,硬盘多固定在机箱内部,不便携带。

② USB 移动硬盘

USB 移动硬盘的优点是:体积小、重量轻,一般重 200g 左右;容量大,一般在 10GB ~ 80GB 之间;存取速度快,USB 1.1 标准接口的传输率是 12MB/s,而 USB 2.0 的传输率为 480MB/s;可以通过 USB 接口即插即用,目前的计算机都配有 USB 接口,在 Windows 操作系统下,无需驱动程序,可直接热插拔,使用非常方便。

③ USB 优盘

"优盘"又称"闪盘",是一种基于 USB 接口的无需驱动器的微型高容量移动存储设备。和传统的软盘、光盘相比,"优盘"具有独特的特点。主要表现在:不需要驱动器,无外接电源;使用简便,即插即用,可带电插拔;存取速度快(约为软盘速度的 20 倍);可靠性高,数据可保存 10 年;抗震,防潮,携带十分方便;采用 USB 接口,带写保护功能;体积小,适合于无线计算移动办公领域。

④ 光盘

随着多媒体技术的广泛应用,以及计算机处理大量数据、图形、文字、声像等多种信息能力的增强,磁盘存储器存储容量不足的矛盾日益突出。在这种背景下,人们又研制了一种新型的"光盘存储器",而且发展非常迅速。按读写功能分为只读型、一次性写入型、可擦除型3种。

- 只读型光盘 CD-ROM(Compact Disk Read Only Memory),厂家按用户要求写入数据后,永久不能改变其内容。
- 一次写入型光盘 CD-R,也称 WORM(Write Once Read Many Disk)。使用时允许写入一次,不能擦除,以后可以读出。
- 可擦除型光盘 CD-RW,可重写型光盘。使用时允许用户多次写入和读出。

光盘的特点:存储容量大,被誉为"海量存储器",而且价格低;不怕磁性干扰,所以信息保存时间长(几十年);存取速度快,但是光盘读写速度比硬盘慢。

最新推出的 DVD-ROM(Digital Versatile Disk-Read Only Memory)是 CD-ROM 的后继产品。但它存储密度高,一面光盘可以分单层或双层存储信息,一张光盘有两面,最多可以有 4 层存储空间,所以存储容量极大。

3. 输入设备

输入设备是向计算机中输入信息(程序、数据、声音、文字、图形、图像等)的设备。计算机最常用的输入设备有:键盘、鼠标。

① 键盘

键盘是计算机常用的输入设备,分 4 个键区:主键盘区、功能键区、光标移动控制键区和数字键区,如图 1-17 所示。

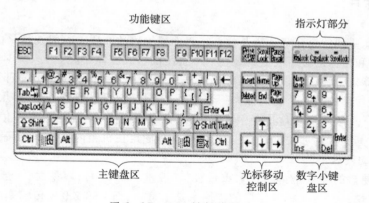

图 1-17　104 键标准键盘

- 主键盘区

主键盘区是键盘的主要部分,位于键盘的左边,除了与普通打字机排列相同的字符键之外,在计算机上又附加了一些控制键。这些键又分为单字符键(每个键上只有 1 个字符)和双字符键(每个键上有 2 个字符)。当按下某一单字符键时,即可输入该键上的字符;当按下某个双字符键时,只输入该键下面的字符。其上档字符的输入需同时按住上档键【Shift】和该字符键才能键入。

主键盘区上有:字符键包括英文字母 A~Z 共 26 个。开机后系统自动设置为小写字符状态 a~z,按下键盘左面的【Caps Lock】键,键盘右上角的 Caps Lock 指示灯亮,此时为大写字符状态。字母键除了采用按下【Caps Lock】键进行大小写转换外,还可以用【Shift】键和字母键同时按下也能完成大小写的转换。还有数字键 0～9,共 10 个控制键。控制键的功能如表 1-2 所示。

表 1-2　控制键的功能

键	作　用
Space	空格键,键盘上最长的键,按一次产生一个空格,光标右移一个位置
Enter	回车键,用于接受一条命令,或完成一行输入后另换一行
Backspace (←)	退格键,向左消去一个字符
Tab	制表定位键,每按一次【Tab】键,光标右移一个制表位
Caps Lock	大／小写字母转换键,对应一个 Cap Lock 指示灯,灯亮为大写,灯灭为小写
Shift	上档键,先按下此键,再按下字符,输入字符键上边的字符。按下此键,用来转换字母的大／小写
Ctrl	控制键,和其他键联用,一般用于输入控制命令
Alt	状态转换键,和其他键联用,一般用于转换输入方式

● 功能键

功能键位于键盘的上方,在系统操作和编辑状态下,常被设置成一些命令或字符串的代用键,用来减小击键次数。各功能键的作用如表 1-3 所示。

表 1-3　功能键的作用

键	作　用
Esc	强行退出键,用于终止命令的执行,或返回到前一个状态
F1 和 F2	由程序定义特定的功能
F3～F10	这 8 个功能键可根据用户的需要设置一些最常用的命令或字符串,使用户在使用中得到方便
F11 和 F12	这两个键是为以后扩展所用,目前大多数软件尚未定义这两个键
Print Screen	复制屏幕内容
Scroll Lock	激发 Scroll Lock 功能,同时 Scroll Lock 指示灯亮。同时按下【Ctrl】和【Scroll Lock】键,激发 Pause 功能
Pause	暂停键,再按其他键恢复执行。同时按下【Ctrl】和【Pause】键为中断程序执行

● 光标移动控制键

这个区主要包括:删除字符、移动光标、光标定位等,如表 1-4 所示。

表 1-4　光标控制键的作用

键	作　用
Insert	表示进入或退出插入状态
Delete	删除光标所在位置右侧的字符
Home	光标移到行首或段首,由具体程序定义
End	光标移到行尾或段尾,由具体程序定义
Page Up	将文件内容上翻一页
Page Down	将文件内容下翻一页
→、←、↑、↓	控制光标上下左右移动

● 数字小键盘

数字小键盘在键盘的右边,当输入大量的数字时,用右手在数字小键盘上击键可大大提高录入速度。小键盘上的双字符键具有数字键和编辑键的双重功能。开机后,系统约定为下档的编辑状态时,按一下数字锁定键【Num Lock】则可进入上档数字锁定状态,即可输入数字。再按一次,解除锁定。

② 鼠标

在 Windows 环境下采用各种形式的"菜单"或"图标"操作,操作时只要在屏幕特定的位置用鼠标选择一下,该操作即可执行。因此鼠标可以说是必不可少的输入设备,目前使用的鼠标有 3 种类型。

● 机械式:价格便宜,正确性较差。
● 光电式:需要一个专用的平板配合使用。
● 光电机械式:不需要专用的平板,性能和价格都比较适宜。

③ 其他输入设备

扫描仪、条形码阅读器、光笔、触摸屏、声音的输入设备(麦克风)和图像输入设备(数码相机)等。

4．输出设备

输出设备是计算机将经过加工处理后的信息送到外界的设备。计算机最常用的输出设备有:显示器、打印机。

① 显示器

显示器是计算机的标准输出设备,是使用计算机时必不可少的。它用于显示文字和图形,实现人机对话的窗口,它把计算机处理后的信息提供给操作者,以便操作者了解操作情况和决定下一步的操作动作。

可用于计算机的显示器有许多种,常用的有阴极射线管显示器(简称 CRT)和液晶显示器(简称 LED)。液晶显示器为平板式,体积小、重量轻、功耗小,已慢慢成为 PC 的主流显示器。

显示控制适配器俗称显示卡,它是插在计算机主机箱内扩展槽上的一块电路板,用于将显示器与主机连接的。显示卡是决定显示器类型和性能的重要部件,所以显示器必须与显示卡匹配。

常见的显示卡有:MDA 卡、CGA 卡、EGA 卡、VGA 卡、TVGA 卡、SVGA 卡、AVGA 卡和单色显示卡等。目前,使用最普遍的显示卡是 AVGA 卡。

在选择和使用显示器时,应该了解显示器的主要特性:

● 像素与点距:屏幕上图像的分辨率或说清晰度取决于能在屏幕上独立显示的点的直径,这种独立显示的点称为像素,屏幕上两个像素之间的距离称为点距。一般讲,点距越小,分辨就越高,显示器就越清晰,画面质量越高。
● 分辨率:分辨率是衡量显示器的一个常用指标。它指的是整个屏幕上像素的数目。

② 打印机

打印机是计算机系统中一种主要的输出设备,用于文件的硬拷贝。打印机的种类很多,按打印方式可分为击打式和非击打式。

击打式打印机是利用打印机钢针撞击色带,在纸上打出点阵,由点阵组成图形,也称为针式打印机。其特点是:印字质量能满足普通要求,结构简单、造价低、速度慢、噪声大。

非击打式打印机是靠电磁作用实现打印的,它没有机械动作,打印速度快。非击打式打印机有静电、热敏、激光扫描和喷墨等方式。它们的共同特点是:打印质量高,能满足印刷需要,速度快、噪声小,但结构复杂,价格高。

③ 其他输出设备

绘图仪、声音输出设备(音箱或耳机)、视频投影仪等。

5. 总线(Bus)和主板(Main Board)

上面介绍的计算机常用的各种硬件只有有机地连接在一起才能协调工作。

总线技术是目前微机中广泛采用的连接方法。所谓总线就是系统部件之间传送信息的公共通道,各部件由总线连接并通过它传递数据和控制信号。

根据所连接部件的不同,总线可分为内部总线和系统总线。

(1)内部总线是同一部件(如 CPU)内部控制器、运算器和各寄存器之间连接总线。

(2)系统总线是同一台计算机的各部件,如 CPU、内存、输入/输出接口之间相互连接的总线。系统总线又分为数据总线(DB)、地址总线(AB)和控制总线(CB),分别传递数据、地址和控制信号。

总线体现在硬件上就是计算机主板,它也是配置计算机时的主要硬件之一。主板上配有 CPU、内存条、显示卡、声卡、网卡、鼠标和键盘等各类扩展槽或接口,而软盘驱动器和硬盘驱动器通过数据线与主板相连。

1.5.3 计算机的主要性能指标

1. 字长

字长是指计算机运算部件一次能同时处理二进制数据的位数,是计算机性能的重要标志。字长总是 8 的整数倍,如 8 位、16 位、32 位、64 位。字长越长,计算机处理能力越强,运算精度就越高。

2. 时钟主频

时钟主频是指计算机 CPU 的时钟频率。时钟主频的单位是 MHz(兆赫兹)和 GHz(吉赫兹)。时钟主频的大小在很大程度上决定了微机运算速度的快慢,时钟主频越高,计算机的运算速度就越快。所以时钟主频是计算机的一个重要性能指标。

3. 运算速度

运算速度是指计算机每秒钟能执行多少条指令。运算速度的单位用 MIPS(百万次/秒)。目前大多用各种指令的平均执行时间和相应指令的运行比例来综合计算机运算速度,作为衡量计算机运算速度的标准。

4. 存储容量

存储容量包括主存容量和辅存容量,主要指内存容量,它表示内存储器所能容纳信息的字节数。内存容量越大,它所能存储的数据和运行的程序就越多,程序运行的速度就越快,计算机的信息处理能力就越强,所以内存容量是计算机的一个重要性能指标。

5. 存取周期

内存储器的存取周期也是影响整个计算机系统性能的主要指标之一。简单来讲,存取周期就是 CPU 从内存储器中存取数据所需的时间。

此外,还有计算机的可靠性、可维护性和平均无故障时间,也都是计算机的性能指标。

1.5.4　计算机的使用环境

计算机使用环境是指计算机对其工作的物理环境方面的要求。一般的微型计算机对工作环境没有特殊的要求,通常在办公室条件下就能使用。但是,为了使计算机能正常工作,提供一个良好的工作环境也是很重要的。下面是计算机工作环境的一些基本要求。

1. 环境温度

微型计算机在室温 15℃ ~ 35℃ 之间一般都能正常工作。但若低于 15℃,则软盘驱动器对软盘的读写容易出错;若高于 35℃,则由于机器散热不好,会影响机器内各部件的正常工作。在有条件的情况下,最好将计算机放置在有空调的房间内。

2. 环境湿度

放置计算机的房间内,其相对湿度最高不能超过 80%,否则会由于结露使计算机内的元器件受潮变质,甚至发生短路而损坏计算机。相对湿度也不能低于 20%,否则会由于过分干燥而产生静电干扰,引起计算机的错误动作。

3. 洁净要求

通常应保持计算机机房的清洁。如果机房内灰尘过多,灰尘吸附在磁盘或磁头上,不仅会造成对磁盘读写错误,而且也会缩短计算机的使用寿命。因此,在机房内一般应备有除尘设备。

4. 电源要求

微型机一般使用 220V、50Hz 交流电源。对电源有两个基本要求:一是电压要稳;二是在计算机工作时供电不能间断。电压不稳不仅会造成磁盘驱动器运行不稳定而引起读写数据错误,而且对显示器和打印机的工作也有影响。为了获得稳定的电压,可以使用交流稳压电源。为防止突然断电对计算机工作的影响,最好装备不间断供电电源(UPS),以便断电后能使计算机继续工作一小段时间,使操作人员能及时处理完计算工作或保存好数据。

5. 防止干扰

在计算机的附近应避免强磁场干扰。在计算机工作时,应避免附近存在强电设备的开关动作。因此,在机房内应尽量避免使用电炉、电视或其他强电设备。

6. 注意正常开 / 关机

对初学者来说,一定要养成良好的计算机操作习惯。特别要注意的是不要随意突然断电关机,因为那样可能会引起数据的丢失和系统的不正常。结束计算机工作,最好按正常顺序先退出各类应用软件,然后利用 Windows 的"开始"菜单正常关机。

除了要注意上述几点之外,在使用计算机的过程中,还应避免频繁开关计算机,并且计算机要经常使用,不要长期闲置不用。

1.5.5　计算机软件系统

软件系统指为方便使用计算机和提高计算机使用效率而组织的程序,以及用于开发、使用和维护有关的文档。软件系统分为系统软件和应用软件两大部分。

1. 系统软件

系统软件由一组控制计算机系统并管理其资源的程序组成，为应用程序提供控制、访问硬件的手段。实际上，系统软件可以看作用户与计算机的接口。它包括操作系统、语言处理程序、数据库管理系统等。

（1）操作系统（Operating System，OS）

计算机如果在没有安装任何软件之前，则被称为"裸机"，裸机是无法工作的。操作系统是直接运行在"裸机"上的最基本的系统软件，是系统软件的核心。

操作系统是管理、控制和监督计算机软件、硬件资源协调运行的大型程序，由一系列具有不同控制和管理功能的程序组成。操作系统是计算机发展中的产物，它的主要目的有两个：一是方便用户使用计算机，是用户和计算机的接口；二是统一管理计算机系统的全部资源，合理组织计算机工作流程，以便充分、合理地发挥计算机的使用效率。

① 操作系统通常应包括下列五大功能模块

- 处理器管理。当多个程序同时运行时，解决处理器（CPU）时间的分配问题。
- 作业管理。为用户提供一个使用计算机的界面使其方便地运行自己的作业，并对所有进入系统的作业进行调度和控制，尽可能高效地利用整个系统的资源。
- 存储器管理。为各个程序及其使用的数据分配存储空间，并保证它们互不干扰。
- 设备管理。根据用户提出使用设备的请求进行设备分配，同时还能随时接受设备的请求（称为中断），如要求输入信息。
- 文件管理。主要负责文件的存储、检索、共享和保护，为用户提供文件操作的方便。

② 操作系统的分类

- 单用户操作系统（Single User Operating System）

一次只能支持运行一个用户程序，计算机系统资源不能充分利用，如 DOS、Windows 等。

- 批处理系统（Batch Processing Operating System）

将若干用户作业按一定的顺序排列，统一交给计算机系统，由计算机自动地按顺序完成这些作业。它是一种多任务系统，如 IBM 的 DOS/VSE。

- 分时系统（Time-Sharing Operating System）

它是一种多用户多任务系统，即多个用户共享一台计算机，操作系统分时段为每个用户服务。分时段的时间单位叫时间片，多个用户按时间片轮转，如 UNIX。

分时系统的特点：

➢ 交互性。用户通过终端向主机发出请求，主机执行后给出回答，即人机对话。

➢ 及时性。计算机对用户的请求能在用户比较满意的时间范围内作出及时的响应。

➢ 同时性。虽然计算机按时间片轮流地为每个用户服务，但是用户在感觉上则同时在使用计算机。

➢ 独占性。用户彼此之间感觉不到对方的存在，仿佛独占了计算机。

- 实时系统（Real-Time Operating System）

它是对来自外界的作用和信息在规定时间内及时响应并处理的系统。要求在信息产生的同时进行处理，即实时处理。实时系统具有响应及时、高可靠性的特点。

● 网络操作系统(Network Operating System)

将分散独立的计算机系统通过通信设备和线路互联起来实现信息交换、资源共享、交互操作和协作处理的系统。

● 计算机操作系统

它是一种单用户多任务的操作系统。如 Windows、OS/2、Linux 等。

(2)语言处理系统(翻译程序)

计算机只能直接识别和执行机器语言,因此,要在计算机上运行汇编语言和高级语言程序就必须配备程序语言翻译程序(以下简称翻译程序),将汇编和高级语言程序翻译为机器语言程序。翻译程序本身是一组程序,不同的语言都有各自对应的翻译程序。

对于汇编语言来说,必须先用"汇编程序"把汇编语言源程序翻译成机器语言程序(称为目标程序),然后才能被执行。

对于高级语言来说,翻译的方法有两种。

一种称为"解释"。早期的 Basic 源程序的执行都采用这种方式,这种方式速度较慢,每次运行都要经过解释,"解释一句,执行一句"。

另一种称为"编译"。它调用相应语言的编译程序,把源程序变成目标程序(以.OBJ 为扩展名),然后再用连接程序,把目标程序与各类库文件相连接形成可执行文件。尽管编译的过程复杂一些,但它形成的可执行文件(以.EXE 为扩展名)可反复执行,速度较快。运行程序时只要执行可执行程序即可。

对源程序进行解释和编译任务的程序,分别叫做解释程序和编译程序。总体来说,上述汇编程序、编译程序和解释程序都属于语言处理系统,简称翻译程序。

(3)服务程序

服务程序能够提供一些常用的服务性功能,为用户开发应用软件和使用计算机提供方便。如诊断程序、调试程序、编辑程序、连接程序及工具软件等。

(4)数据库系统(Data Base System)

数据库 DB(Data Base):按照一定联系存储的数据集合,可以是多种应用共享。

数据库管理系统 DBMS(Data Base Management System):是能够对数据库进行加工、管理的系统软件。其主要功能是建立、删除、维护数据库及对库中数据进行各种操作,从而得到有用的结果。如曾经或正在流行的 dBASE III、FoxPro、Visual FoxPro、SQL Server、Sybase、Oracle 等都属于数据库管理系统,它们通常自带语言进行数据操作。

数据库系统 DBS(Data Base System):由数据库、数据库管理系统和用户(包括用户应用程序)所组成。

2. 应用软件

为解决各类实际问题而设计的程序系统称为应用软件。根据其服务对象,又可分为通用软件和专用软件两类。

(1)通用软件

这类软件是为解决某一类问题而设计的,而这类问题是很多人都会遇到的,如以下问题。

① 文字处理软件:用于文档的编辑和排版。

② 电子表格:用于表格的制作和统计。

③ 专家系统：由一组规则组成，用于某一专业领域内知识特长的咨询。

④ 软件包：针对不同专业的需要所编制的大量应用软件，并将其标准化、模块化而形成的应用软件的组合。

（2）专用软件

这类软件是为解决某些特殊问题而组织人力开发的软件。

综上所述，计算机系统由硬件系统和软件系统组成，两者缺一不可。而软件系统又由系统软件和应用软件组成，操作系统是系统软件的核心，是每台计算机系统中必不可少的，其他的系统软件，如语言处理系统可根据不同用户的需要配置不同的程序语言编译系统。应用软件根据用户的应用领域不同可以配置不同的应用软件。

3．进程和线程

进程是程序的一次执行过程，是系统进行高度和资源分配的一个独立单位。简单地说，就是一个正在执行的程序，是正在内在中运行的程序。作业是程序被选中到运行结束再次成为程序的整个过程。显然，所有的作业都是程序，但不是所有程序都是作业。

为了更好地实现并发处理和共享资源，提高 CPU 的利用率，目前许多操作系统把进程再"细分"为线程。如果一个程序只有一个进程就可以处理所有的任务，那么它就是单线程的。如果一个程序可以被分解为多个进程共同完成程序的任务，那么被分解的不同进程就叫做线程。

程序包含了若干进程，每一个进程包含一个或多个要执行的线程。

1.6　多媒体技术

1.6.1　多媒体技术的概述

在讨论多媒体之前，先回顾一下媒体（Media）一词。所谓媒体就是信息的载体，通常指广播、电视、电影和出版物等。但从广义上讲，每件客观事实都可以被当作媒体，每个人随时都在使用媒体，同时也在被当作媒体使用，即通过媒体获得信息或作为媒体把信息保存起来。但是，这些媒体传播的信息大都是非数字的，而且是相互独立的。例如，我们只能捧着报纸看报，拿着收音机听广播，坐在电视机前看电视节目，而不能在一个电器前同时做两件事。

随着微电子、计算机、通信和数字化声像技术的飞速发展，可以把上述各种媒体信息数字化综合成一种全新的媒体——多媒体（Multimedia）。多媒体的实质是将以不同形式存在的各种媒体信息（如文本、图形、图像、声音和动画）数字化，然后用计算机对它们进行组织、加工，并以友好的形式提供给用户使用。

与传统媒体相比，多媒体技术具有以下特征。

（1）集成性

多媒体技术的集成性是指将多种媒体有机地组织在一起，共同表达一个完整的多媒体信息，使声、文、图、像一体化。

（2）交互性

交互性是指人和计算机能"对话"，以便进行人工干预控制。交互性是多媒体技术的关键特征。

（3）数字化

数字化是指多媒体中的各个单媒体都是以数字形式存放在计算机中的。

（4）实时性

多媒体技术是多种媒体集成的技术,在这些媒体中,有些媒体(如声音和图像)是与时间密切相关的,这就决定了多媒体技术必须要支持实时处理。

多媒体的众多特点中,集成性和交互性是最重要的,可以说它们是多媒体的精髓。从某种意义上讲,多媒体的目的就是把电视技术所具有的视听合一的信息传播能力同计算机系统交互能力结合起来,产生全新的信息交流方式。

1.6.2　多媒体计算机

多媒体计算机是指能对多媒体信息进行获取、编辑、存取、处理、加工和输出的一种交互性计算机系统。多媒体计算机系统一般也由多媒体计算机硬件系统和多媒体的软件系统组成。

多媒体计算机硬件系统包括多媒体计算机(如个人计算机、工作站等)、多媒体输入/输出设备(如打印机、绘图仪、音响等)、多媒体存储设备(如硬盘、光盘等)、多媒体功能卡(如视频卡、声音卡、压缩卡、加电控制卡、通信卡)、操纵控制设备(如鼠标、键盘、操纵杆、触摸屏等)等装置组成。

多媒体计算机软件系统包括支持多媒体功能的操作系统(如 Windows 98/2000/Me/XP 等)、多媒体数据开发软件、多媒体压缩/解压软件、多媒体声像同步软件、多媒体通信软件、各种多媒体应用软件等组成。

1.6.3　多媒体技术的应用

随着多媒体技术的不断发展,多媒体技术的应用领域已十分广泛,它不仅覆盖了计算机的绝大部分应用领域,同时还开拓了新的应用领域,如教育与训练、演示系统、咨询服务、信息管理、宣传广告、电子出版物、游戏与娱乐、广播电视、通信等领域。

随着计算机网络技术和多媒体技术的发展,可视电话、视频会议系统将为人们提供更全面的信息服务。

利用 CD-ROM 大容量的存储空间与多媒体声像功能的结合还可以提供百科全书、旅游指南系统、地图系统等电子工具和电子出版物。多媒体电子邮件、计算机购物等都是多媒体技术的应用。多媒体技术的应用将会渗透到每一个信息领域,使传统信息领域的面貌发生根本性的变化。

1.7　计算机病毒

1.7.1　计算机病毒的概述

考察如今泛滥于计算机、威胁着信息系统安全的计算机病毒:1988 年 11 月 2 日,发生在美国重要的计算机网络 Internet 上的莫里斯蠕虫事件是一场损失巨大、影响深远的大规模"病毒"疫情。美国康乃尔大学一年级研究生罗特·莫里斯写了一个蠕虫程序。该程序利用 UNIX 系统中的某些缺点,利用 finger 命令查找联机用户名单,然后破译用户口令,用 Mail 系统复制、传播本身的源程序,再调用网络中的编译生成代码。从 1988 年 11 月 2 日早上 5 点开始,到下午

5 点已使联网的 6 000 多台 UNIX、VAX、Sun 工作站受到感染。虽然莫里斯蠕虫程序并不删除文件,但无限制的繁殖抢占了大量时间和空间资源,使许多联网计算机被迫停机。直接经济损失在 6 000 万美元以上,莫里斯也受到了法律的制裁。

美国国家计算机安全协会估计:每天正在产生 5 ~ 7 种新病毒。至今在计算机上流行的病毒已有一万多种,威胁着计算机的安全。研究完善的抗病毒软件和预防技术已成为目前亟待攻克的新课题。

1．病毒的定义

任何一门学科中的任何一个名词都有其特定的内涵和外延,这是在实践中确定的。最早时,计算机病毒中的“病毒”一词是一种借用,来源于生物学。在生物学中,病毒是一种能够侵入动物体、植物体,并给动、植物体带来疾病的微生物。而今天出现在计算机领域中的计算机病毒实质上是一种特殊的计算机程序,是一种隐藏在计算机系统的可存取信息资源,利用系统信息资源进行繁殖并生存,能影响计算机系统正常运行,并通过系统信息关系和途径进行传染的、可执行的编码集合。

2．计算机病毒一般具有如下特性

(1)传染性:它能够主动地将自身的复制品或变种传染到其他未染者的程序上。

从一台计算机传染到另一台计算机,从一个计算机网络传染到另一个计算机网络,在各系统上传染、蔓延,同时使被传染的计算机程序、计算机、计算机网络成为计算机病毒的生存环境及新的传染源。

(2)破坏性:计算机病毒感染系统后,被感染的系统在病毒发作条件满足时发作,就会表现出一定的症状,如屏幕显示异常、系统速度变慢、文件被删除等。

(3)隐蔽性:当运行受感染的程序时,病毒程序能首先获得计算机系统的监控权,进而能监视计算机的运行,并传染其他程序,但不到发作时机,整个计算机系统看上去一切正常。其隐蔽性使广大计算机用户对病毒丧失了应有的警惕性。

(4)寄生性:它不是一个通常意义上的完整计算机程序,而是一种特殊的寄生程序,寄生在其他可执行的程序中。因此,它能享有被寄生的程序所能得到的一切权利。

(5)潜伏性:计算机病毒在感染计算机系统后,病毒的触发是由发作条件来确定的。在发作条件满足前,病毒可能在系统中没有表现症状,不影响系统的正常运行。

1.7.2　病毒的分类与症状

1．计算机病毒的分类

从已发现的计算机病毒来看,小的病毒程序只有几十条指令,不到上百个字节,而大的病毒程序简直像个操作系统,由上万条指令组成。有些病毒传播很快,并且一旦侵入计算机就立即摧毁系统;而另一些病毒则有较长的潜伏期,感染后 2 ~ 3 年甚至更长时间才发作。有些病毒感染系统内所有的程序和数据;有些病毒只对某些特定的程序或数据感兴趣;而有的病毒则对程序或数据毫无兴趣,只是不断自身繁殖,抢占磁盘空间,其他什么都不干。

计算机病毒一般可分成 5 种主要类别:引导区型、文件型、混合型、宏病毒、Internet 病毒(网络病毒)。

(1)引导区型病毒

引导区型病毒是最流行的病毒类型,主要通过软盘在 DOS 操作系统里传播。引导区型病毒浸染软盘的引导区,蔓延到用户硬盘,并能浸染到硬盘的主引导记录中。一旦硬盘中的引导区被病毒浸染,病毒就试图浸染每一个插入计算机的从事访问软盘的引导区。

（2）文件型病毒

文件型病毒是文件浸染者,也被称为寄生病毒。它运作在计算机存储器里,通常感染扩展名为.COM、.EXE、.DRV、.BIN、.OVL、.SYS 等可执行文件。每一次激活它们时,感染文件把自身复制到其他文件中,并能在存储器里保存很长时间,直到病毒又被激活。

（3）混合型病毒

混合型病毒有引导区型病毒和文件型病毒两者的特征。

（4）宏病毒

宏病毒一般是指用 Basic 书写的病毒程序,寄存在 Microsoft Office 文档上的宏代码。它影响对文档的各种操作,如打开、存储、关闭或清除等。当打开 Office 文档时,宏病毒程序就会被执行,即宏病毒处于活动状态,当触发条件满足时,宏病毒才开始传染、表现和破坏。按照美国"国家计算机安全协会"的统计,宏病毒目前占全部病毒的 80%。在计算机病毒历史上它是发展最快的病毒。宏病毒同其他类型的病毒不同, 它不特别关联于操作系统,可以通过电子邮件、软盘、Web 下载、文件传输和合作应用等很容易地得以蔓延。

（5）Internet 病毒

Internet 病毒大多是通过 E-mail 传播,破坏特定扩展名的文件,并使邮件系统变慢,甚至导致网络系统崩溃。"蠕虫"病毒是典型的代表,它不占用除内存外的任何资源,不修改磁盘文件,利用网络功能搜索网络地址,并将自身向下一地址进行传播。

2. 病毒的症状

从目前发现的病毒来看,主要症状有以下几种。

（1）由于病毒程序把自己或操作系统的一部分用坏簇隐起来, 磁盘坏簇就会莫名其妙地增多。

（2）由于病毒程序附加在可执行程序的首尾或插在中间,使可执行程序长度增加。

（3）由于病毒本身或其复制品不断侵占磁盘空间,使可用磁盘空间变小。

（4）由于病毒程序的异常活动,造成异常的磁盘访问。

（5）由于病毒程序附加或占用引导部分,使系统引导变慢,系统不认识磁盘或硬盘不能引导系统等。

（6）死机现象增多或系统出现异常动作,例如突然死机。

1.7.3 计算机病毒的防治

1. 病毒的传染途径

计算机病毒之所以称为病毒是因为其具有传染性的本质,传统渠道通常有以下几种。

（1）通过外存储器:使用来自不明渠道的系统盘、软盘、游戏盘等是最普通的传染途径。由于使用带有病毒的软盘、活动硬盘、盗版光盘,使计算机感染病毒,并传染给被感染的"干净"计算机。

（2）通过网络:在网络上浏览或者下载文件,都会受到病毒的侵蚀和感染,这种传染扩散极快,能在很短时间内传遍网络上的计算机。

2. 病毒的预防

一般来说,计算机病毒预防分为两种:管理方法的预防和技术上的预防。而在一定程度上,这两种方法是相辅相成的。用这两种方法的结合防止病毒的传染是行之有效的。

用管理手段预防计算机病毒的传染,有以下 3 个措施:

(1)不在计算机上使用带病毒的软盘、活动硬盘等。

(2)经常对计算机和软盘进行病毒检测。

(3)在网上下载的软件要先经过病毒检测后再使用。

用技术手段预防计算机病毒的传染,即采用一定的技术措施,如使用"病毒防火墙"等预防软件,预防计算机病毒对系统的入侵,或发现病毒欲传染系统时,向用户发出警报。所谓的"病毒防火墙"这一概念是随着 Internet 及网络安全技术引入的,它的原理是实时"过滤",当应用程序对文件或邮件进行打开、关闭、执行、保存、发送时,首先自动清除包含病毒的文件,之后再完成用户的操作,保护计算机系统不受任何来自"本地"或"远程"病毒的危害,同时也防止"本地"系统内的病毒向网络或其他介质扩散。

3. 病毒的清除

目前病毒的破坏力越来越强,几乎所有的软件、硬件故障都有可能与病毒有牵连,所以当操作时发现计算机有异常情况,首先应怀疑的就是病毒在作怪,而最佳的解决办法就是用杀毒软件对计算机进行全面的清查。

目前,我国的清查技术已逐步走向成熟。市场上也出现了一些世界上领先水平的杀毒软件,其中以 KV 3000、KILL 和 VRV 为代表。购买一份正版的杀毒软件,对系统的安全是非常必要的。

计算机病毒和反病毒技术都是以软件编程技术为基础的,所以,计算机病毒和反病毒技术是一交替进行、螺旋上升的发展过程。现有的杀毒软件只能对已出现的病毒有特效,要从根本上防治计算机病毒,在目前的计算机体系结构的基础上是很难实现的。

习 题 1

选择题

1. 关于世界上第一台电子计算机 ENIAC 的叙述中,错误的是_____。
   A. ENIAC 是 1946 年在美国诞生的
   B. 它主要采用电子管和继电器
   C. 它是首次采用存储程序和程序控制自动工作的电子计算机
   D. 研制它的主要目的是用来计算弹道

2. 第二代电子计算机使用的电子器件是_____。
   A. 电子管　　　　B. 晶体管　　　　C. 集成电路　　　　D. 超大规模集成电路

3. 下列的英文缩写和中文的对照中,正确的一个是_____。
   A. CAD(计算机辅助制造)　　　　　　　B. CAM(计算机辅助设计)
   C. CAI(计算机辅助教学)　　　　　　　D. CIMS(计算机系统)

4. 计算机中所有信息的存储都采用_____。
    A. 十进制　　　　　　B. 十六进制　　　　　C. 二进制　　　　　　D. ASCII

5. 下列_____不是八进制数。
    A. 1001　　　　　　　B. 7382　　　　　　　C. 2123　　　　　　　D. 4351

6. 十进制数 111 转换成无符号二进制整数是_____。
    A. 01100101　　　　　B. 01101001　　　　　C. 01100111　　　　　D. 01101111

7. 无符号二进制整数 01110101 转换成十进制整数是_____。
    A. 113　　　　　　　　B. 115　　　　　　　　C. 116　　　　　　　　D. 117

8. 如果在一个非零无符号二进制整数之后添加一个 0,则此数的值为原数的_____。
    A. 4 倍　　　　　　　B. 2 倍　　　　　　　C. 1/2 倍　　　　　　D. 1/4 倍

9. 标准 ASCII 码的码长是_____。
    A. 7　　　　　　　　　B. 8　　　　　　　　　C. 12　　　　　　　　D. 16

10. 已知英文字母 m 的 ASCII 码值为 109,那么英文字母 p 的 ASCII 值是_____。
    A. 112　　　　　　　　B. 113　　　　　　　　C. 111　　　　　　　　D. 114

11. 已知英文字母 m 的 ASCII 码值为 6DH,那么,码值为 4DH 的字母是_____。
    A. N　　　　　　　　　B. M　　　　　　　　　C. P　　　　　　　　　D. L

12. 已知三个字符为:a、Z 和 8 按它们的 ACSII 码值升序排序,结果是_____。
    A. 8,a,Z　　　　　　B. a,8,Z　　　　　　C. a,Z,8　　　　　　D. 8,Z,a

13. 计算机存储容量的基本单位是_____。
    A. KB　　　　　　　　B. MB　　　　　　　　C. B　　　　　　　　　D. bit

14. 根据汉字国标码 GB2312-80 的规定,总计有各类符号和一、二级汉字个数是_____。
    A. 6763 个　　　　　B. 7445 个　　　　　C. 3008 个　　　　　D. 3755 个

15. 根据汉字国标码 GB2312-80 的规定,将汉字分为常用汉字(一级)和非常用汉字(二级)两级汉字。一级常用汉字的排列是按_____。
    A. 偏旁部首　　　　　　　　　　　　　　　　B. 汉语拼音字母
    C. 笔画多少　　　　　　　　　　　　　　　　D. 使用频率多少

16. 已知汉字"家"的区位码是 2850,则其国标码是_____。
    A. 4870D　　　　　　B. 3C52H　　　　　　C. 9CB2H　　　　　　D. A8D0H

17. 存储一个汉字的内码需用的字节个数是_____。
    A. 4　　　　　　　　　B. 3　　　　　　　　　C. 2　　　　　　　　　D. 1

18. 一个汉字的机内码和它的国标码之间的差是_____。
    A. 2020H　　　　　　B. 4040H　　　　　　C. 8080H　　　　　　D. A0A0H

19. 设汉字点阵为 32×32,那么 100 个汉字的字形信息所占用的空间是_____。
    A. 12800Byte　　　　B. 3200bit　　　　　C. 32×3200bit　　　　D. 128KB

20. 计算机能够直接识别和执行的语言是_____。
    A. 汇编语言　　　　　B. 自然语言　　　　　C. 机器语言　　　　　D. 高级语言

21. 把用高级语言编写的源程序转换为可执行程序(.exe),要经过的过程叫做_____。
    A. 汇编和解释　　　　B. 编辑和连接　　　　C. 编译和连接　　　　D. 解释和编译

22. 计算机的硬件系统主要包括:运算器、存储器、输入设备、输出设备和_____。

　　A．控制器　　　　　B．显示器　　　　C．磁盘驱动器　　　　　D．打印机

23．计算机硬件系统中最核心最重要的是_____。

　　A．显示器　　　　　B．内存　　　　C．中央处理器（CPU）　　　D．内存

24．计算机软件系统中最核心最重要的是_____。

　　A．语言处理系统　　　　　　　　B．数据库管理系统

　　C．操作系统　　　　　　　　　　D．诊断程序

25．组成 CPU 的主要部件是_____。

　　A．控制器和内存　　　　　　　　B．运算器和内存

　　C．控制器和寄存器　　　　　　　D．运算器和控制器

26．微机的销售广告中"P4 2.4G/256M/80G"中的 2.4G 是表示_____。

　　A．CPU 的运算速度为 2.4GIPS　　　B．CPU 为 Pentium4 的 2.4 代

　　C．CPU 的时钟主频为 2.4GHz　　　D．CPU 与内存间的数据交换速率是 2.4Gbps

27．下列几种存储器中，存取周期最短的是_____。

　　A．内存储器　　　B．光盘存储器　　　C．硬盘存储器　　　D．软盘存储器

28．当电源关闭后，下列关于存储器的说法中，正确的是_____。

　　A．存储在 RAM 中的数据不会丢失　　　B．存储在 ROM 中的数据不会丢失

　　C．存储在软盘中的数据会全部丢失　　　D．存储在硬盘中的数据会丢失

29．下面关于随机存取存储器（RAM）的叙述中，正确的是_____。

　　A．存储在 SRAM 或 DRAM 中的数据在断电后将全部丢失且无法恢复

　　B．SRAM 的集成度比 DRAM 高

　　C．DRAM 的存取速度比 SRAM 快

　　D．DRAM 常用来做 Cache 用

30．把内存中的数据传送到计算机的硬盘，称为_____。

　　A．显示　　　　　B．读盘　　　　C．输入　　　　　　D．写盘

31．下列设备组中，完全属于输入设备的一组是_____。

　　A．CD-ROM 驱动器,键盘,显示器　　　B．绘图仪,键盘,鼠标器

　　C．键盘,鼠标器,扫描仪　　　　　　　D．打印机,硬盘,条码阅读器

32．下列设备组中，完全属于外部设备的一组是_____。

　　A．CD-ROM 驱动器,CPU,键盘,显示器

　　B．激光打印机,键盘,软盘驱动器,鼠标器

　　C．打印机,CPU,内存储器,硬盘

　　D．内存储器,软盘驱动器,扫描仪,显示器

33．下列_____是系统软件。

　　A．DOS 和 Excel　　　　　　　　B．WPS 和 UNIX

　　C．DOS 和 Windows　　　　　　　D．系统诊断程序和 Word

34．计算机病毒是_____。

　　A．程序　　　　　B．设备　　　　C．芯片　　　　D．部件

35．传播计算机病毒的两大可能途径之一是_____。

　　A．通过键盘输入数据时传入　　　　　B．通过电源线传播

C．通过使用表面不清洁的软盘片　　　　D．通过 Internet 网络传播

36．下列关于计算机病毒的叙述中，错误的是_____。

A．计算机病毒具有潜伏性　　　　　　　B．计算机病毒具有传染性

C．计算机病毒是一个特殊的寄生程序

D．感染过计算机病毒的计算机具有对该病毒的免疫性

37．下列关于计算机病毒的叙述中，正确的是_____。

A．反病毒软件可以查、杀任何种类的病毒

B．计算机病毒发作后，将对计算机硬件造成永久性的物理损坏

C．反病毒软件必须随着新病毒的出现而升级，提高查、杀毒的功能

D．感染过计算机病毒的计算机具有对病毒的免疫性

第2章

Windows XP 操作系统

知识点

● Windows XP 的基本概念和基本操作,资源管理系统的"资源管理器"和"我的电脑"的使用与操作。

重点

● 文件和文件夹的创建、删除、重命名、移动与复制、搜索、属性的查看和设置及快捷方式的创建。

本章知识结构图

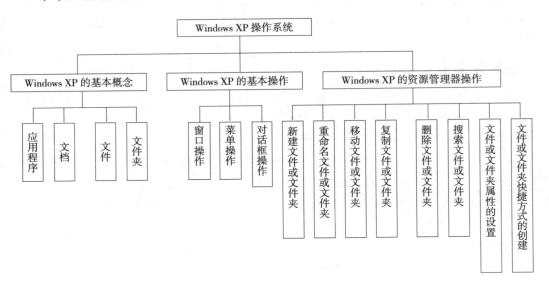

众所周知,微软公司推出了跨世纪的操作系统——Windows XP。尽管微软有好多的反对者,但人们都认为 Windows 仍然将是下一代操作系统的主流。Windows 良好的兼容性、强大的功能以及它的易用性将继续吸引广大用户。

Windows XP 综合了许多优秀产品的特点。它包括 Windows XP Professional、Windows XP Home、Windows XP Media Center 和 Windows XP Tablet PC 4 个版本。其

中 Windows XP Professional 适用于商业桌面和笔记本用户，最多可以支持两个 CPU，本教材选用 Windows XP Professional 作为介绍对象，它的目标是为了代替 Windows 9x 和 Windows NT Workstation 成为新一代办公操作系统。本章从用户界面特点入手，介绍该系统软件的操作使用。

2.1　Windows XP 概述

Windows XP 是 Microsoft 公司新一代操作系统，它结合并强化了 Windows NT 的性能和稳定性以及 Windows 9x 的简易与可操作性，并且扩展了许多新特性，是一种适合从小到大的电子商务服务器新硬件的操作系统，是供台式计算机和便携式计算机用户使用的单用户、多任务 32 位图形界面的操作系统。

2.1.1　Windows XP Professional 的特点

① Windows XP 主要的特点非常可靠、非常稳定。
② 设计焕然一新，用户使用起来非常得心应手。
③ Windows XP 的运行速度太快，尤其是在处理与多媒体应用有关的计算任务时，比如显示电子影集。
④ Windows XP 的媒体播放器软件经过了彻底的改造，已经与操作系统完全融为一体。
⑤ Windows XP 支持遥控。
⑥ Windows XP 的用户界面比以往的视窗软件更加友好。
⑦ 新操作系统在设计时充分考虑到了共享电脑的安全需要。它内建了极其严格的安全机制，每个用户都可以拥有高度保密的个人特别区域。

2.1.2　硬件需求

Windows XP 提供了很多新功能，有些加强的功能对计算机硬件性能提出了更高的要求。Windows XP 可以运行在基于 Intel 及其兼容 CPU 或者基于 Compaq Alpha 芯片的计算机上，硬件配置需求建议如表 2-1 所示。

表 2-1　Windows XP 安装运行的硬件配置要求

硬件设备	基于 Intel 及其兼容 CPU 的计算机	基于 Compaq Alpha 芯片的计算机
CPU	Pentium II 300MHz 以上	Compaq Alpah EV4 200MHz 以上
内存	最少 128MB	最少 48MB
硬盘	最少 1.5GB	最少 500MB
显示	VGA 或者更高分辨率的显示适配器	VGA 或者更高分辨率的显示适配器
光驱	CD-ROM	CD-ROM
其他	键盘、鼠标等输入设备	键盘、鼠标等输入设备

2.1.3　Windows XP 的启动和退出

1．Windows XP 的启动

打开计算机的电源开关后，Windows XP 的登录界面是完全动态的，只要在用户名上面单击一下，便会看见密码输入栏自动展开。另外，不同的用户可以用不同的图标来代表自己，既直观又实用。"登录"过程用以确认用户身份。

2．Windows XP 的退出

在关闭和重新启动计算机之前，一定要先退出 Windows XP，否则可能会破坏一些没有保存的文件和正在运行的程序。

用户可以按以下步骤安全地退出系统：

（1）关闭所有正在运行的应用程序。

（2）单击"开始"按钮，然后单击"关闭计算机"按钮，出现如图 2-1 所示的"关闭计算机"对话框。

（3）根据需要选择"待机"、"关闭"、"重新启动"等命令。

（4）若选择"关闭"命令，则单击"确定"按钮后，系统就会保存设置，自动将计算机关闭。

图 2-1　"关闭 Windows"对话框

正确退出 Windows XP 的操作虽说简单，但却很重要。用户切记不可用直接关闭电源的方法来退出 Windows XP。由于多任务特性，在运行时可能需要占用大量磁盘空间临时保存信息。在正常退出时 Windows XP 将做好退出前的准备工作，如删除临时文件、保存设置信息等，但非正常退出会使 Windows XP 来不及处理这些工作，从而导致设置信息的丢失、硬盘空间的浪费。再者，也会引起运行程序的数据和结果丢失。

2.2　Windows XP 的基本概念和基本操作

2.2.1　Windows XP 的基本概念

应用程序：它是一个完成指定功能的计算机程序。

文档：它是由应用程序所创建的一组相关信息的集合，也是包含文件格式和所有内容的文件。它被赋予一个文件名，存储在磁盘中。

文件：它是一组信息的集合，以文件名来存取。

文件夹：它用来存放各种不同类型的文件，文件夹中可以包含文件和子文件夹。

选择：选择一个对象通常是指对该对象做一标记，选择操作不产生动作。

组合键：2 个或 3 个键名之间用"+"来连接表示。

2.2.2　鼠标和键盘的操作

Windows XP 环境下的操作主要依靠鼠标和键盘来执行。因此熟悉掌握鼠标和键盘操作可以大大提高工作效率。

1．鼠标操作

Windows XP 支持左键和右键模式及带有滚轮的鼠标。安装了鼠标后，屏幕上会出现鼠标

指针，鼠标指针随鼠标的移动而移动。鼠标指针在窗口的不同位置显示不同的形状。不同的形状代表的含义各不相同，如图 2-2 所示。

↖	标准选择	✎	手　写	✥	移　动
☝	链接选择	⊘	不可用	↔	水平调整
⯬	帮助选择	I	文字选择	↕	垂直调整
⌛	忙	✛	精确定位	↖	斜线调整

图 2-2　鼠标指针的含义

2. 键盘操作

键盘操作可以分为输入操作与命令操作两种方式。输入操作以向计算机输入信息为主要目的，用户可以通过键盘向计算机输入文字、英文字母、数字以及各种符号。

命令操作的目的是通过向计算机发布一个命令，让计算机完成相应的工作。例如，在 Windows XP 中，当用户按下【Ctrl+Esc】组合键时，就可以打开"开始"菜单。命令操作通过特定的键或几个键的组合来表示一个命令，这些键通常被称为快捷键（也称组合键）。

2.2.3　Windows XP 桌面布局

桌面是 Windows XP 的工作平台。以 Web 的方式来看，桌面相当于 Windows XP 的主页。它是组织和管理资源的一种有效的方式，如日常的办公桌面一样，常常在其上放置一些常用工具，Windows XP 也利用桌面承载各类系统资源。

1. 桌面

Windows XP 启动完成后，所显示的整个屏幕称为桌面。桌面上可放置图标、菜单、窗口和对话框等，如图 2-3 所示。

图 2-3　Windows XP 的桌面

通常在安装 Windows XP 时，系统会自动在桌面上创建 5 个图标："我的电脑"、"我的文档"、"网上邻居"、"回收站"及"Internet Explorer"。通常把常用的程序和文档放在桌面上或为它们创建快捷方式，桌面底部是任务栏。

2. 图标

在桌面上，有许多个上面是图形、下面是文字说明的组合，这种组合叫图标。在 Windows XP 中，图标应用很广，它可以代表一个程序、一个文档以及一个设备等。

练一练：

① 分别用鼠标左键和右键来拖放桌面上的图标，看看有什么不同之处。

② 单击或双击桌面上的对象，看看会发生什么。

③ 在桌面上的所有对象上单击鼠标右键(包括图标、按钮和空白处)，看看会发生什么。

3. 任务栏

它一般位于桌面底部。左面依次有"开始"按钮，快速启动工具栏，中间是表示正在运行的应用程序"任务按钮"，其中处于按下的"任务按钮"表示当前活动的应用程序。单击所需的"任务按钮"可以在多个应用窗口之间进行切换，关闭程序后，其相应的任务按钮也随之消失。如图 2-3 所示的任务栏中有一个"任务按钮"。任务栏右端是提示区，有"语言指示器"、"系统时钟"和"音量控制"等按钮。

把任务栏作为整体还可以进行以下操作。

(1)改变任务栏的尺寸：鼠标指针指向任务栏的边框处，当鼠标指针变为垂直的双箭头形状时，拖动鼠标即可调整大小。

(2)任务栏的移动：桌面上有 4 个位置可以放置任务栏，桌面的底部(系统默认位置)、顶部以及左右两侧。单击任务栏的空白区，并按住左键不放，将任务栏拖到目标位置后，松开鼠标即可。

(3)任务栏的显示和隐藏：任务栏上单击右键，在弹出的快捷菜单中选择"属性"，可以将任务栏设置成"自动隐藏任务栏"。

(4)任务栏的锁定：任务栏上单击右键，在弹出的快捷菜单中选择"锁定任务栏"即可。

练一练：

① 改变任务栏的大小。

② 改变任务栏的位置。

③ 显示、隐藏任务栏的两种方法。

④ 锁定任务栏的两种方法。

2.2.4　窗口的组成与操作

在窗口界面中，鼠标的操作、窗口的组成与操作、对话框的使用，这些对于初学者来说都是最基本的知识。在这里，结合 Windows XP 的窗口界面进行介绍，如图 2-4 所示。

1. 窗口的组成

首先要明确，所有 Windows 的程序都运行在称为窗口的界面中，几乎所有的窗口都具有以下的特征：

(1)标题栏

　　标题栏位于窗口顶部第一行,用于显示窗口标题(应用程序名或文档名)。在标题栏的最左边是控制菜单图标,最右边则是"最小化"、"最大化 / 还原"、"关闭"按钮。

　　(2)控制菜单图标

　　控制菜单图标位于窗口左上角,它是一个图标,不同的应用程序有不同的图标。单击它可以打开控制菜单,使用其中的命令可以改变窗口大小、移动、放大、缩小和关闭窗口。

　　(3)窗口标题

　　窗口标题用于标识窗口,提示用户正在使用什么窗口,如图 2-4 所示。

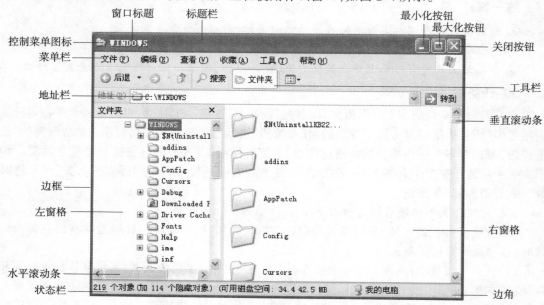

图 2-4　Windows 窗口的组成

　　(4)菜单栏

　　菜单栏位于标题栏之下, 它提供了对大多数应用程序命令的访问途径。单击菜单名可打开对应的下拉菜单,可供选用。

　　(5)工具栏

　　通常位于菜单栏之下,工具栏中包括了一些常用的功能按钮,工具栏可以显示,也可以隐藏。

　　(6)状态栏

　　位于窗口的底部,用来显示窗口的状态信息,一般包括对象的个数、可用的空间及计算机的磁盘容量等。

　　(7)工作区

　　窗口的内部区域称为工作区或工作空间。

　　(8)滚动条和滚动块

　　当窗口的尺寸太小和窗口工作区不能全部显示窗口内容时, 工作区的右侧会出现垂直滚动条,工作区的底部会出现水平滚动条。滚动条由滚动按钮和滚动块组成。

　　(9)边框和边角

　　每个窗口都有一个双线边界框,标识出窗口的边界。边角是窗口的 4 个角,拖动它可以同时改变窗口水平和垂直的大小。

2. 窗口的操作

（1）激活（切换）窗口

在桌面上，可同时存在多个打开的窗口，但只能有一个窗口处于激活状态。默认设置下，当前窗口的标题栏为深蓝色，并且覆盖在其他窗口之上。除此之外的窗口都称为后台窗口，它们的标题栏为深灰色。

可用鼠标或键盘切换窗口，其具体方法如下：

① 用鼠标切换

🖰 在所要激活的窗口内任意处单击一下。

🖰 单击任务栏中的任务按钮，可激活相应的应用程序窗口。

② 用键盘切换

⌨ 按【Alt+Esc】键可以在所有打开的窗口之间进行切换（最小化的窗口不包括在内）。

⌨ 按【Alt+Tab】键可以在当前窗口和最近使用过的窗口之间进行切换。

（2）窗口的最小化、最大化/还原及关闭

窗口标题栏的右上角有 3 个小按钮，分别为"最小化"按钮、"最大化/还原"按钮、"关闭"按钮，如图 2-5 所示。

图 2-5　"最小化"、"最大化/还原"和"关闭"按钮

这里，"最大化"按钮和"还原"按钮是可以互相转换的，当窗口处于原始状态时，单击"最大化"按钮，窗口将充满整个屏幕，"最大化"按钮此时变为"还原"按钮，单击"还原"按钮，窗口变为原始大小。单击"关闭"按钮，可关闭窗口。单击"最小化"按钮，整个窗口将缩为任务栏上的一个按钮。

注意："窗口最小化"和"关闭窗口"是两个截然不同的概念。应用程序窗口最小化后，它仍然在内存中运行，而关闭窗口表示应用程序结束运行，退出内存。

（3）改变窗口大小

将鼠标指向窗口的边框或边角上，鼠标指针变成双箭头形状时拖动鼠标，直到窗口变成所需的大小，松开鼠标即可。

（4）移动窗口

将鼠标指针指向窗口标题栏，拖动鼠标到目标位置后松开鼠标即可。

练一练：

用鼠标练习窗口操作：在桌面上双击打开"我的电脑"图标，改变窗口大小、位置，使窗口最小化、最大化、还原和关闭。

（5）排列窗口

多个窗口在桌面上的排列方式有 3 种：层叠、横向平铺和纵向平铺。在"任务栏"的空白区域单击鼠标右键，弹出如图 2-6 所示的快捷菜单，即可选择窗口的排列方式。

图 2-6　排列窗口的快捷菜单

排列桌面上的窗口：打开多个窗口，用【Alt+Tab】组合键切换活动窗口，使窗口以层叠式、横向平铺和纵向平铺方式排列。

2.2.5 菜单

菜单是应用程序与用户交互的主要方式，用户可从中选择所需的命令来执行相应的操作。

1. 菜单类型

Windows XP 中配有 4 种典型式菜单：开始菜单、下拉菜单、快捷菜单和控制菜单。

2. 菜单操作

菜单操作有 3 种：打开菜单、选择菜单和关闭菜单。

（1）开始菜单

"开始"菜单又称系统菜单，也称级联式菜单，如图2-7 所示。

打开"开始"菜单的方法如下。

🖱 单击"开始"按钮，即可打开"开始"菜单。

⌨ 按【Ctrl+Esc】组合键。

⌨ 在 Windows 键盘中，按视窗键（该键位于【Ctrl】键和【Alt】键之间）。

"开始"菜单是一个级联式菜单，主菜单上主要包括以下菜单选项：

"程序"菜单在"开始"菜单中，当鼠标指向"程序"菜单项时，便显示程序文件夹和存于其中的程序项（快捷方式），单击相应的程序项名就可以执行指定的程序。

图 2-7　"开始"菜单

"文档"可以让用户选择一个文档来进行操作。当鼠标指向文档时，即列出最近使用过的 15 个文档。初始安装 Windows XP 系统时，这个选项为空。

"设置"由 4 个选项组成："控制面板"、"打印机"、"任务栏和开始菜单"和"网络连接"。它们可以让用户按个人喜好设定 Windows XP 的显示状态及行为。

"搜索"Windows XP 提供的搜索功能主要是一个帮助定位文件、文件夹、用户和计算机的查找工具。

"帮助"提供了 Windows XP 帮助目录对话框，它就像打开了一本有关 Windows XP 的百科全书。

"运行"提供了一种通过输入命令字符串来启动程序、打开文档或文件夹以及浏览 Web 站点的方法。

"关机"菜单项中可选择"待机"、"关机"、"重新启动"等命令来实现计算机的相关功能。

用"开始"菜单启动"Word 应用程序"、"通讯簿"和"游戏"。

（2）下拉菜单

　　它位于应用程序窗口标题下方的菜单栏,均采用下拉式菜单方式。菜单中有若干条命令,为了便于使用,命令按功能分组,分别放在不同的菜单项里,如图 2-8 所示。

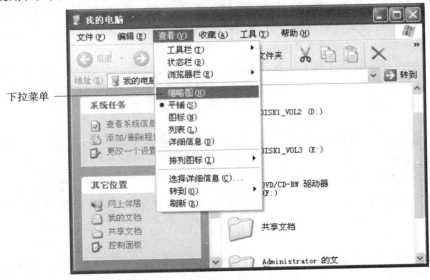

图 2-8　菜单栏上的下拉菜单

① 打开下拉菜单的方法如下:

 单击菜单栏中的相应菜单名,即可打开下拉菜单。

 按【Alt】+ 菜单名后带下划线的字母。

② 选择菜单命令的方法如下:

单击下拉菜单中要选择的菜单命令。

③ 关闭或撤销菜单的方法如下:

 用鼠标单击被打开的下拉菜单以外的任意位置。

 按【Esc】键。

(3)快捷菜单

快捷菜单是单击鼠标右键弹出的菜单。

(4)控制菜单

单击窗口标题栏最左侧的控制菜单图标,在弹出的菜单中,包含的命令是相对窗口而言的。

3. 菜单的约定

(1)正常的菜单命令与变灰的菜单命令

　　正常的菜单命令是用黑色字符显示出来的,表示此命令当前有效,用户可以选用它。用灰色字符显示的菜单命令说明当前不能选用。

(2)名字后带有省略号(……)的菜单命令

　　选择这种菜单命令会弹出一个对话框,要求用户输入某种信息或改变某些设置。如图 2-9 所示的"选择详细信息"命令。

(3)名字右侧带有三角标记"▶"的菜单命令

　　带有三角标记的菜单命令表示在它的下面还有一级子菜单,当鼠标指向该命令时,就会弹出下一级子菜单。如图 2-9 所示的"排列图标"命令。

（4）名字后带有组合键的菜单命令

这里的组合键是一种快捷键，用户在不打开菜单的情况下，直接按下该组合键，即可选择相应的菜单命令，执行操作。例如，【Ctrl+C】就是"复制"命令的快捷键。

（5）名字前带"√"记号的菜单命令

这种命令可以让用户在两个状态之间进行切换。该符号是一个选择标记，菜单命令前有此符号时，表示该命令有效，通过再次选择该命令，可以取消该标记，使得它不起作用。如图 2-9 所示的"状态栏"命令。

（6）名字前带"●"记号的菜单命令

这种菜单命令表示它是可以选用的，但在它的分组菜单中，同时只能有一个且必须有一个命令被选择。如图 2-9 所示的"平铺"命令。

（7）带有向下双箭头的菜单命令

在 Windows XP 中，有的菜单是折叠的，菜单命令没有完全显示，单击菜单中向下的双箭头，会显示一个完整的菜单。

（8）菜单的分组线

有时候，菜单命令之间被线条分隔，形成若干菜单命令组。一般来说，这种分组是按照菜单命令的功能组合在一起的。如图 2-9 所示的"查看"菜单下的菜单命令被分成四组。

（9）带有用户信息的菜单

有的菜单命令用来保留某些用户信息。选择"开始"菜单中的"文档"命令，就会打开一个用户最近打开过的文件列表，如图 2-10 所示。

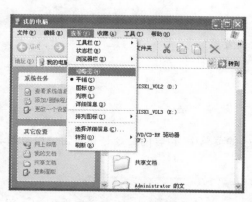

图 2-9　查看菜单的下拉菜单

图 2-10　用户最近打开过的文件名

练一练：

查看典型的复选菜单项：打开"我的电脑"窗口，单击菜单栏上的"查看"菜单，观察"工具栏"子菜单和"状态栏"选项。

2.2.6　对话框

对话框,顾名思义,就是用来进行人与系统之间的信息对话的,如运行程序之前或完成任务时所必要的信息输入,或者是对对象属性、窗口环境设置的更改等。如图 2-11 所示为"回收站属性"对话框。Windows 也使用对话框显示附加信息或警告信息。对话框与窗口有类似的地方,即都有标题栏,但对话框没有菜单栏,而且对话框的大小也是固定的,不能像窗口一样改变大小。

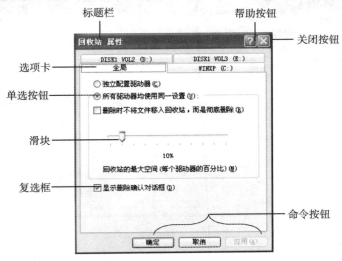

图 2-11　"回收站属性"对话框

1．对话框的组成

（1）标题栏

标题栏在对话框的顶部,其左端是对话框的名称,右端一般有对话框的"关闭"按钮和"帮助"按钮。

（2）标签（选项卡）

用鼠标单击标签,用户可在多个选项卡之间进行切换。

（3）输入框

输入框可分为两类:文本框和列表框。

文本框用于输入文本信息;列表框让用户从列表中选择需要的对象。

（4）按钮

命令按钮,即矩形的带有文字的按钮,如"确定"按钮、"取消"按钮等。

选择按钮,又分为单选按钮和复选框两种。单选按钮为圆形,如果被选择,则中间加上一个圆点;复选框为方框形,如果被选择,则方框中出现"√"标记。在同一组单选按钮中,只能有一个单选按钮被选择,而复选框没有限制,可任意选择。

数值增减按钮,即微调按钮。

滑动按钮,这种按钮主要用于鼠标、键盘等"属性"对话框,用其改变参数。

练一练:

打开桌面上的"属性"对话框进行操作,在桌面上单击鼠标右键,在弹出的快捷菜单中选择"属性"命令,打开"属性"对话框,熟悉对话框的组成。

2. 常用的对话框

在一些对话框中,经常要求输入文件名之类的信息,但是用户往往不能确切记住文件的名称和位置,这就需要通过浏览文件夹和其他资源信息来定位文件。如图 2-12 所示的"打开"对话框就是一个典型的带有浏览功能的常用对话框。

图 2-12　"打开"对话框

2.3　文件和文件夹的管理

计算机系统中的大部分数据都是以文件的形式存储在磁盘上的,因此用户有必要了解文件系统是如何管理的。Windows XP 使用"我的电脑"和"资源管理器"来管理存储系统中的所有资源。

2.3.1　文件的特性

在计算机的文件系统中,文件是数据的最小组织单位,一个文件是一组信息的集合。在一个文件中可以存放文本、图像以及数值数据等信息,然后以用户给予的相应文件名存储到磁盘上。文件具有以下特性:

① 在同一磁盘的相同文件夹中不能有相同文件名的文件,即文件名具有唯一性。

② 在文件中可以存放文本、图像、声音、数字等各种信息,即文件内容具有多样性。

③ 文件可以存放在磁盘上,也可以通过存储设备带到任何位置,即文件具有可携带性。

④文件不是固定不变的,文件可以扩大、缩小,可以增加、减少,也可以修改或删除,即文件具有可修改性。

⑤ 文件在磁盘中有其固定的位置,即文件具有相应的路径。

2.3.2　文件的类型和图标

在 Windows XP 中,系统可以支持多种类型的文件。文件类型根据文件所包含信息类型的不同进行分类,不同的文件类型可以用不同的应用软件打开;不同的文件类型在屏幕上的显示图标也不同。表 2-2 列出了 Windows 系统中文件的类型和含义。在计算机中常用的文件类型有以下几种：

① 程序文件：用于执行某种任务的文件。

② 文本文件：由文字处理软件生成的信息记录文件。

③ 图像文件：用来存放图片信息的文件，图像文件的格式有很多。

④ 字体文件：支持文本记录的字符形式文件。

⑤ 多媒体文件：指数字形式的声音和影像文件。

表 2-2　常用的文件类型及其扩展名

扩　展　名	文　件　类　型
.COM、.EXE	可执行的程序文件
.GIF、.JPG	图像文件
.WAV、.MIDI	声音文件
.ICO	图标文件
.BMP	位图文件
.TXT	文本文件
.DOC	Word 文档文件
.XLS	电子表格文件
.PPT	演示文稿文件
.SYS	系统文件

想一想：

文件的扩展名和图标有什么关系？

2.3.3　基本概念

Windows XP 资源管理器中的基本概念包括：应用程序、文档、文件、文件夹、文件夹树、对象、路径、驱动器，其中应用程序、文档、文件、文件夹在前边已经介绍过了，在这里不再赘述。

① 文件夹树：由于各级文件夹之间有互相包含的关系，使得所有文件夹构成一树状结构，称为文件夹树。在 Windows XP 中文件夹树的根是桌面，下一级是"我的电脑"、"网上邻居"、"回收站"，再下一级是光盘驱动器和硬盘等。

② 对象：在 Windows XP 中，对象是指系统直接管理的资源，如文件、文件夹、驱动器、打印机、系统文件夹（我的电脑、网上邻居、控制面板、回收站）等。

③ 路径：通常在对文件进行操作时，不仅要指出该文件在哪一个磁盘上，还要指出它在磁盘上的具体位置以及在哪一级文件夹中，文件在文件夹树上的具体位置称为文件的路径。文件的路径是用反斜杠"\"隔开的一系列子文件夹名来表示，它反映了文件在文件夹树中的具体位置，而路径中的最后一个文件夹名就是文件所在的子文件夹名。

④ 驱动器：是指查找、读取磁盘信息的硬件。驱动器分为软盘驱动器、硬盘驱动器和光盘驱动器。每个驱动器都用一个字母来标识。通常情况下软盘驱动器用字母 A 或 B 标识；硬盘驱动器用 C 标识，如果硬盘划分了多个逻辑分区，则各分区依次用字母 D、E、F 标识。光盘驱动器标识符总是按硬盘标识符的顺序排在最后，通常用 G、H 等标识。

2.3.4 使用资源管理器

1. 启动资源管理器

启动资源管理器可以采用以下方法：

　选择"开始"|"程序"|"附件"|"Windows 资源管理器"命令。

　在"我的电脑"上单击鼠标右键，在弹出的快捷菜单中选择"资源管理器"命令。

　按【Windows+E】组合键。

2. 资源管理器窗口

在 Windows 中，"资源管理器"窗口与"我的电脑"窗口基本类似。"资源管理器"窗口如图 2-13 所示，特有的组成部分如下：

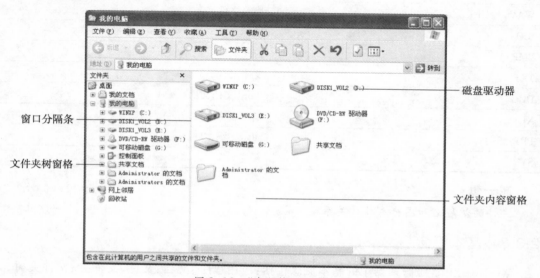

图 2-13 "资源管理器"窗口

（1）地址栏

地址栏里显示的是当前文件夹的路径。

（2）窗口分隔条

它将窗口分隔为"文件夹树"窗格和"文件夹内容"窗格两部分，用鼠标拖动可以调整左右窗格的大小。

（3）文件夹树窗格（左窗格）

窗口左面是文件夹树窗格，显示文件夹树结构。桌面为文件夹树的根，包含"我的电脑"、"回收站"、"网上邻居"等选项。"我的电脑"又包含了 A、B、C、D、E、F 等驱动器，各驱动器中又包含用户的各级文件夹和文件，单击某图标，可以使其成为当前文件夹，在文件夹内容窗格中显示以上的文件和文件夹。

（4）文件夹内容窗格（右窗格）

窗口右面是文件夹内容窗格，用来显示当前文件夹中的文件和子文件夹以及相关信息。

3. 资源管理器窗口显示方式的调整

（1）图标的显示方式

在"资源管理器"窗口中,选择"查看"下拉菜单中的命令来调整文件夹内容窗格的显示方式,如图 2-14 所示。

缩略图:以大图标形式显示。

平铺:以小图标形式显示。

列表:与小图标类似。

详细信息:显示对象的名称、大小、类型及修改日期等详细信息。

（2）图标的排列

选择"查看"|"排列图标"命令,下一级菜单中包含"名称"、"大小"、"类型"、"修改时间"和"自动排列"等命令,如图 2-14 所示。

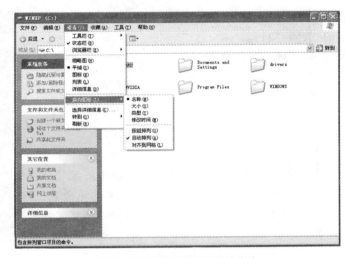

图 2-14　"排列图标"级联菜单

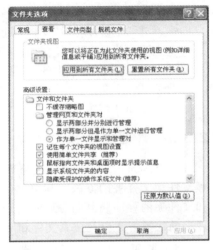

图 2-15　"文件夹选项"对话框

名称:按文件和文件夹名的字典顺序排列图标。

类型:按扩展名的字典顺序排列图标。

大小:按所占空间大小从小到大排列。

修改时间:按修改日期排列,最近修改的在先。

（3）刷新

选择"查看"|"刷新"命令,使窗口中显示最新的信息。

（4）文件夹选项

选择"工具"|"文件夹选项"命令。

通过图 2-15 所示的对话框可以设置所有文件和隐藏文件的类型、文件扩展名的显示或隐藏、显示路径全名等。

（5）自定义资源管理器的工具栏按钮

在资源管理器工具栏的空白处单击鼠标右键,选择"自定义"命令,在打开的"自定义工具栏"对话框中进行设置。如图 2-16 所示。

图 2-16　"自定义工具栏"对话框

4．退出资源管理器

退出资源管理器可以采用以下方法：
- 单击"资源管理器"窗口右上角的"关闭"按钮。
- 打开"资源管理器"窗口的控制菜单，选择"关闭"命令。
- 选择"文件"菜单中的"关闭"命令。
- 双击"资源管理器"窗口标题栏上的控制菜单图标。

按【Alt+F4】组合键。

2.3.5　管理文件和文件夹

在 Windows XP 中，文件的管理工作是非常重要的，本节将详细地介绍使用资源管理器管理文件和文件夹的方法。其中包括文件和文件夹的创建、选择、文件和文件夹的重命名、文件和文件夹的移动和复制、删除和恢复文件与文件夹、设置文件和文件夹的属性、创建文件和文件夹的快捷方式以及搜索文件和文件夹等内容。

1．打开文件夹或驱动器

打开文件夹是指在文件夹内容窗格中显示该文件夹的内容，此时在地址栏和窗口标题栏上显示当前被打开文件夹的名称。打开文件夹的常用方法如下：
- 在文件夹树窗格中，单击要打开的文件夹（或驱动器）图标或文件夹名。
- 在文件夹内容窗格中，双击要打开的文件夹（或驱动器）图标或文件夹名。

2．展开和折叠文件夹

在文件夹树窗格中，有的文件夹图标左边有一小方框标记，其中标有加号(+)或减号(-)，有的则没有。有方框标记的表示此文件夹包含有子文件夹，而没有方框标记的表示此文件夹不包含子文件夹。

展开文件夹：单击加号(+)变为减号(-)，其子文件夹被显示出来。

折叠文件夹：单击减号(-)变为加号(+)，其子文件夹被折叠起来。

注意：展开文件夹和打开文件夹是两个完全不同的操作。

练一练：

展开 D 盘上所有的文件夹。

3．创建文件和文件夹

用户可以根据需要,在指定的驱动器或文件夹位置创建文件或文件夹。

常用方法有两种:

方法 1:例如要在驱动器 C 中新建一个文件夹。

(1)在资源管理器窗口中,单击左窗格中的驱动器 C。

(2)选择"文件"|"新建"|"文件夹"命令,在右窗格中会看到新建的文件夹,其名称以高亮度显示。

(3)输入新建文件夹的名称并按【Enter】键。

方法 2:例如要在驱动器 C 中新建一个 Word 文件。

(1)在资源管理器窗口中,单击左窗格中的驱动器 C。

(2)在右窗格空白处单击右键,在弹出的快捷菜单中选择"新建"|"Microsoft Word 文档"命令,在右窗格中会看到新建的文件,其名称以高亮度显示。

(3)输入新建文件的名称并按【Enter】键。

练一练:

① 在 D 盘上新建一个"班级－姓名－学号"文件夹。

② 在 D:\"班级－姓名－学号"文件夹中新建一个文本文件。

4．选择文件和文件夹

(1)选择单个对象

🖰 在文件夹内容窗格中单击所选的文件或文件夹的图标或名称,所选择的文件名或文件夹名以蓝底反白显示。

(2)选择连续多个对象

🖰 按住【Shift】键＋单击首和尾对象来选择。

🖰 用鼠标左键从连续区域的右上角向左下角拖动选择连续对象。

(3)选择不连续多个对象

🖰 按住【Ctrl】键＋单击每个要选择的对象。

(4)全部选择

🖰 选择"编辑"菜单中的"全部选择"选项。

⌨ 按【Ctrl+A】组合键。

5．文件和文件夹的命名

(1)更改文件和文件夹的名称

对文件和文件夹进行更名是常遇到的问题,操作方法有两种:

方法 1:

① 选择要更名的文件或文件夹。

② 选择"文件"菜单中的"重命名"命令或在选择对象上单击鼠标右键,在弹出的快捷菜单中选择"重命名"命令。

③ 输入所要更换的名字,按【Enter】键。

方法 2:

间隔双击要更名的文件或文件夹,输入所要更换的名字,按【Enter】键。

练一练:

将 D:\"班级 - 姓名 - 学号"文件夹中的文本文档文件命名为"练习.txt"。

（2）文件名的命名规则

① 在文件或文件夹的名字中,最多可使用 255 个字符。

② 文件名中除开头以外的任何地方都可以有空格，但不能出现下列字符:〈、〉、/、\、|、? 、*、"、:。

③ Windows XP 保留用户指定名字的大小写格式,但不能使用大小写来区分文件名。例如,"myfile.doc"和"MYFILE.DOC"被认为是同一文件名。

④ 文件名由文件主名和扩展名两部分组成。

⑤ 当用户实现模糊查找时,可以使用通配符"? "、"*"。

想一想:

在更改文件名时,如果新文件名与已存在的文件名有重复,系统会有什么提示?

6. 复制及移动文件和文件夹

复制:指原来位置上的源文件及文件夹保留不动,而在指定位置建立源文件的备份(副本)。

移动:指文件及文件夹从原来位置上消失,出现在指定的位置上。

复制及移动文件和文件夹常用 3 种方法如下:

（1）用"编辑"菜单

① 选择要复制(或移动)的对象。

② 选择"编辑"|"复制"或"移动"命令,此时所选对象被复制(或移动)到了剪贴板上。

③ 打开目标位置,选择"编辑"|"粘贴"命令。

（2）用快捷菜单或工具栏按钮

（3）鼠标拖动法

注意:

① 在用左键拖动时:

在同一磁盘移动,直接拖动;在同一磁盘复制,按住【Ctrl】键拖动。

在不同磁盘移动,按住【Shift】键拖动;在不同磁盘复制,直接拖动。

② 如果复制的目标文件夹与源文件夹相同,则在所复制对象的图标名前会加上"复件"两个字。

想一想:

在移动或复制文件时,如果目标位置已经有了一个同名的文件,系统会有什么提示?

练一练:

① 将"练习.txt"复制到 D: 上,并命名为"习题 A.doc"。

② 将"练习.txt"移动到 D: 上,并命名为"习题 B.txt"。

③ 将 D:\"班级 - 姓名 - 学号"文件夹在同一位置复制,并命名为"练习"文件夹。

7. 剪贴板

剪贴板是一个在 Windows 程序和文件之间用于传递信息的临时存储区，它是内存的一部分,Windows XP 的剪贴板中最多能保存 12 条信息。

复制整个屏幕或某个活动窗口到剪贴板。

⌨复制整个屏幕:按【PrintScreen】键。

⌨复制当前窗口:按【Alt+PrintScreen】组合键。

8．删除

在用户的系统中,可能有很多过时的、没用的文件,为了保证计算机硬盘的容量,需要删除这些文件。

删除文件或文件夹常用的方法如下:

(1)选择要删除的对象,直接按【Delete】键,并单击"是"按钮。

(2)选择要删除的对象,选择"文件"菜单中的"删除"命令,并单击"是"按钮。

(3)选择要删除的对象,在其上单击鼠标右键,在弹出的快捷菜单中选择"删除"命令,并单击"是"按钮。

注意:

① 如果删除的对象是文件夹,该文件夹中的所有文件和子文件夹都将被删除。

② 如果删除的对象是在本地硬盘(C、D、E、F)上,那么删除的对象被暂时放到回收站文件夹中,以备随时恢复使用。

③ 如果想直接删除硬盘上的对象而不放入回收站,按【Shift+Delete】组合键,并单击"是"按钮即可。

④ 如果删除的对象是在移动存储设备上(如优盘、移动硬盘等),那么删除时不放入回收站,即直接被删除。

练一练:

将 D:\"练习"文件夹删除。

9．回收站

在 Windows XP 中,为删除操作提供了一个"回收站",主要用来对偶然错误删除的文件起保护作用。系统把刚刚从硬盘上删除的文件放在"回收站"中,并且把最近删除的文件放在最上面。需要时可以从回收站恢复被删除的文件。"回收站"是在桌面上的一个文件夹,实际上,"回收站"是硬盘的一部分,通常所占空间的默认值是它所在磁盘容量的 10%。

回收站的操作如下:

(1)还原

只要在回收站中存在被删除的文件或文件夹,选择要还原的文件,选择"文件"菜单中的"还原"命令,可以将选择的文件还原到原来位置上。

(2)删除

从回收站中彻底删除文件或文件夹,选择对象,选择"文件"菜单中的"删除"命令。

(3)清空回收站

在"回收站"图标上单击鼠标右键,在弹出的快捷菜单中选择"清空回收站"命令,这样回收站中全部的文件和文件夹就被永久删除,再也无法恢复。

练一练:

将"练习"文件夹还原到原位置。

10. 撤销

如果在完成对象的操作后,用户突然改变主意,想回到刚刚操作前的状态,只要选择"编辑"菜单中的"撤销"命令,或单击工具栏上的"撤销"按钮,或按【Ctrl+Z】组合键即可。

11. 创建快捷方式

Windows XP 的快捷方式是一种对系统资源的链接,一般通过某种图标来表示,通过快捷方式用户也可以方便、快速地访问有关的资源。快捷方式本身实际是链接文件,其扩展名为".LNK"。

（1）在"资源管理器"或"我的电脑"窗口中创建快捷方式

① 选择要创建快捷方式的对象。

② 选择"文件"菜单中的"创建快捷方式"命令或在其上单击鼠标右键,在快捷菜单中选择"创建快捷方式"命令。

（2）通过向导来创建快捷方式

① 在桌面或文件夹窗口的空白位置单击鼠标右键,弹出一个快捷菜单。

② 选择"新建"菜单中的"快捷方式"命令,弹出"创建快捷方式"对话框。

③ 在"请键入项目的位置"文本框中输入一个确实存在的应用程序名或通过"浏览"按钮获得应用程序文件名,如图 2-17 所示。

④ 单击"下一步"按钮,出现如图 2-18 所示的对话框。

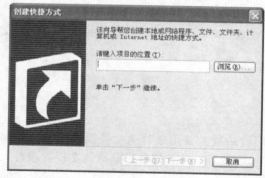

图 2-17 "创建快捷方式"对话框

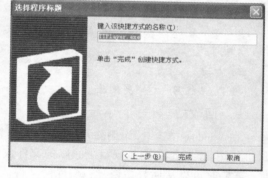

图 2-18 "选择程序标题"对话框

⑤ 在"选择程序标题"对话框中输入该快捷方式的名称。

⑥ 单击"完成"按钮。

在当前的文件夹窗口或桌面上将出现新建快捷方式的图标。

（3）在桌面上创建快捷方式

在桌面上可以创建应用程序、文件夹、驱动器或网络计算机中文件的快捷方式。在桌面上双击这个快捷方式图标就可以快速地启动应用程序,打开文件夹。

① 打开所需的文件夹窗口。

② 用右键拖动要创建快捷方式的文件夹或文件图标到桌面,松开右键后弹出快捷菜单。

③ 选择快捷菜单中的"在当前位置创建快捷方式"命令即可。

练一练:

将 D:\"习题 A.doc"在 D 盘上创建名为"试题"的快捷方式。

2.3.6　查看及设置文件和文件夹的属性

在 Windows 系统中,每一个文件和文件夹都有其自身特有的信息,包括文件的类型、在磁盘中的位置、所占空间的大小、修改时间和创建时间,以及文件在磁盘中存在的方式等,这些信息统称为文件的属性。

1．查看和设置文件夹的属性

下面以查看和设置 G 盘下的文件夹"新稿"的属性为例,来介绍如何查看和设置文件夹的属性。

(1)在 G 盘驱动器的窗口中的"新稿"文件夹图标上单击鼠标右键,弹出快捷菜单。

(2)选择快捷菜单上的"属性"命令,屏幕上显示"新稿属性"对话框,如图 2-19 所示。

(3)从图中可以看出,对话框中由"常规"和"共享"2 个选项卡组成,其中"常规"选项卡被分为 4 部分。

● 第 1 部分中列出了文件夹的图标和名称。

● 第 2 部分列出了新稿文件夹的类型、位置、大小和所包括的文件和文件夹个数等信息。

● 第 3 部分列出了文件夹的创建时间。

● 第 4 部分包括几个复选框。它们规定了文件夹在磁盘中的存在方式。

"只读":选择它则文件夹被设为只读属性。具有只读属性的文件夹不能被删除。

"隐藏":选择它则文件夹被设为隐藏属性,表示该文件夹将隐藏起来。

"存档":选择它则文件夹被设为存档属性。该功能可用来控制文件夹能否备份。

2．查看和设置文件的属性

在 Windows 中查看和设置文件属性的方法与查看和设置文件夹的方法基本相同,在此不详细介绍了。但在使用过程中,可能会看到不同类型的文件,其属性对话框中的内容也有所不同,一般的文件都有"常规"、"自定义"和"摘要"三个选项卡。类似图 2-20。"常规"选项卡的结构与文件夹的"属性"对话框基本相同。

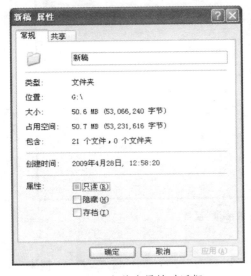

图 2-19　文件夹属性对话框

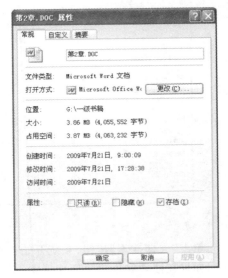

图 2-20　一般文件的"属性"对话框

练一练：

把 D:\"习题 A.doc"设置属性为"只读"和"隐藏"，并取消"存档"属性。

2.3.7 Windows XP 的搜索功能

Windows XP 提供的搜索功能主要是帮助定位文件、文件夹、用户和计算机的查找，它可以搜索本地系统以及网络上的驱动器，也可以搜索网络中的某台计算机。

1. 查找文件或文件夹

在使用 Windows XP 的过程中，有时需要知道某个文件或文件夹的位置，下面是查找文件和文件夹的操作方法：

（1）选择"开始"|"搜索"|"文件或文件夹"命令。

（2）屏幕上弹出"搜索结果"窗口，如图 2-21 所示。

（3）在"搜索结果"窗口的"要搜索的文件或文件夹名为"文本框中输入所要查找文件夹的完整文件名或部分文件名。

（4）在"包含文字"文本框中输入文件中所包含的部分文字，以便查找不知道文件名的文件。

（5）如果想指定搜索的位置，则单击"搜索范围"下拉列表框右侧的下三角按钮，然后在打开的下拉列表中选择所要查找的目标位置。

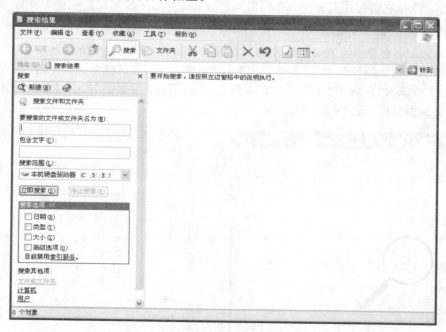

图 2-21 "搜索结果"窗口

（6）单击"立即搜索"按钮，系统开始查找。

（7）如果在搜索时用户想细化搜索条件，则可以单击"搜索选项"链接，打开"搜索选项"选项组进行设置。

如果在搜索时,记不清完整的文件名,可以使用通配符"? "、"*"实现模糊查找。"? "代表任意一个字符,"*"代表任意个字符。

练一练:

① 搜索 D 盘上的"习题 A.doc",并将其复制在 C 盘上。

② 搜索 C 盘上以 B 开头的任意文件,并将其中之一复制在 D 盘上。

2．查找本地网络上的计算机

选择"开始"|"搜索"|"文件或文件夹"命令,在"搜索结果"窗口单击"计算机"链接,在随后打开的"计算机名"文本框中输入要搜索的计算机名,单击"立即搜索"按钮即可。

2.4　程序管理

2.4.1　运行一个程序

程序以文件的形式存放,它是指能够实现某种功能的一类文件。通常我们把这类文件称为可执行文件(.EXE)。

启动并运行应用程序的方法有以下几种:

1．使用开始菜单

这是运行程序最常用的方法。以运行写字板程序为例:

(1)选择"开始"|"程序"|"附件"命令进入级联菜单。

(2)选择其中包含的应用程序名"写字板"。

2．利用快捷方式图标

双击文件夹或桌面上的快捷方式图标。

3．使用开始运行命令

图 2-22　"运行"对话框

选择"开始"菜单中的"运行"命令,便会弹出如图 2-22 所示的对话框。

这时将程序的路径名、文件名输入在"打开"下拉列表框中,如果需要的话,也可单击"浏览"按钮,在随之出现的"浏览"对话框中查找并选择要运行的程序,然后单击"打开"按钮,回到"运行"对话框,单击"确定"按钮,启动程序。

2.4.2　退出应用程序

退出应用程序,就是终止应用程序的运行。

退出应用程序的方法有以下几种:

☞ 单击窗口右上角的"关闭"按钮。

☞ 选择"文件"菜单中的"退出"命令。

☞ 双击控制菜单图标。

⌨ 按【Alt+F4】组合键。

⌨ 如果遇异常结束,则要按【Ctrl+Alt+Del】组合键,从应用程序列表中选择要关闭的程序,再单击"结束任务"按钮。

2.4.3　安装与卸载应用程序

在使用计算机工作的过程中,经常需要安装新的工具软件,更新已有的程序或删除旧的程序。Windows XP 继承并改进了 Windows 9x 的"添加 / 删除程序"工具,这个向导程序适用于安装及卸载各种类型的应用程序。

选择"开始"|"设置"|"控制面板"命令,在"控制面板"窗口中双击"添加或删除程序"图标,打开如图 2-23 所示的窗口进行操作。

"添加或删除程序"窗口中的 3 个按钮分别具有如下功能:

更改或删除程序:更改或删除系统已经安装的应用程序。

添加新程序:通过磁盘或光盘安装新的应用程序,或者从 Internet 上添加 Windows 新功能、设备驱动程序和系统更新。

添加 / 删除 Windows 组件:通过 Windows 组件向导安装、配置或删除 Windows 组件。

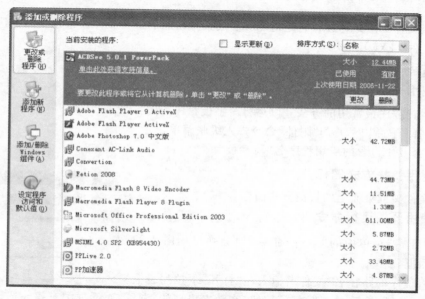

图 2-23　"添加或删除程序"窗口

2.5　计算机管理

2.5.1　用户管理

在 Windows XP 安装过程中,系统将自动创建一个名为 Administrator 的账号。该账号拥有计算机管理员特权,拥有对本机资源的最高管理权限。用户可以在系统安装完成后,利用该账号登录本台计算机,并通过"控制面板"中的"用户账户"工具添加、删除或修改用户账号。

通过 Windows XP 的用户管理功能,可以使多个用户共用一台计算机,而且各自拥有自己的工作界面,且互不干扰。

双击"控制面板"窗口中的"用户账户"图标,打开如图 2-24 所示的"用户账户"窗口。

图 2-24　"用户账户"窗口

对话框中列出了本台计算机的所有的用户账号，以及用户账号所属的工作组。用户组中的成员可以执行完成其工作所必需的大部分任务，如登录到计算机、创建文件或文件夹、运行程序以及保存文件的更改。但是，只有 Administrator 组的成员可以将用户添加到组、更改用户密码或者修改大多数系统设置。

2.5.2　Windows XP 的工作环境设置

1．设置桌面显示属性

利用桌面属性对话框，可进行桌面外观的更改操作，包括：更改桌面背景、添加背景图案、更改屏幕分辨率、更改颜色数目、更改 Windows 用户界面的不同组件所用的颜色和字体、设置屏幕保护程序等。

打开"显示属性"对话框有两种方法：

☜ 在桌面空白处单击鼠标右键，从弹出的快捷菜单中选择"属性"命令。

☜ 在"控制面板"窗口中双击"显示"图标。

打开图 2-25 所示的对话框，包含以下 5 个选项卡：

"主题"：用来设置计算机的主题风格，在"主题"下拉列表框中可以进行选择。

"桌面"：用来设置桌面的背景图案和墙纸。选择自己喜欢的图案作为桌面背景，从"位置"下拉列表框中选择平铺、拉伸、居中 3 种显示方式中的一种即可。

"屏幕保护程序"：一个高亮度的图像长时间停留在屏幕的某一位置对显示器是非常有害的，它会灼烧显像管，因此当人们长时间不操作计算机时就应让计算机显示较暗的画面或活动的画面。屏幕保护程序正是为自动显示这种画面而设计的。它会自动检测用户的按键、鼠标键和鼠标移动操作，如用户停止操作，它将在等待一段时

图 2-25　"显示属性"对话框

间后自动显示屏幕保护程序画面,直到用户再次按键、按鼠标键或移动鼠标。

　　"外观":用来设置桌面、活动窗口、按钮、图标和消息框的样式和颜色。

　　"设置":用来设置显示器的参数。如颜色、分辨率、字体大小等。

练一练:

设置桌面显示属性。

① 更换桌面背景。

② 设置一个活动的屏保程序。

2. 鼠标

　　在 Windows XP 中,支持两键式鼠标,鼠标是一种重要的输入设备,所以学会设置鼠标属性也是必要的。

　　在"控制面板"窗口中,双击"鼠标"图标,打开"鼠标属性"对话框,如图 2-26 所示。其中包含以下 5 个主要选项卡:

　　"鼠标键":可以设置左手型鼠标或右手型鼠标,以及调整鼠标的双击速度。鼠标的双击速度指的是连续击两下鼠标的时间间隔。

　　"指针":用来改变鼠标的形状和大小。

　　"指针选项":用来设置鼠标指针的移动和可见性等。

　　"轮":用来设置一次滚动几行或一个屏幕。

　　"硬件":用来设置有关的硬件属性。

练一练:

改变标准鼠标指针形状。

3. 改变系统时间

　　在"控制面板"窗口中,双击"日期和时间"图标,打开"日期和时间属性"对话框,如图 2-27 所示。在该对话框中可以对系统时间进行设置。

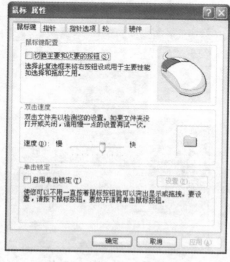

图 2-26 "鼠标属性"对话框

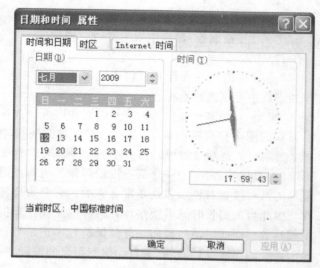

图 2-27 "日期和时间属性"对话框

2.5.3　磁盘管理

在 Windows XP 中主要可以进行以下几种磁盘的管理：

1．磁盘属性的查看和设置

在 Windows XP 系统中，用户可以随时查看任何一个磁盘的属性。磁盘的属性包括磁盘的空间大小、已用和可用空间、磁盘的卷标信息，还有大量的磁盘处理工具以及该磁盘在局域网上的共享设置等。

下面以查看和设置 C 盘驱动器属性为例，来介绍如何查看和设置磁盘驱动器的属性。

（1）打开"我的电脑"窗口，右击 C 盘驱动器图标后弹出快捷菜单。

（2）选择快捷菜单上的"属性"命令，打开图 2-28 所示的"属性"对话框。

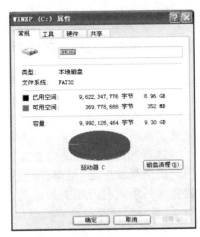

在"属性"对话框中有"常规"、"工具"、"共享"和"硬件"4 个选项卡。4 个选项卡上的信息分别如下所示：

"常规"：在该选项卡中包含了当前驱动器的卷标，用户可以在卷标文本框中，更改当前驱动器的卷标；还包含有当前磁盘的类型、文件系统、已用和可用空间。

"工具"：该选项卡由查错、备份和碎片整理 3 部分组成。用户利用这 3 个工具可以完成检查磁盘错误、备份磁盘上的内容以及整理磁盘碎片的操作。

图 2-28　"磁盘属性"对话框

"共享"：用户利用该选项卡上的内容，可以设置当前驱动器在局域网上的共享信息。

2．格式化磁盘

格式化磁盘意味着在磁盘上可以建立存放文件的磁道和扇区。

一个新的没有格式化的磁盘，Windows XP 和各种应用程序将无法向其中写入文件信息。Windows XP 提供了快速格式化和完全格式化两种方式，二者的区别是：快速格式化只删除磁盘上的文件，但不检查磁盘的坏扇区，这种方式只能快速格式化已经使用过的旧磁盘；完全格式化不仅会删除磁盘上的文件而且会检查磁盘坏扇区并将坏扇区标注上。

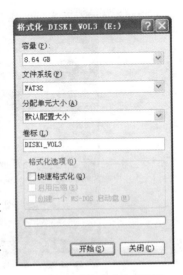

下面以格式化硬盘驱动器为例：

（1）右击磁盘驱动器，在弹出的快捷菜单中，选择"格式化"命令，打开"格式化"对话框，如图 2-29 所示。

（2）在对话框中，选择格式化的容量、文件系统、分配单元大小、卷标、格式化选项进行设置，然后单击"开始"按钮。

（3）开始进行格式化，此时对话框底部的格式化状态栏会显示格式化的过程。

（4）格式化结束后，单击"确定"按钮。

图 2-29　"格式化"对话框

3. 磁盘扫描程序

用于分析和修理磁盘，它有助于用户扫描计算机的文件和文件夹，查找错误或者进行更全面的扫描。

4. 磁盘碎片整理程序

用于收集磁盘碎片信息（也称优化程序），并重新整理所有碎片程序所在的位置。

5. 磁盘清理程序

用于清理磁盘中多余的文件，定期使用磁盘清理程序可以将磁盘中许多不定期产生的文件清除掉，为磁盘释放更多的空间。

2.5.4　Windows XP 的联机帮助系统

联机帮助技术为初学者提供了一条学习的捷径，它代替了书面用户手册，提供了一个面向任务的帮助信息查询环境，借助它用户可以在上机的过程中随时查询有关信息，寻找解决问题的方法。在帮助系统中不但有关于 Windows XP 操作与应用的详尽说明，而且可以在其中直接完成对系统的操作。基于 Web 的帮助还能使用户通过互联网享受 Microsoft 公司的在线服务。

选择"开始"|"帮助和支持"命令后，即可打开"帮助和支持中心"窗口，在这个窗口中会为用户提供帮助主题、指南、疑难解答和其他支持服务。帮助系统以 Web 页的风格显示内容，以超链接的形式打开相关的主题，这样可以很方便地找到用户所需要的内容，快速了解 Windows XP 的新增功能及各种常规操作。

在"帮助和支持中心"窗口的最上方是浏览栏，其中的选项方便用户快速地选择自己所需要的内容，如图 2-30 所示。

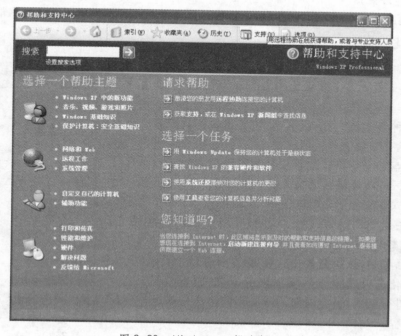

图 2-30　Windows xp 帮助窗口

2.6　中文输入法

中文输入与字体管理是一个中文操作系统应具有的基本功能。要想用计算机实现信息处理，首先应当掌握计算机的汉字输入方法。

2.6.1　中文输入法常识

目前，中文输入法主要通过键盘输入这种模式实现。中文的键盘输入法是指汉字通过计算机的标准输入设备进行输入，数目庞大的汉字通过键盘输入时，需要根据西文键盘上有限的字符按键进行编码，采用不同的编码规则，具体表现为不同的输入方法。目前，这样的键盘输入方法有好多种，从编码类型上可分为：

1.　根据汉字发音编码的拼音输入

这种输入方法以智能 ABC 输入法、紫光拼音输入法和微软拼音输入法为代表，采用拼音作为汉字的输入方式，如输入中文"拼音"，直接输入 pinyin 即可。

2.　根据汉字的笔画字型编码的拼形输入

这种输入法以王码五笔字型为代表，采用拼形作为汉字的输入方式，如输入中文"李"，根据汉字的组成特点，把它拆成若干个字根："木"和"子"，然后利用对应的【s】和【b】键位，在键盘上输入 sb 即可。

用键盘输入法来输入汉字，其输入速度取决于你对键盘和编码的熟悉程度。

2.6.2　安装和设置输入法

Windows XP 在系统安装时已预装了"微软拼音输入法"、"全拼输入法"、"郑码输入法"、"智能 ABC 输入法"等多种输入法。用户可以根据自己的需求，任意安装或删除某种输入法。中文输入法的安装和其他应用程序的安装过程基本相同。

下面介绍如何添加和删除输入法。

①在"控制面板"窗口中，双击"区域和语言选项"图标，在打开的对话框中选择"语言"选项卡，然后单击"详细信息"按钮，打开"文字服务和输入语言"对话框，如图 2-31 所示。

②若要添加一种中文输入法，单击"添加"按钮，打开"添加输入语言"对话框，如图 2-32 所示。

③在"输入语言"下拉列表框中选择"中文（中国）"选项，在"键盘布局／输入法"下拉列表框中选择某种输入法，比如"微软拼音输入法 3.0 版"，单击"确定"按钮，就完成了该中文输入法的添加操作。

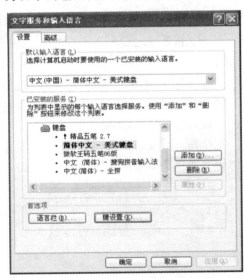

图 2-31　"文字服务和输入语言"对话框

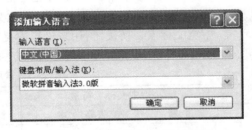

图 2-32　"添加输入语言"对话框

删除输入法的操作更为简单,只需在图 2-31 所示对话框的"设置"选项卡中,从"已安装的服务"列表框中,选择要删除的输入法,然后单击"删除"按钮即可。

2.6.3　使用输入法

1.　输入法开启的 3 种方法

单击任务栏上的输入法指示器, 屏幕上会弹出输入法菜单, 如图 2-33 所示,选择要选用的输入法即可。

按【Ctrl+Shift】组合键实现在各种输入法之间进行切换。

按【Ctrl+ 空格】组合键实现中英文输入法之间进行切换。

2.　输入法的使用

图 2-33　输入法切换

当用户选择某种输入法后(以智能 ABC 为例),屏幕上会出现一个输入法窗口界面,包括 3 部分:输入法状态窗口、输入窗口和候选窗口,如图 2-34 所示。

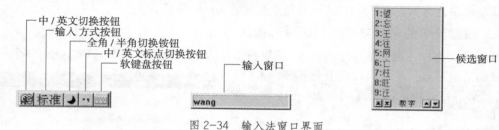

图 2-34　输入法窗口界面

从图 2-34 中可以看到,输入法状态窗口包括 5 个功能按钮,其中:

中英文切换按钮:用来进行中英文切换。

输入方式按钮:用来进行输入方式切换。如智能 ABC 输入法具有标准和双打两种输入方式。

全角 / 半角切换按钮:用来进行全角 / 半角切换,或按【Shift+ 空格】组合键也可实现这种操作。如图 2-35 所示。

图 2-35　智能 ABC 输入法工具栏

汉字不区分全角 / 半角,1 个汉字占 2 个字节空间;西文字符也就是英文字母、数字、标点符号等区分全角 / 半角,在半角状态下,1 个字符占 1 个字节空间,而在全角状态下,1 个字符占 2 个字节空间。在英文输入法下,默认为半角状态。

中英文标点切换按钮:用来进行中英文标点切换,或按【Ctrl+。(句号)】组合键也可实现。

表 2-3 中列出了常用标点的输入方法:

表 2-3　常用的中文标点符号的键位

中文标点符号	键位（英文符号）
……（省略号）	Shift+6(^)
——（破折号）	Shift+ -(_)

续表

中文标点符号	键位（英文符号）
、（顿号）	\
·（间隔号）	Shift+2(@)
－（连接号）	Shift+7(&)
￥（人民币符号）	Shift+4($)
《（左书名号）	Shift+,(<)
》（右书名号）	Shift+.(>)
？（问号）	Shift+/(?)
！（感叹号）	Shift+1(!)

软键盘按钮：用于开关软键盘和选择软键盘类型。系统提供了 13 种软键盘，其默认状态为标准 PC 键盘。

软键盘所提供的一些特殊字符的键盘布局，为用户创建了一种方便快捷的工作环境，用户利用它可以快速找到所需的字符。平时，软键盘按钮是虚的，右击此按钮后，将弹出软键盘类型选择菜单，如图 2-36 所示。当用户选择某一种软键盘类型时，相应的软键盘就会显示在屏幕上，如图 2-37 所示，同时，软键盘按钮由虚变实。这时，用户可以敲击对应键盘上的按键或用鼠标在软键盘上单击的方式键入所需要的字符。再次单击软键盘按钮可以关闭软键盘。

图 2-36　软键盘类型选择菜单　　　　　　图 2-37　PC 键盘

2.7　附　件

2.7.1　常用附件

附件是 Windows XP 附带的实用程序工具，其中包含了许多应用程序。例如，有用于纯文本编辑的记事本程序，用于格式编排的写字板程序，以及用于图形处理的画图程序等，这些应用程序虽然小，但非常实用和方便，用户只需安装 Windows XP 后就可以使用了。

1. 记事本

记事本程序是一个用于编辑纯文本文件的编辑器。记事本几乎没有格式处理能力。它不具备处理诸如字间距、行间距和段落对齐等格式的功能，而只具备设置字体格式的功能。记事本运行速度快，占用空间小，显得小巧玲珑，在许多场合下是一个很有用的实用程序。

（1）创建一个新文件

选择"开始"|"程序"|"附件"|"记事本"命令，就可以启动"记事本"程序，打开了一个"无标

题－记事本"文档编辑窗口。

（2）打开一个文件

选择"文件"|"打开"命令或双击已有的文本文件（.TXT）。

（3）保存文件

如果处理过的文件需要保存，则有两种方法。如果是一个现有的文件，并希望按照原有的文件名保存，那么选择"文件"|"保存"命令即可；否则，选择"文件"|"另存为"命令，按要求进行保存。

在编辑过程中，可以对选择的文本进行一系列的基本操作，诸如移动、复制等。

2．写字板

写字板比较适合于写信、写便条，以及从不同程序中组合信息。用户在"附件"菜单中选择"写字板"命令，即可启动"写字板"程序。"写字板"的功能是 Word 功能的子集，它的使用方法与 Word 十分相似，用户可以在第 3 章中具体学习掌握。

3．画图

Windows XP 的画图程序是一种位图绘制程序，其中有一整套绘制工具，并提供了范围比较广的颜色。用户可以用它创建图形，也可以将画图程序创建的图片，添加到写字板文档或许多其他类型的文档中，甚至还可以将所创建的图片放到 Windows XP 的桌面上。

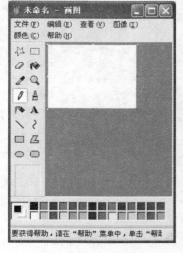

选择"附件"|"画图"命令，即可打开"画图"应用程序窗口。在"画图"窗口中，工作空间也称为画布，在此可以绘制图片。画布的左边是工具栏，含有一套绘制工具，如图 2-38 所示。

可在画图窗口中绘制以下图形。

（1）画直线

要画出直线，首先单击工具箱中的直线工具按钮，然后在工具箱底部的选择框中，选择一种线宽，在画布中拖动鼠标至适当的位置，松开鼠标即可画出直线。

（2）画曲线

（3）画椭圆和矩形

（4）画多边形

练一练：

图 2-38　"画图"窗口

① 按住【Shift】键同时拖动鼠标，可画出什么样的直线？

② 如何画正方形和正圆？

4．计算器

选择"附件"|"计算器"命令，就会启动"计算器"程序。

计算器有标准型和科学型两种类型，选择"查看"菜单下的"标准型"和"科学型"命令可进行类型选择，如图 2-39 所示。"标准型"计算器是按输入顺序计算，"科学型"计算器是按运算规则计算。科学型计算器可进行二进制、八进制、十进制、十六进制间的转换等操作。

图 2-39　"计算器"窗口

一旦在计算器上完成了一次运算,就可以将结果复制到剪贴板上,然后在另一应用程序或文档中使用这一结果。

2.7.2　多媒体附件

媒体(Media)就是处理信息的载体。多媒体(Multimedia)就是文字、声音、图表、图形和图像等各种信息数字化综合在一起的一种全新的媒体。

多媒体技术是一门综合性技术,它融半导体技术、电子技术、视频技术、通信技术、软件技术等高科技于一体。因此,多媒体计算机具有计算机、录像机、录音机、音响、游戏机、传真机等性能。它应由计算机、CD-ROM 驱动器(光驱)、通信与控制端口、声卡(用于播放音频信息数据)和解压缩卡(把经过压缩的视频信息播放出来)、多媒体操作系统及应用软件等构成。

Windows XP 是支持多媒体计算机的高性能操作系统,不仅有比较完善的多媒体设备管理功能,而且也提供了许多实用的多媒体程序。

1．CD 唱机

使用 CD 唱机要求 3 种硬件支持:CD-ROM 驱动器、声卡和音箱或耳机。如果拥有这些硬件,并且进行安装和配置后,就可以一边工作一边欣赏音乐了。

使用 CD 唱机的方法非常简单。在启动 Windows XP 后,只要将 CD 唱盘放入 CD-ROM 驱动器,Windows XP 检测到 CD-ROM 驱动器中是一张唱盘,就会自动运行"CD 播放器"的程序。

如果没有自动运行,则选择"开始"|"程序"|"附件"|"娱乐"|"CD 唱机"命令,就会打开"CD 唱机"的窗口。CD 唱机具有对 CD 唱盘编辑一份曲目表并播放用户选择的音乐等功能。

2．录音机

录音机是用于数字录音的多媒体附件。它不仅可以录制、播放声音,还可以对声音进行编辑及特殊效果处理。在录制声音时,需要一个麦克风,大多数声卡都有麦克风插孔,将麦克风插入声卡就可以使用录音机了。

启动"录音机"的方法是:选择"开始"|"程序"|"附件"|"娱乐"|"录音机"命令。

3．音量控制

在大多数装有声卡的计算机上,Windows XP 任务栏右端的提示区有一个"音量控制"图标。音量控制提供了 Windows XP 最好的多媒体特性之一,即静音功能。

启动音量控制的方法是:选择"开始"|"程序"|"附件"|"娱乐"|"音量控制"命令。

4．Windows Media Player

Windows Media Player 是一个通用的播放机,可用于接收以当前最流行格式制作的音频、视频和混合型多媒体文件。Windows Media Player 不仅可以播放本地的多媒体类型文件,而且可以播放来自 Internet 或局域网的流式媒体文件。

启动 Windows Media Player 的方法是:选择"开始"|"程序"|"附件"|"娱乐"|"Windows Media Player"命令。

习　题 2

1．第一套模拟习题

（1）在考生文件夹下的 FLASH 文件夹中新建一个 XUE 文件夹。

（2）将考生文件夹下 TAR 文件夹中的文件 FEN.BMP 重命名为 CATE.BMP。

（3）搜考生文件夹下的 ABC.PRG 文件,然后将其删除。

（4）将考生文件夹下 NIAN 文件夹中的文件夹 TXT 复制到考生文件夹下并命名为 CUT。

（5）为考生文件夹下 WEEK 文件夹中的 BAG.BAS 文件建立名为 BAG 的快捷方式,存放在考生文件夹下。

2．第二套模拟习题

（1）在考生文件夹下的 LIN 文件夹中分别建立名为 AB 的文件夹和一个名为 CUP.DBF 的文件。

（2）搜索考生文件夹下以 E 字母打头的 DLL 文件,然后将其复制在刚建立的 AB 文件夹下。

（3）将考生文件夹下的 HAND 文件夹中的 EXE 文件夹取消隐藏属性。

（4）为考生文件夹下的 XUE 文件夹建立名为 XUE 的快捷方式,存放在考生文件夹下。

（5）将考生文件夹下的 SAY 文件夹移动到考生文件夹下 LIN 文件夹中,重命名为 RSAY。

3．第三套模拟习题

（1）在考生文件夹下 YAN 文件夹中创建名为 BAG 的文件夹。

（2）删除考生文件夹下 DELL 文件夹中的 BOX.DOC 文件。

（3）将考生文件夹下 WIN 文件夹设置成隐藏属性。

（4）将考生文件夹下 CUP\YU 文件夹复制到考生文件夹下 YAN\BAG 文件夹中。

（5）搜索考生文件夹下第三个字母是 D 的所有文本文件,将其移动到考生文件夹下的 JAN\TXT 文件夹中。

4．第四套模拟习题

（1）在考生文件夹下 JIBEN 文件夹中创建名为 A2TNBQ 的文件夹,并设置属性为隐藏。

（2）将考生文件夹下 QINZE 文件夹中的 HELP.BAS 文件复制到同一文件夹中,文件名为

RH.BAS。

（3）为考生文件夹下 PWELL 文件夹中的 BAW.EXE 文件建立名为 KBAW 的快捷方式，并存放在考生文件夹下。

（4）将考生文件夹下 RMEM 文件夹中的 PRACYL.XLS 文件移动到考生文件夹中，并改名为 RMICRO.XLS。

（5）将考生文件夹下 NAOM 文件夹中的 WINDOWS.BAK 文件删除。

5. 第五套模拟习题

（1）在考生文件夹下分别建立 ZH1 和 ZH2 两个文件夹。

（2）将考生文件夹下 CAD.TXT 文件复制到 ZH1 文件夹中。

（3）将考生文件夹下 FAT 文件夹中的文件 DONG.DBF 重命名为 YANG.DBF。

（4）搜索考生文件夹中的 CAP.WRI 文件，然后将其设置为"只读"属性。

（5）为考生文件夹下 DV\XUAN 文件夹建立名为 XUAN 快捷方式，并保存在 ZH2 文件夹下。

6. 第六套模拟习题

（1）在考生文件夹下的 PROG 文件夹中，新建一个 WORD 文件夹。

（2）将考生文件夹下 GUO\QI 文件夹中的文件 CHENGJI.XLS 移动到考生文件夹下 FAM 文件夹中，并将该文件重命名为 ZONG.XLS。

（3）搜索考生文件夹下的 WUQI 文件夹，然后将其删除。

（4）将考生文件夹下 FREE\DS 文件夹中的文件 ABC.AVI 复制到考生文件夹下 MPEG 文件夹中。

（5）为考生文件夹下 BANG 文件夹建立名为 RBANG 的快捷方式，存放在考生文件夹下的 ZHU 文件夹下。

7. 第七套模拟习题

（1）将考生文件夹下 LOCK.FOR 文件复制到考生文件夹下的 HQWE 文件夹中。

（2）将考生文件夹下 BETF 文件夹中的 DNUM.BBT 文件删除。

（3）为考生文件夹下 GREAT 文件夹中的 BOY.EXE 文件建立中为 KBOY 的快捷方式，并存放在考生文件夹下。

（4）将考生文件夹下 COMPUTER 文件夹中的 INTEL.TXT 文件移动到考生文件夹中，并改名为 PEN.TXT。

（5）在考生文件夹下 GUMQ 文件夹中创建名为 ACERP 的文件夹，并设置属性为隐藏。

8. 第八套模拟习题

（1）在考生文件夹下创建名为 FENG.TXT 的文件。

（2）为考生文件夹下 ZHAN 文件夹中的 MAP.EXE 文件建立名为 MAP 的快捷方式，存放在考生文件夹下。

（3）删除考生文件夹下 WEN 文件夹中的 APPLE 文件夹。

（4）将考生文件夹下 TOOL\MAO 文件夹中的文件 WATER.EXE 设置成只读属性。

（5）搜索考生文件夹下 HONG.XLS 文件，然后将其复制到考生文件夹下的 JIAN 文件夹中。

9. 第九套模拟习题

（1）将考生文件夹下 TENG 文件夹中的文件 SKIN.BAK 复制到同一文件夹中，文件名为 FEATHER.BAK。

（2）在考生文件夹下 LUNDRY 文件夹中建立一个新文件夹 PEASANT.LAN。

（3）将考生文件夹下 LU\YAO 文件夹中的文件 PREDICT.CAS 设置成隐藏和只读属性。

（4）将考生文件夹下 RONG 文件夹中的文件 CATU.NDX 删除。

（5）将考生文件夹下 CTRL 文件夹中的文件 ESC.TXT 移动到考生文件夹下 ALT\SHIFT 文件夹中，文件名改为 SPACE.TXT。

10. 第十套模拟习题

（1）在考生文件夹中新建一个 SHU.TXT 文件。

（2）将考生文件夹下 QUE\MAP 文件夹中的文件夹 MPG 设置成隐藏属性。

（3）将考生文件夹下 MAO1\MAO2 文件夹中的文件 DOG.EXE 移动到考生文件夹中，并将该文件重命名为 THREE.EXE。

（4）将考生文件夹下 HNTV 文件夹中的文件 WEN.TXT 复制到考生文件夹下 MOVE 文件夹中。

（5）为考生文件夹下 BHEWL 文件夹中的 MNEWS.EXE 文件建立名为 RNEW 的快捷方式，存放在考生文件夹下。

第 3 章
Word 2003 的使用

知识点

● Word 2003 的基本概念。

● Word 2003 对文本的编辑。

● Word 2003 对文本的修饰及排版。

● Word 2003 表格的制作及编辑。

● Word 2003 的图形功能。

重点

● Word 2003 对文本的编辑及排版。

● Word 2003 表格的编辑。

本章知识结构图

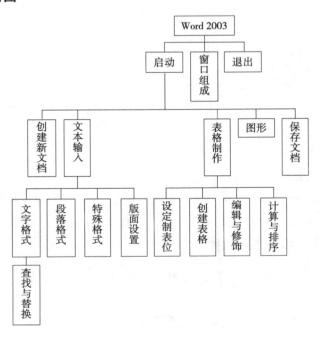

Office 2003 是 Microsoft（微软公司）开发并推出的办公套装软件，主要版本有 Office 97/2000/ XP 等。它包括有文字处理软件 Word、表格处理软件 Excel、幻灯片制作软件 Powerpoint 和网页制作软件 Frontpage 等应用软件。Word 2003 是一个具有丰富的文字处理功能，图、文、表格混排，所见即所得，易学易用等特点的文字处理软件，是当前深受广大用户欢迎的文字处理软件之一。

本章主要介绍 Word 2003（以下简称 Word）的基本概念和 Word 的基本操作。

3.1　Word 2003 的概述

3.1.1　Word 2003 的启动

Word 的启动方法有很多种，在这里主要介绍两种最常用的方法。

1．常规方法

依次选择"开始"|"所有程序"|"Microsoft Office"|"Microsoft Word"命令，如图 3-1 所示。

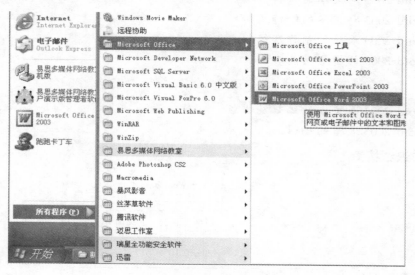

图 3-1　从"开始"菜单启动 Word2003

2．快捷方式

双击桌面上的 Word 快捷方式图标，启动 Word。

Word 启动后，会自动创建一个名为"文档 1"的新文档，以窗口的形式显示在桌面上，如图 3-2 所示。

3.1.2　Word 2003 的窗口组成

Word 窗口由标题栏、菜单栏、工具栏、工作区及状态栏等部分组成。

1．标题栏

标题栏位于窗口最顶端。在其上从左到右依次是："控制菜单"图标、"窗口"及"文档"标题和"最大化"（或"还原"）、"最小化"、"关闭"按钮。

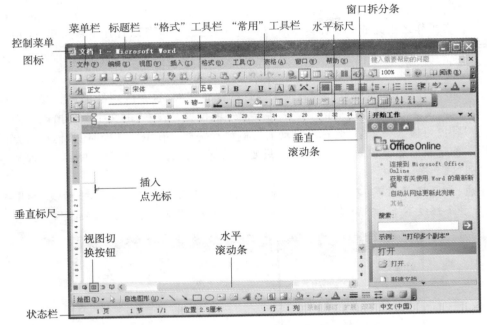

图 3-2　Word 2003 的窗口组成

2．菜单栏

菜单栏位于标题栏之下。菜单栏中共有"文件"、"编辑"、"视图"、"插入"、"格式"、"工具"、"表格"、"窗口"和"帮助"9 个菜单选项，利用菜单栏中的菜单选项，可以执行 Word 中的各项功能。

鼠标指针移动到菜单项上时，菜单项会呈突起（即激活）状态，此时单击此菜单项即会展开相应的下拉菜单。鼠标指针在下拉菜单上移动时，被选择的菜单命令会高亮显示，单击此命令，计算机将执行此命令。

每个菜单项后的小括号中都有一个带下划线的大写英文字母，用【Alt】+ 菜单项后小括号中的英文字母同样可以打开相应的下拉菜单。例如，【Alt+E】可以打开"编辑"菜单。

（1）下拉菜单打开后，用上移或下移方向控制键选择菜单命令，按【Enter】键执行所选的菜单命令。

（2）下拉菜单每一项菜单命令后的小括号中也有一个带下画线的大写英文字母，按下菜单命令后相应的字母也可执行所选的命令。

3．工具栏

工具栏一般情况位于菜单栏之下。工具栏共有 21 种，其上集中了 Word 常用的命令按钮，以一些形象化的图标表示。使用时，将鼠标指针指向某一按钮后稍等片刻，屏幕上会出现该按钮简明的功能提示。由于使用频率的不同，在 Word 窗口中只默认显示了两个最常用的工具栏，紧挨菜单栏的为"常用"工具栏，下边的一个为"格式"工具栏。其他工具栏可以在"视图"|"工具栏"子菜单中选择需要的工具栏。

4. 工作区

工作区位于工具栏以下灰色(或白色)的最大的区域。对于一篇文档的输入、编辑以及排版,全部要在工作区中完成。工作区中可以打开一篇文档,也可以打开多篇文档,每篇文档在任务栏中以一个相应的按钮显示。

5. 插入点光标

在 Word 工作区中,始终可以看到一条闪烁的黑色竖线,这条闪烁的黑色竖线即为插入点光标。在输入文本时,用光标来指示文字将要出现的位置,所输入的文字全部出现在光标的左侧,也就是说,每输入一个字,光标会自动向右侧移动一格。在编辑文档时,我们可以方便地利用光标来确定我们想要输入文本的位置,只要当鼠标指针为"I"形状时,在希望输入文本的位置单击即可。

注意:在普通视图下,不仅可以看到插入点光标,而且还会有一段水平横线,如图 3-3 所示,这段水平横线不是插入点光标,而是"文档结束标记"用来表示文档结束的位置。

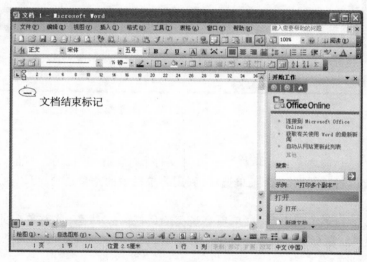

图 3-3   文档结束标记

6. 标尺

标尺位于工作区的上方和左侧,有水平标尺和垂直标尺两种。利用标尺可以查看正文、表格、图片等的高度和宽度,显示文字所在的位置,还可以利用标尺设置页边距、段落缩进和制表位等。

注意:两种标尺并不是始终显示在工作区两侧的。在普通视图下,只显示水平标尺;而在页面视图下,才同时显示水平标尺和垂直标尺两个标尺。

7. 滚动条

滚动条位于工作区的右侧和下方,有垂直滚动条和水平滚动条两种。利用滚动条滚动文档来显示屏幕上当前看不到的文档内容。

注意:利用滚动条翻看文档时,仅仅是屏幕当前显示的内容发生变化,但插入点光标的位置并没有改变。若想对滚动后屏幕所显示的文档内容进行修改时,必须先在想要进行修改的位置单击定位光标后再进行。

8．视图与视图切换按钮

在 Word 中共有普通视图、Web 版式视图、页面视图、阅读版式视图和大纲视图 5 种视图，它们是用来查看文档的方式。同一个文档可以在不同的视图方式下查看，而且不会影响到文档内容。

视图切换按钮位于水平滚动条的左端，用来切换 5 种视图方式。

视图切换方式：

● 单击视图切换按钮。5 个视图切换按钮中，呈按下状态，即为当前视图方式。

● 在"视图"菜单中选择所需的视图方式。

5 种视图方式的功能：

（1）普通视图

普通视图是最好的文本输入和图片插入的编辑环境，它基本上实现了"所见即所得"的功能。但在普通视图下有些特殊的格式设置不能显示出来。

（2）Web 版式视图

使用 Web 版式视图可以快速查看 Web 页在 Web 浏览器中的效果。

（3）页面视图

页面视图在屏幕上看就像在纸上一样，主要用于文档版面的设计，在这种视图方式下所显示出来的页面与最后打印在纸上的效果完全相同，可以显示所有的特殊格式，完全实现了"所见即所得"。

（4）大纲视图

大纲视图适于较多层次文档大纲的编辑。大纲视图将所有的标题分级显示出来，通过对标题的操作，改变文档的层次结构。

（5）阅读版式视图

阅读版式视图是进行了优化的视图，视觉效果好，眼睛不会感到疲劳，以便于在计算机屏幕上阅读文档。在阅读版式视图中，还可以选择以文档在打印页上的显示效果进行查看。阅读版式视图的目的是增加可读性，可此，最适合阅读长篇文章。

9．状态栏

状态栏位于 Word 窗口的最底端。用于显示当前文档的一些相关信息，如文档的页数、当前光标所在的页数、行号、列号等，还会显示出某些功能是处于禁止状态还是允许状态。

想一想：

Word 2003 窗口与在上一章中学习的资源管理器窗口有哪些相似之处，又有哪些不同之处？

3.1.3 Word 2003 的帮助系统

Word 提供了方便、完备的帮助系统，当实际中遇到问题时，提醒用户要充分利用其帮助功能。

3.1.4 Word 2003 的退出

和 Word 的启动类似，退出也有多种方法，在这里介绍几种常用的退出方法。

● 选择"文件"|"退出"命令。

- 双击窗口标题栏左端的控制菜单图标 。
- 单击窗口标题栏右端的关闭按钮 。
- 按快捷键【Alt+F4】。

如果在退出之前没有保存输入或修改过的文档，Word 会自动弹出一个对话框，询问是否保存所做编辑或修改，如图 3-4 所示。若单击"是"按钮，则保存好输入或修改内容的同时退出程序；若单击"否"按钮，则放弃所做输入或修改，并且退出程序；

图 3-4　Word 在退出时有未保存信息时的提示

若单击"取消"按钮，则取消此次关闭操作，返回编辑窗口，继续工作。

3.2　Word 2003 的基本操作

这一节中将学习对一篇文档最基本的编辑技术。

3.2.1　创建新文档

要想对 Word 文档进行编辑，首先需要有一篇 Word 文档。当每次启动 Word 后，它就会自动创建一个名为"文档 1"的新文档。利用这种方法，我们可以快速得到一篇空白文档进行后面想要进行的编辑。

如果在编辑文档的过程中，还需要其他新文档时，可以利用以下方法来快捷地建立一篇新的文档：

- 单击工具栏上的"新建空白文档"按钮 。
- 选择"文件"|"新建"命令。
- 按快捷键"Ctrl+N"。

注意：利用后两种方法新建文档时，会在窗口右侧的任务窗格中出现如图 3-5 所示的"新建文档"任务窗格，用来选择想要建立的文档类型。

图 3-5　"新建文档"任务窗格

3.2.2　文本输入

1．输入文字

有了文档，就可以输入文本了。输入文本时，输入的字符总是位于光标的左侧。光标是一条不断闪烁的黑色竖线，随着文本的输入，光标自左向右移动。

与写字板不同，Word 的功能要强大许多。当文字输入至行尾时，光标会自动换行，移至下一行行首，继续输入。若本段落输入完成，需要换行再进行输入时，可按【Enter】键换行，开始一个新的段落。按【Enter】表明了一个段落的结束，新段落的开始。

2．插入符号

在输入文本的过程中，往往需要插入一些键盘上无法直接输入的符号，如约等号"≈"，这样可以利用"插入符号"功能。步骤如下：

（1）把光标移至需要插入符号的位置。

（2）选择"插入"|"符号"命令，打开如图 3-6 所示的"符号"对话框。在"符号"选项卡中的"字体"下拉列表框中选择需要的字体，单击符号列表框中需要的符号后，所选符号呈蓝底白

字的形式放大显示在屏幕上。

（3）单击对话框下方的"插入"按钮，所选符号即插入到光标所在位置。

若还需要继续插入其他符号，则重复（1）、（2）、（3）步。最后单击"关闭"按钮，结束符号插入。

3．插入日期和时间

在 Word 文档中添加日期和时间，既可以在键盘上直接输入，也可以利用 Word 中的功能自动添加。步骤如下：

（1）把光标移至需要插入日期和时间的位置。

（2）选择"插入"|"日期和时间"命令，打开如图 3-7 所示的"日期和时间"对话框。

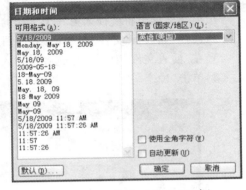

图 3-6　"符号"对话框　　　　图 3-7　"日期和时间"对话框

（3）在"语言"下拉列表框中选择需要的语言，在"可用格式"列表框中选择需要的格式。若选择"自动更新"复选框，则日期和时间的值将会随着每一次重新打开 Word 文档的时间自动更新；否则，保持插入时的值不变。

（4）单击"确定"按钮，关闭"日期和时间"对话框，这时当前的日期和时间就会插入在光标所在位置。

4．插入脚注和尾注

脚注和尾注是文档的一个组成部分，但都不是文档的正文。它们的作用完全相同，都是对文本内容做补充说明，如对难解词做解释、说明或提供文档中引用内容的出处等。唯一的不同是：脚注位于每一页的底端，而尾注位于整篇文档的结尾。插入步骤如下：

（1）把光标移至需要做注释的文字之后。

（2）选择"插入"|"引用"|"脚注和尾注"命令，打开如图 3-8 所示的"脚注和尾注"对话框。

（3）在对话框的"位置"选项区域中单击"脚注"或"尾注"单选按钮。

（4）在"格式"选项区域中选择编号的方式。

- 选择"自动编号"，可在本页中自动出现编号。当用户移动、添加或删除脚注之后，Word 会自动更新标记中的编号。

图 3-8　"脚注和尾注"对话框

● 选择"自定义标记",用户可在其后的文本框中输入所需要的任意编号形式作为标记符号。可以从键盘上直接输入,也可以单击"符号"按钮,从"符号"对话框中选择一个符号作为引用标记。

(5)单击"脚注和尾注"对话框上的"插入"按钮,光标回到页面中脚注或尾注的编辑位置,此时输入脚注和尾注的注释内容。

注:如果要删除脚注和尾注,则只需要删除脚注或尾注的编号即可。

5. 插入另一个文档

有时在编辑文档时,需要把几个文档连接成一个文档,利用 Word 的插入文件功能,即可达到这一目的。步骤如下:

(1)把光标移至将要插入另一个文档的位置。

(2)选择"插入"|"文件"命令,打开如图 3-9 所示的"插入文件"对话框。

(3)在"插入文件"对话框中选择被插入文件的文件夹及文件名。

(4)单击"确定"按钮,所选文档即被插入在光标处。

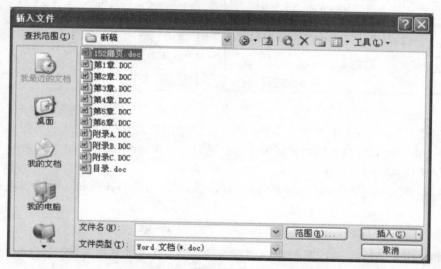

图 3-9　"插入文件"对话框

3.2.3　基本编辑技术

在对文本的编辑过程中,经常需要进行对文本某处插入新的文字、删除一些文字、复制或移动某些文字等操作。在做这些操作之前,必须要先进行光标的移动或选择文本。

1. 移动光标

光标的移动既可以用鼠标来完成,也可以用键盘来完成。但不论利用哪种方法来完成,都要注意到一个问题:鼠标指针移动到文本编辑区时,形状由标准指针的"↖"变成"I"字形,但它仅是鼠标指针而不是光标。这时,将"I"字形的鼠标指针放在想要输入文字的位置,单击左键后,就完成了移动光标的操作。

光标也可以用键盘来移动。常用键功能如表 3-1 所示。

表 3-1　键盘移动光标常用键功能

功　　能	按　　键
上移一行	↑
下移一行	↓
左移一个字	←
右移一个字	→
移动到所在行行首	Home
移动到所在行行尾	End
上移一屏	Page Up
下移一屏	Page Down
移动到文首	Ctrl + Home
移动到文末	Ctrl + End
移动到上页页首	Ctrl + Page Up
移动到下页页首	Ctrl + Page Down

2.　选择文本

在文档中,当鼠标指针为"I"形时,表示鼠标指针处在文档编辑区;当鼠标指针为"⤢"时,表示鼠标指针处在文档编辑区左侧的文档选择区。

Word 以反相显示(一般情况为黑底白字)表示文本被选择。被选择的文本可以是一个字符、一个标点、一个词语、一个句子、一个段落,甚至整个文档。如果想要取消文本的选择状态,只需要用鼠标指针在文档的任意位置单击即可。

(1)选择一个句子:按住【Ctrl】键 + 鼠标指针在欲选句子任意处单击一下。

(2)选择一行或多行:鼠标指针移至欲选行左侧文档选择区,指针变为⤢时单击鼠标左键;在文档选择区按住鼠标左键拖动,则选择多行文本。

(3)选择一个段落:鼠标指针在欲选段落任意处连击鼠标左键三下;鼠标指针在欲选段落左侧文档选择区双击。

(4)选择全文:鼠标指针在文档选择区连击鼠标左键三下;按住【Ctrl】键并在文档选择区任意处单击一下;按快捷键【Ctrl+A】。

(5)选择任意大小文本:鼠标指针为"I"形时指向要选择文本的开始位置,然后按住鼠标左键拖动鼠标,鼠标所经过的区域即被选定,选至所需文本末尾时,松开鼠标左键即可。

(6)选择大块文本:鼠标指针为"I"字形时指向要选择文本的开始位置,并单击鼠标左键定位光标,按住【Shift】键,找到欲选文本结尾,再次单击鼠标左键,两次单击鼠标左键所包围的区域即被选择。

(7)选择矩形区域文本:按住【Alt】键 + 鼠标指针从欲选文本区域的左上角拖至右下角即可。

(8)扩展功能键【F8】选择文本:连续按功能键【F8】也可以选择文本。方法如下:先将光标定位在欲选范围任意一个词中,第 1 次按【F8】键,状态栏中"扩展"两字由灰色变为黑色,表示扩展选择方式已打开;第 2 次按【F8】键,选择光标所在词;第 3 次按【F8】键,扩展为选择光标所在句子;第 4 次按【F8】键,扩展为选择光标所在段落;第 5 次按【F8】键,扩展为选择全文。也就是说,利用【F8】键,每按一次,选择的范围扩大一级。反之,反复按组合键【Shift + F8】键,每按一次,选择范围缩小一级。若要关闭扩展选择方式,按【Esc】键即可。

除以上方法外,还可利用组合键进行文本的选择,具体方法如表 3-2 所示。

表 3-2　文本选择组合键

功　　能	按　　键
到上一行同一位置之间的所有字符	Shift + ↑
到下一行同一位置之间的所有字符	Shift + ↓
左侧一个字	Shift + ←
右侧一个字	Shift + →
至光标所在行行首	Shift + Home
至光标所在行行尾	Shift + End
上一屏	Shift + Page Up
下一屏	Shift + Page Down
全文	Ctrl + A

3．插入 / 删除文本

（1）插入文本

在文档的任意位置插入新的字符是编辑文本中常用的操作。只要把光标移动到想要插入文本的位置,然后输入文本就可以了。但要注意一点:当前状态栏中的文本输入状态是"插入"还是"改写"。"改写"呈黑色,表示处在"改写"状态,否则表示处在"插入"状态。想要在两者之间进行切换,只需要双击"改写"框即可。

若在"插入"状态下,光标右侧的字符随着新字符的输入逐一向右移动;若在"改写"状态下,则光标右侧的字符被新字符逐一取代。

（2）删除文本

用【BackSpace】键或【Delete】键都可以删除文本。【BackSpace】键用来删除光标左侧的一个字符,而【Delete】键用来删除光标右侧的一个字符。若想一次性删除较多的文本,可先选择想要删除的文本,然后用【BackSpace】键或【Delete】键都可以快速删除所选文本。

在一次性删除较多文本时,有可能会出现错误操作,辛辛苦苦的工作可能瞬间消失殆尽。如果删除之后又想恢复所删除的文本,只要单击"常用"工具栏中的"撤销"按钮 ，即可取消用户的误操作。

4．移动文本

在修改文档时,经常需要把一部分文本从一个位置移动到另一个位置。移动文本的具体方法如下:

（1）利用剪贴板移动文本

① 选择要移动的文本。

② 选择"编辑"|"剪切"命令,此时选择的文本从屏幕上消失,临时保存在剪贴板中。

③ 将光标定位在文本将要移动到的新位置。这个新位置可以在当前文档中，也可以在其他文档中。

④ 选择"编辑"|"粘贴"命令，选择的文本出现在指定新位置上。

除以上方法外，还有其他 3 种类似方法：

● 单击"常用"工具栏上的"剪切"按钮，单击"常用"工具栏上的"粘贴"按钮。

● 用快捷键【Ctrl+X】剪切要移动的文本，用快捷键【Ctrl+V】粘贴文本。

● 将鼠标指针指向选择的文本上，单击鼠标右键，在弹出的快捷菜单中（如图 3-10 所示）选择"剪切"选项。将鼠标指针指向新位置上，单击鼠标右键，在弹出的快捷菜单中选择"粘贴"选项。

（2）使用鼠标右键拖动文本

若要移动的文本比较短，且目标位置在同一屏幕内，那么用鼠标拖动文本到新位置比前面几种方法更简便。步骤如下：

① 选择要移动的文本。

② 将鼠标指针指向所选择的文本，鼠标指针由"I"形变为"↖"形。

③ 按住鼠标左键，向目标位置拖动文本。此时鼠标指针下方出现一个虚线矩形框，同时鼠标指针前出现一条垂直虚线，表明松开鼠标后，文本将要移动到的位置。

④ 拖动文本到目标位置后，松开鼠标左键，文本出现在目标位置。

（3）使用鼠标右键拖动文本

与方法（2）类似，只是将方法（2）中步骤③改为用鼠标右键拖动，松开鼠标后会弹出如图 3-11 所示的快捷方式菜单，选择"移动到此位置"命令即完成移动。

图 3-10　快捷方式菜单

图 3-11　右键拖动文本的快捷方式菜单

5．复制文本

在编辑文档时，经常需要输入一些前面输入过的文本，使用复制操作可以提高效率，减少输入错误。这与移动文本的方法类似，具体步骤如下：

（1）利用剪贴板复制文本

① 选择要复制的文本。

② 选择"编辑"|"复制"选项，此时选择文本的副本被临时保存在剪贴板中。

③ 将光标定位在文本将要复制到的新位置。

注：与移动文本类似，这个新位置可以在当前文档中，也可以在其他文档中。

④ 选择"编辑"|"粘贴"选项,选择的文本出现在指定新位置上。

除以上方法外,还有其他 3 种类似方法:

- 单击"常用"工具栏上的"复制"按钮 ，单击"常用"工具栏上的"粘贴"按钮 。
- 用快捷键【Ctrl+C】复制要移动的文本,用快捷键【Ctrl+V】粘贴文本。
- 将鼠标指针指向选择的文本上,单击鼠标右键,在弹出的快捷菜单中选择"复制"选项,如图 3-10 所示。将鼠标指针指向新位置上,单击鼠标右键,在弹出的快捷菜单中选择"粘贴"选项。

（2）使用鼠标拖动文本

若要复制的文本比较短,且目标位置在同一屏幕内,那么用鼠标拖动文本到新位置比前面几种方法更简便。步骤如下:

① 选择要复制的文本。

② 将鼠标指针指向所选择的文本,鼠标指针由"I"形变为" "形。

③ 按住【Ctrl】键的同时按住鼠标左键,向目标位置拖动文本。此时鼠标指针下方出现一个带"+"的虚线矩形框,同时鼠标指针前出现一条垂直虚线,表明松开鼠标后,文本将要复制到的位置。

④ 拖动文本到目标位置后,松开鼠标左键,这时文本将会出现在目标位置。

（3）使用鼠标右键拖动文本

与方法（2）类似,只是将方法（2）中步骤③改为按住鼠标右键拖动,松开鼠标后会弹出如图 3-11 的快捷方式菜单,选择"复制到此位置"命令即完成复制。

注意:在做移动或复制操作之前,可先选择"视图"|"工具栏"|"剪贴板"命令。剪贴板中最多可临时存放 24 次移动或复制的内容,每移动或复制一次,剪贴板工具栏中就相应增加一个按钮,如图 3-12 所示。在编辑文 图 3-12 "剪贴板"工具栏

档的过程中,可选择需要的内容粘贴到所需要位置,剪贴板默认粘贴最后一次移动／复制的内容,也可以利用"全部粘贴"按钮,粘贴剪贴板中的全部内容。剪贴板中的内容可反复粘贴,不限次数。

6．撤销与恢复

用撤销功能可以撤销刚刚执行的一步或多步操作,使其恢复到操作前的效果。方法如下:

- 选择"编辑"菜单中的"撤销"命令。
- 单击"常用"工具栏上的"撤销"按钮 。

不论用哪一种方法,都只能撤销最后的一次操作。若想一次性撤销多步操作,可单击"撤销"按钮旁的下拉三角形按钮 ，在打开的列表中选择想要撤销的操作。

若在完成撤销操作后回到撤销的状态,也可以利用"编辑"菜单中的"恢复"命令或单击"常用"工具栏上的"恢复"按钮 来挽回。

3.2.4　文档的保存和保护

1．文档的保存

文档编辑完成后,所有的内容临时驻留在计算机的内存中,若此时关机或停电,所有的工

作成果都会丢失。只有将它保存在磁盘中才能永久保存起来。因此,养成及时保存文档的习惯是非常重要的。

在保存文档时,必须要注意到 3 个要素:文件保存在计算机中的位置、文件的名称及文件的类型。

(1)保存新文档

操作方法如下:

● 选择"文件"|"保存"命令。

● 单击"常用"工具栏上的"保存"按钮 。

● 按快捷键【Ctrl + S】。

文档第一次进行保存操作时,"保存"命令相当于"另存为"命令,选择命令后会弹出如图 3-13 所示的"另存为"对话框。在"保存位置"列表框中选择保存文档的文件夹,在"文件名"文本框中输入文件名称,单击"保存"按钮,完成保存操作。需要注意的是:在这里只说到了"保存位置"和"文件名"两个要素,而"保存类型"并没有进行设置和修改。一般情况下,保存类型为默认的"Word 文档"就可以了;只有在特殊的时候,才需要修改"保存类型"。保存完成后,文档窗口并没有被关闭,可以继续输入或编辑文档。

(2)保存已有文档

文档保存过以后,如果用户又对这个文档做了修改,可以用上述方法将修改后的文档以原来的文件名保存在原来的文件夹中,但不会再出现"另存为"对话框。

(3)更名保存文档

在对文档进行编辑或修改后,要把文档更改名字、保存到不同的文件夹中或改变文档的属性再保存,产生一个新的文档,而原来的文档不变,就需要选择"文件"|"另存为"命令,打开如图 3-13 所示的对话框。其余操作与"保存新文档"步骤相同。

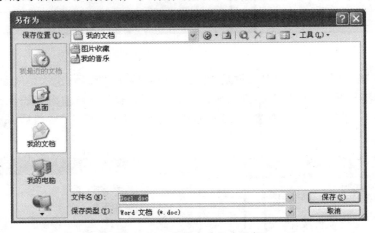

图 3-13　"另存为"对话框

(4)同时保存多个文档

如果一次打开了多个文档进行了编辑修改,并且希望同时保存这些文档,那么先按住【Shift】键,同时单击打开"文件"菜单。这时,菜单中的"保存"命令变为"全部保存"命令,单击"全部保存"按钮,所有文档都会被保存。

2．文档的保护

有些文件在编辑完成后,是不希望被其他人查看的。这时,可以给文档设置"打开权限密码",没有密码则无法打开;也有些文件可以被所有人查看,但是不能随意修改,这时,可以给文档设置"修改权限密码",没有密码则只可以查看,而无法进行修改。

（1）打开权限密码

① 选择"文件"|"另存为"命令,打开如图 3–13 所示的对话框。

② 在"另存为"对话框中,单击"工具"按钮,选择"安全措施选项"命令,打开如图 3–14 所示的"安全性"对话框。

③ 在"打开权限密码"下的文本框中输入密码后,单击"确定"按钮,弹出如图 3–15 所示的"确认密码"对话框。

④ 在"确认密码"对话框的文本框中再次输入密码,单击"确定"按钮。若密码验证正确,则返回"另存为"对话框,否则弹出如图 3–16 所示的对话框,提示密码不正确,返回步骤③重新设置密码。

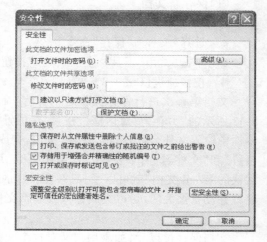

图 3–14　"安全性"对话框

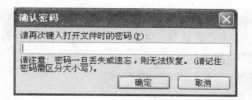

图 3–15　"确认密码"对话框

图 3–16　密码确认不符对话框

⑤ 密码验证正确返回"另存为"对话框后,单击"保存"按钮,密码设置就完成了。

关闭文档后重新打开,弹出如图 3–17 所示的"密码"对话框并要求输入密码。若密码正确,则文档被打开;若密码错误,则弹出如图 3–18 所示的对话框,单击"确定"按钮后,退出程序,文档不被打开。

图 3–17　"密码"对话框

图 3–18　密码不正确对话框

取消已设置的密码,方法与设置密码基本相同,只要将步骤③中"打开权限密码"文本框中的内容删除即可,其他步骤与设置密码相同。

（2）设置修改权限密码

　　将设置"打开权限密码"方法中的步骤③中在"打开权限密码"下的文本框中输入密码改为在"修改权限密码"下的文本框中输入密码，就是设置"修改权限密码"的方法。同样，打开文档时的情形也类似，只是对话框中多了一个"只读"按钮。若不知道密码，将以"只读"形式打开文档查看。

　　（3）设置文件的"只读"属性

　　设置"只读"属性也是一种对文档保护的方法。步骤如下：

　　① 重复"打开权限密码"的步骤①、②，打开"保存"对话框。

　　② 选择"建设以只读方式打开"复选框。

　　③ 单击"确定"按钮，返回"另存为"对话框。

　　④ 单击"保存"按钮，"只读"属性就设置完成了。

练一练：

　　1. 新建一个 Word 文档，并在其中输入以下文字，以文件名"随堂练习 1.doc"保存在"D:\班级－姓名－学号"文件夹中。

关于天才

　　天才是一个非常抽象的名词，你很难说怎样的人是天才，倒是能从许多事情上看出来，天才跟一般人有些不一样。

　　于是我们发现天才常常是钻牛角尖，怀疑别人所不会怀疑的东西。他们对什么都好奇，不但希望知道"是什么"，而且总希望了解"为什么"。

　　举个例子，大发明家爱迪生，人人都说他是天才，他也确实是改变人类命运的天才，可是他小时候却被认为是弱智，因为他连最简单的东西都搞不懂。

　　发现地心引力的牛顿是天才，可是当他坐在苹果树下，看到苹果落地，就想苹果为什么会往地上掉，却不往天上飞，在当时也被认为是愚笨。

　　2. 新建一个 Word 文档，并在其中输入以下文字，以文件名"随堂练习 2.doc"保存在"D:\班级－姓名－学号"文件夹中。

　　天才是在别人都放弃的时候也不放弃，天才是锲而不舍的努力、坚持到底的精神。天才不怕打击，也不怕别人恶意批评，他只是认清自己的目标，以鸭子划水的方式，按部就班地前进。

　　对！按部就班地前进。

　　你不是总看我在隆冬的时候点燃壁炉吗？

　　我再急都得忍着，先把报纸撕开，皱成一团一团放在最底下，再摆上小树枝，而后堆上较粗的枝子，最后才搁上大大的木块。

　　我常一边点火一边想，那些没耐心的人，可能草草堆上许多干枝子，就放上大木块。刚点燃的时候，火势大极了，怎么看都是一炉好火，可是小枝子很快地烧完，大木块还没能被烧透，火便熄灭了。只有按部就班、不急功近利的人才能成功。

　　天才就是这样，一步一个脚印，认清目标，坚持到底。

　　3. 将"随堂练习 1.doc"中的第 2 段文字移动到文章结尾处。

　　4. 给"随堂练习 1.doc"中的文本标题"关于天才"添加脚注：节选自刘墉文集《靠自己去

《成功》。

5．将"随堂练习 2.doc"插入到"随堂练习 1.doc"的结尾处，并以文件名"随堂练习.doc"保存在"D：\ 班级 - 姓名 - 学号"文件夹中。

3.2.5　打开已存在的文档

当要查看、修改、编辑或打印计算机中的文档时，首先应该先打开它。

1．打开一个或多个 Word 文档

打开一个或多个 Word 文档有以下 3 种常用方法。

● 选择"文件"|"打开"命令。
● 单击"常用"工具栏上的"打开"按钮 📂。
● 按快捷键【Ctrl + O】。

选择命令后会弹出如图 3-19 所示的"打开"对话框。在"查找范围"列表框中选择想要打开文件所在的文件夹，然后在下方文件夹列表中双击文件即可打开。如果想要打开同一文件夹中的多个文档，只需要在选择文档名之前先按住【Shift】键或【Ctrl】键即可，选择好文档名，单击"打开"按钮，所有被选择文档会被逐一打开，最后打开的一个文档成为当前的活动文档。

图 3-19　"打开"对话框

2．打开最近使用过的文件

（1）在"文件"菜单底部保留最近使用过的文档名称，选择所需文件名即可打开相应文档。

默认情况下，"文件"菜单中保留最近使用过的 4 个文档名称。但保留文档名称的个数可以设置，选择"工具"|"选项"命令，在"常规"选项卡中"列出最近所用文件……个"项调整文件数目，最多可保留 9 个，单击"确定"按钮保存设置。

（2）在"开始工作"任务窗格中选择"打开"的文件名，如图 3-20 所示。

（3）执行"开始"|"文档"命令，选择"打开"的文件名。

3.2.6　多窗口编辑技术

图 3-20　"开始工作"任务窗格

1．一个文档窗口的拆分

为了较长文档编辑的方便，可以将 Word 窗口拆分成两个，分别来显示一篇文档的不同部分。拆分窗口方法如下：

选择"窗口"|"拆分"命令，窗口中出现一条灰色水平线，上下移动鼠标指针调整两个窗口至合适的大小，单击鼠标左键确定。

确定后若想调整两个窗口大小，可将鼠标指针指向窗口分隔条上，指针变为上下分裂箭头时，按住鼠标左键拖动至合适大小后松开鼠标左键即可。

若想取消窗口拆分,使其合并为一个窗口,只需要选择"窗口"|"取消拆分"命令。

将鼠标指针指向垂直滚动条顶端的"窗口拆分条"选项,当指针变为上下分裂箭头时按住鼠标左键拖动至合适大小后松开鼠标左键,即可拆分/取消拆分窗口。

2．多个文档窗口的设置

Word 允许同时打开多个文档进行编辑,每个文档对应一个窗口,每个窗口在任务栏上对应一个任务按钮。

在"窗口"菜单底部列出了已经打开的所有文档的名称,活动文档窗口前有一个"√"作为标记。单击文档名称可以切换当前文档窗口,也可以单击任务按钮切换当前文档窗口。选择"窗口"|"全部重排"命令,可以将所有 Word 窗口排列在桌面上,可以更方便地在几个窗口之前进行编辑操作。

3.3　Word 的排版

一篇好的文档,不仅需要文章内容通顺、优美,还需要进行排版,使之成为一篇赏心悦目的文章。

3.3.1　文字格式的设置

文字的格式主要指文字的字体、字形和字号。除此之外还有文字的颜色、下划线、着重号、效果等。

Word 默认的字体:汉字为宋体、常规、五号;西文和数字为 Times New Roman、常规、五号。

1．字体的设置

方法 1:

(1)选择要设置格式的文本。

(2)在"格式"工具栏如图 3-21 所示的按钮功能示意图中,分别单击"字体"、"字号"、"下划线"和"字体颜色"列表框的下拉按钮,在列表中选择所需列表项。

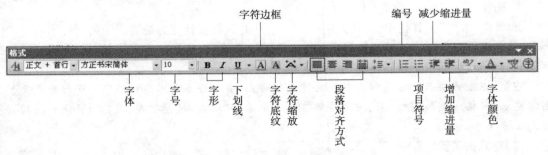

图 3-21　"格式"工具栏按钮功能示意图

(3)在"格式"工具栏中单击 **B** 、*I* 两个按钮,可对选择文本设置"加粗"和"倾斜"格式。

方法 2:

(1)选择要设置格式的文本。

(2)选择"格式"|"字体"命令,打开如图 3-22 所示的对话框。

(3)在"字体"选项卡中,单击"中文字体"/"西文字体"下拉列表框的下拉三角形按钮,打开字体列表,选择所需字体。

在"字形"和"字号"列表框中选择所需要字形和字号。

分别单击"字体颜色"、"下划线"、"下划线颜色"和"着重号"下拉列表框的下拉三角形按钮 ▾,打开列表,选择样式。

在"效果"复选框区域中选择所需的效果,使其前有"√"标记。

(4)在预览框中查看设置完成后的字体样式,确认后单击"确定"按钮。

注意:

① 在设置字体时,选择的文本可能是中英文混合的,利用以上方法可有效避免英文字体按照中文字体设置。

图 3-22　"字体"对话框

② 在"字号"列表框中同时使用了"号"和"磅"作为字号单位,1 磅 =0.352mm。

2.字符间距的设置

(1)选择要改变字符间距的文本。

(2)选择"格式"|"字体"命令。

(3)在"字符间距"选项卡中,分别选择"缩放"、"间距"和"位置"选项,并设置它们的具体数值。

(4)在预览框中查看设置完成后的样式,确认后单击"确定"按钮。

3.格式的复制和清除

(1)格式的复制

不仅字符内容可以复制,字符格式同样可以复制。步骤如下:

① 选择已设置好格式的文本。

② 单击"常用"工具栏中的"格式刷"按钮 ◁,此时鼠标指针变为带有刷子的指针形状。

③ 按住鼠标左键扫过需要复制格式的字符后放开鼠标,被扫过的字符变为与先前选择的字符同样的格式,而鼠标指针恢复到了正常状态。

注意:以上方法只能给连续文本一次性复制格式,若要给多个不连续的字符进行格式复制则需要双击"格式刷"按钮 ◁ 后,重复步骤③。再次单击"格式刷"按钮或按【Esc】键使鼠标指针恢复正常状态。

(2)格式的清除

① 选择未设置格式的文本。

② 单击"常用"工具栏中的"格式刷"按钮 ◁,此时鼠标指针变为带有刷子的指针形状。

③ 按住鼠标左键扫过复制过格式的字符后放开鼠标,被扫过的字符变为先前未复制格式前的样式。即使用"格式刷"按钮逆向复制格式。

按组合键【Ctrl + Shift + Z】,使格式恢复到 Word 默认状态。

练一练：

1. 新建一个 Word 文档，并在其中输入如图 3-23 所示的示例中的文字，并设置相应格式，以文件名"格式设置.doc"保存在"D:\ 班级－姓名－学号"文件夹中。

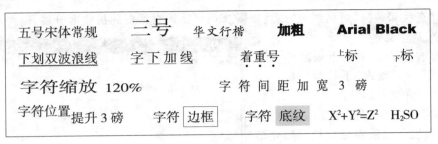

图 3-23　字体设置示例

2. 将"随堂练习.doc"中的文章标题"关于天才"设置为黑体三号，正文全部设置成宋体小四号字。

3.3.2　查找与替换

查找与替换是一个字处理程序中非常有用的功能。它可以快速地在文档中搜索到指定的字符，并将光标定位在指定字符上，以便进行修改和编辑。

1. 常规查找和替换文本

（1）查找

查找文本不但可以帮助用户找到指定的文本以及这个文本所在的位置，也可以帮助核对文档中究竟有没有这些文本。步骤如下：

① 选择"编辑"|"查找"命令或按快捷键【Ctrl + F】，打开如图 3-24 所示的对话框。

② 在"查找"选项卡中的"查找内容"文本框中输入要查找的文本。

③ 单击"查找下一处"按钮，找到的文本在文档中反相显示。如果还需要继续查找下一个文本，可再单击"查找下一处"按钮，直到整个文档查找完毕为止。

（2）替换

替换文本功能可以用一段文本替换文档中指定的文本。步骤如下：

① 选择"编辑"|"替换"命令或按快捷键【Ctrl + H】，打开如图 3-25 所示的对话框。

② 在"替换"选项卡中的"查找内容"文本框中输入想要被替换的文本；在"替换为"文本框中输入想要替换成的文本。

③ 单击"查找下一处"按钮或"替换"按钮，Word 自动查找指定要替换的文本，找到后会选择该文本并呈反相显示。如果需要替换，可单击"替换"按钮；如果不想替换，可以单击

图 3-24　"查找"选项卡

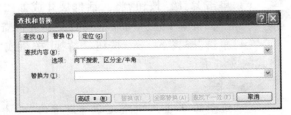

图 3-25　"替换"选项卡

"查找下一处"按钮继续查找。如果文档中所有指定词语都需要替换,则单击"全部替换"按钮,Word 将不再等待用户确认而自动替换文档中所有指定文本。

2. 查找和替换文本的高级形式

单击"查找和替换"对话框中的"高级"按钮,可将该对话框的折叠部分展开,如图 3–26 所示的选项卡。

在"搜索选项"中有如下限定:

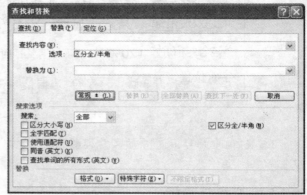

"搜索":在"搜索"下拉列表框中包括 "全部"、"向上" 和 "向下" 3 个选项。"全部" 指在整个文档中搜索;"向上"从光标所在位置开始搜索至文档起始处结束;"向下" 从光标所在位置开始搜索至文档结尾处结束。

"区分大小写":查找时严格区分单词大小写。例如,选择此复选框,则查找"abc"和查找"ABC"将得到不同的结果。

图 3–26　"替换"选项卡的高级形式

"全字匹配":查找完全符合条件的英文单词。例如,选择此复选框,输入"Who"为查找文本,则只查找该单词,跳过"Whose"、"Whom"等单词。

"使用通配符":如果选择此复选框,则"*"和"？"作为通配符使用,否则"*"和"？"只作为 *(星号)和？(问号)本身。例如,选择此复选框,输入"s？t"为查找文本,表示查找"sat"、"sit"等单词。

"同音":表示查找发音相同,但拼写不同的单词。

"查找单词的各种形式":表示查找所输入单词的复数、过去式等不同形式。

"区分全 / 半角":主要针对英文和数字在查找时区分全角和半角字符。

3. 带格式查找和替换文本

在编辑文本时,经常需要把一些多次出现的指定的词语设置成特定的格式。每次输入时遇到该词语的时候进行设置比较烦琐,而输入完成后,利用替换功能一次性完成则比较简便。步骤如下:

(1)选择"编辑"|"替换"命令或按快捷键【Ctrl + H】,打开如图 3–25 所示的对话框。

(2)在"替换"选项卡内的"查找内容"文本框中输入想要被替换的文本,然后在输入想要替换成的文本。

(3)单击"高级"按钮,将对话框展开成如图 3–26 所示形式。选定"替换为"文本框中的文本,在"格式"菜单中选择所需格式对文本进行需要的设置。

(4)单击"查找下一处"按钮、"替换"按钮或"全部替换"按钮,文档中的文本就替换成指定格式的文本了。

练一练:

将"随堂练习.doc"中除文章标题中的"天才"外,正文中所有的"天才"替换为带着重号的"天才"。

3.3.3　段落格式的设置

段落就是指以段落标记作为结束的一段文字。每按一次【Enter】键就插入一个段落标记，并开始一个新的段落。Word 有自动换行功能，除非想另起一段，否则不要按【Enter】键。

在对段落进行格式化时应该注意：

单一段落的格式化：将光标放置在段落内部的任意位置，也可以选择整个段落或其中的一部分。

多个段落的格式化：在需要格式化的所有段落都至少有一部分被选择。

如果未选择任何段落，则新的段落格式只应用于从光标开始处输入的新段落。

在输入的过程中，对于当前段落的格式，在按【Enter】键后，还将自动应用到后面的段落。

1．段落的对齐方式

段落的对齐方式共有 5 种：左对齐、居中、右对齐、两端对齐和分散对齐。设置对齐方式的具体方法如下：

方法 1：

（1）选择要设置对齐方式的段落。

（2）在"格式"工具栏如图 3-21 所示，单击相应的对齐方式按钮。

注意：在"格式"工具栏中，对齐方式按钮从左至右依次只有"两端对齐"、"居中"、"右对齐"和"分散对齐"4 个，默认段落对齐方式为"两端对齐"。如果 4 个对齐方式按钮全部呈弹起状态，则说明当前光标所在段落对齐方式为"左对齐"。

方法 2：

（1）选择要设置对齐方式的段落。

（2）选择"格式"|"段落"命令，打开如图 3-27 所示的对话框。

（3）在"缩进和间距"选项卡中，单击"对齐方式"下拉列表框的下拉三角形按钮，打开对齐方式列表，选择所需对齐方式。

（4）在预览框中查看设置完成后的样式，确认后单击"确定"按钮。

方法 3：

（1）选择要设置对齐方式的段落。

（2）按相应的快捷键，如表 3-3 所示。

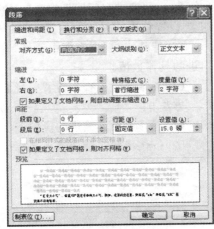

图 3-27　"段落"对话框

表 3-3　段落对齐方式快捷键

对齐方式	快捷键
左对齐	【Ctrl + L】
居中	【Ctrl + E】
右对齐	【Ctrl + R】
两端对齐	【Ctrl + J】
分散对齐	【Ctrl + Shift + D】

练一练：

将"随堂练习.doc"中文章标题设置对齐方式为居中，正文设置对齐方式为两端对齐，原名保存。

2．段落的缩进

段落缩进是指段落与左右页边距的相对水平位置。段落的缩进方式共有以下 4 种：

● 左缩进：整个段落中所有行的左边界向右缩进。

● 右缩进：整个段落中所有行的右边界向左缩进。

● 首行缩进：仅控制段落第一行第一个字符的起始位置。

● 悬挂缩进：将整个段落中除了首行外的所有行的左边界向右缩进，但不影响首行。

设置段落缩进的具体方法如下：

方法 1：

（1）选择要设置缩进的段落。

（2）在"格式"工具栏，在如图 3-21 所示的按钮功能示意图中，单击"减少缩进量"或"增加缩进量"按钮。这种方法由于每次的缩进量是固定不变的，且只能对左缩进进行设置，因此灵活性差。

方法 2：

（1）选择要设置缩进的段落。

（2）选择"格式"|"段落"命令，打开如图 3-27 所示的对话框。

（3）在"缩进和间距"选项卡中的"缩进"选项组中，单击"左"和"右"文本框右端的增减按钮 ⬍ 设置缩进的具体数值。

在"特殊格式"列表框中选择"首行缩进"或"悬挂缩进"选项，并在"度量值"文本框中设置缩进的具体数值。

（4）在预览框中查看设置完成后的样式，确认后单击"确定"按钮。

方法 3：

（1）选择要设置缩进的段落。

（2）按住鼠标左键拖动水平标尺上的缩进标记设置段落缩进，如图 3-28 所示。

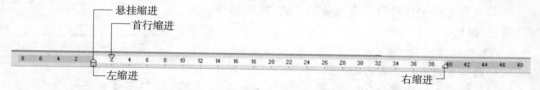

图 3-28　水平标尺和缩进标记

注意： 在拖动标记时，文档窗口中会出现一条虚竖线，它表示段落边界的位置。如果在拖动标记的同时按住【Alt】键，那么在缩进标记的同时标尺上会显示出具体的缩进数值。

练一练：

将"随堂练习.doc"中的正文各段落设置为首行缩进 2 个字符，原名保存。

3．行间距与段间距

（1）行间距

可以利用调整行间距的办法使整篇文档适应纸张大小。步骤如下：

① 选择要改变行距的段落。

② 选择"格式"|"段落"命令，打开如图 3-27 所示的对话框。

③ 在"缩进和间距"选项卡中的"行距"列表框中选择适当的行间距，其中包括：

"单倍行距"：每行的高度为可容纳这行中最大的字体，并上下留有适当的空隙，为默认选项。

"1.5 倍行距"：每行高度为可容纳这行中最大字体高度的 1.5 倍。

"2 倍行距"：每行高度为可容纳这行中最大字体高度的 2 倍。

"最小值"：自动调整高度以容纳最大字体。

"固定值"：将行距固定，Word 不能自动调节。

"多倍行距"：允许行距设置成带小数的倍数，如 2.75 倍。

只有在后 3 种选项中，"设置值"文本框中才需要键入具体的数值。

④ 在预览框中查看设置完成后的样式，确认后单击【确定】按钮。

（2）段间距

调整段间距也可以有效改善版面的外观效果。步骤如下：

① 选择要改变段间距的段落。

② 选择"格式"|"段落"命令，打开如图 3-27 所示的对话框。

③ 在"缩进和间距"选项卡中的"间距"选项组中，单击"段前"和"段后"文本框右端的增减按钮 设置间距的具体数值，也可以直接在文本框中输入数字和单位。

④ 在预览框中查看设置完成后的样式，确认后单击"确定"按钮。

注意：利用"段落"对话框设置段落格式的单位可以是"字符"/"行"或"厘米"/"磅"。设置步骤如下：

① 选择"工具"|"选项"命令。

② 在"选项"对话框中选择"常规"选项卡，出现如图 3-29 所示的对话框。

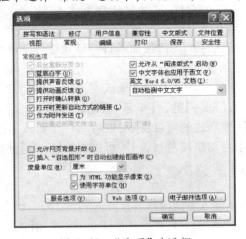

图 3-29　"选项"对话框

③ 在"度量单位"下拉列表框中选择"厘米"。如果没有选择"使用字符单位"的复选框，则"格式"对话框中就以"厘米"/"磅"为单位显示。否则以"字符"/"行"为单位显示。

采用"字符"单位设置缩进的优点是无论字体大小如何变化,其缩进量始终保持设置值,格式总是一致的。

练一练:

将"随堂练习.doc"标题段段后间距设置为 1 行,正文各段行距设置为固定值 20 磅,原名保存。

4．项目符号和段落编号

项目符号是在一些段落的前面加上完全相同的符号,编号则是给指定段落按照先后顺序进行编号。在编辑过程中,若手工输入项目符号和段落编号,不仅效率不高,而且在增、删段落时还需要修改编号顺序,容易出错。而利用自动给段落创建项目符号和段落编号的功能,既高效,又不易出现错误。给段落添加项目符号和段落编号的具体方法如下:

方法 1:

(1)选择要添加项目符号 / 段落编号的段落。

(2)在"格式"工具栏如图 3-21 所示的按钮功能示意图中,单击"编号"按钮。

这种方法设置的项目符号 / 段落编号为单一形式,而方法 2 可以设置其他的样式。

方法 2:

(1)选择要添加项目符号 / 段落编号的段落。

(2)选择"格式"|"项目符号和编号"命令,打开如图 3-30 所示的对话框。

(3)在"项目符号"/"编号"选项卡中的 7 种样式中选择一种。

(4)单击"确定"按钮。

图 3-30 "项目符号和编号"对话框

注意:若 7 种样式中没有符合要求的,可在对话框中单击"自定义"按钮,打开"自定义项目符号列表",在其中提供更多样式供选择。

以上两种方法都是对已经输入好的段落添加项目符号和编号, 也可以在输入文本的同时自动添加项目符号和编号,方法如下:

● 自动添加"项目符号":在输入文本前先输入一个 *(星号)和一个空格,然后输入文本。输入完此段落后按【Enter】键,*(星号)自动转换为●(圆点)形式的项目符号的同时,给下一段也添加同样形式的项目符号,以后每一个新段落前都会添加同样形式的项目符号。如果要结束自动添加项目符号,可以再按【Enter】键或按【BackSpace】结束自动添加。

● 自动添加"编号":在输入文本前先输入"第一"、"五"、"1."、"(3)"或"B."等格式的起始编号,然后输入文本。输入完此段落后按【Enter】键,下一个段落依照编号次序自动添加编号。如果要结束自动添加编号,可以再按【Enter】键或按【BackSpace】键结束自动添加。

3.3.4 特殊格式的设置

有时,用户并不满足于简单的字符修饰、段落编排和页面排版,而需要对文档进行艺术处理。

1．边框和底纹

为文档中某些重要文本或段落添加边框和底纹，可以使显示的内容更加突出、醒目，也可以使文档的外观效果更加美观。

（1）选择要添加边框和底纹的文本。

（2）选择"格式"|"边框和底纹"命令。

（3）在"边框"选项卡中的"设置"、"线型"、"颜色"、"宽度"列表框中选择所需选项，如图3-31（a）所示。

在"底纹"选项卡中的"填充"和"图案"列表框中选择所需选项，如图3-31（b）所示。

（4）在预览框中查看设置完成后的样式，单击"确定"按钮。

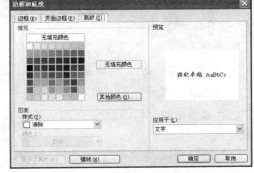

（a）"边框"选项卡　　　　　　（b）"底纹"选项卡

图 3-31　"边框和底纹"对话框

练一练：

① 给"随堂练习.doc"标题段添加 $1\frac{1}{2}$ 磅的蓝色阴影边框，原名保存。

② 给"随堂练习.doc"标题段文字添加橙色底纹，原名保存。

2．分栏

有时候用户会觉得文档一行文字太长，不便于阅读，这时可以使用分栏排版将版面分成多栏，这样就会使文本更便于阅读，版面显得更生动一些。步骤如下：

（1）选择要分栏的段落。注：分栏范围包括全文最后一个段落时，不要选择最后一个段落的回车标记。

（2）选择"格式"|"分栏"命令，打开如图3-32所示的对话框。

（3）在"预设"选项区域中选择分栏样式，或在"栏数"文本框中调整分栏数。

在"宽度和间距"选项区域中设置栏宽和间距。

选择"栏宽相等"复选框可用来设置分栏的宽度相等，否则可以逐栏设置宽度。

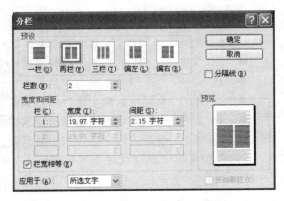

图 3-32　"分栏"对话框

选择"分隔线"复选框可用来设置是否在每一栏中间加分隔线。

（4）在预览框中查看设置完成后的样式,确认后单击"确定"按钮。分栏后的效果只有在"页面视图"和"打印预览"方式下才会显示。

练一练：

将"随堂练习.doc"的最后 3 段分为等宽 3 栏,中间加分隔线,原名保存。

3．首字下沉

有些文章用首字下沉来替代段落的首行缩进,步骤如下：

（1）将光标定位在要设置首字下沉段落的任意处。

（2）选择"格式"|"首字下沉"命令,打开如图 3-33 所示的对话框。

（3）在"位置"选项区域中选择相应的样式。在"选项"选项区域中设置相应的参数。

（4）单击"确定"按钮。

练一练：

将"随堂练习.doc"正文的第一段首字下沉 2 行,原名保存。

4．水印

在许多重要的文档中,背景上可以设置一些隐约的图案或文字,这些文字就是水印。设置步骤如下：

（1）选择"格式"|"背景"|"水印"命令,打开如图 3-34 所示对话框。

 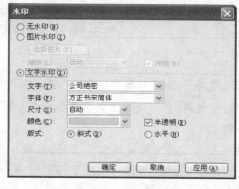

图 3-33　"首字下沉"对话框　　　图 3-34　"水印"对话框

（2）在"文字水印"对话框中设置如下参数：

- 在"文字"的文本框列表中选择需要的文本或直接在文本框中输入所需要文本。
- 在"字体"下拉列表框中选择所需字体。
- 在"尺寸"下拉列表框中选择所需文字大小。
- 在"颜色"下拉列表框中选择所需文字颜色。
- 在"版式"单选按钮中选择输出样式。

（3）在预览框中查看设置完成后的样式,确认后单击"确定"按钮。

练一练：

给"随堂练习.doc"设置红色半透明斜式文字水印"励志短文",原名保存。

3.3.5 版面设置

文档创建时,Word 预设了一个大小为 A4 纸的模板。对于其他大小的纸张,用户可以按照需要自定义各个参数,还可以给文档加页眉和页脚、插入页码等。

1. 设置纸张大小和方向

纸张大小和页边距共同确定了可用文本区域。设置步骤如下:

(1)选择"文件"|"页面设置"命令,打开如图 3-35 所示的对话框。

(2)在"页边距"选项卡的"上"、"下"、"左"、"右"4 个文本框中设置页边距的大小或直接在文本框中输入页边距的具体数值;在"方向"单选项中选择纸张方向,如图 3-35 所示。

在"纸张"选项卡的"纸型"、"宽度"、"高度"中设置纸张的大小。

(3)在预览框中查看设置完成后的样式,单击"确定"按钮。

2. 插入分页符

Word 具有自动分页的功能,当内容满一页时,Word 自动将后面的内容分到下一页。有时为了将文档的某一部分内容单独形成一页,可以插入分页符进行人工分页。人工分页是一种强制分页的手段,使用人工分页步骤如下:

(1)将光标定位到新的一页开始的位置。

(2)选择"插入"|"分隔符"命令,打开如图 3-36 所示的对话框。

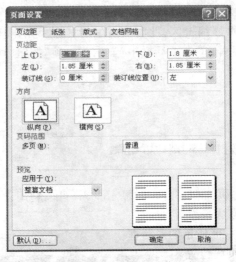

图 3-35　"页面设置"对话框

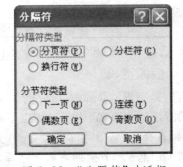

图 3-36　"分隔符"对话框

(3)在"分隔符类型"选项区域中单击"分页符"单选按钮后单击"确定"按钮。

将光标定位好后,按组合键【Ctrl + Enter】。

在普通视图下,人工分页符是一条带有"分页符"3 个字的水平虚线。如果想删除分页符,只要把光标定位在这条虚线上,按【Delete】键即可。

3. 页眉和页脚

页眉和页脚是通过命令设置的注释性文字,而不是随文本输入的。例如有些教材奇数页

的页眉是章标题,偶数页的页眉是节标题。页眉和页脚只能在页面视图和打印预览方式下才可以看见。设置方法如下:

设置页眉和页脚前,应先将视图方式切换到"页面视图"下,否则执行此命令后,会自动切换视图。

(1)设置页眉和页脚

① 选择"视图"|"页眉和页脚"命令,打开如图 3-37 所示的工具栏,同时打开页眉及页脚编辑区,文档中正文内容呈灰色显示。

图 3-37　"页眉和页脚"工具栏

② 在"页眉"编辑区输入页眉文本,单击"在页眉和页脚间切换"按钮切换到"页脚"编辑区,并输入页脚文本。"页眉"和"页脚"的文本内容可从"插入自动图文集"列表中选择。

③ 设置完成后,单击"关闭"按钮,返回文档编辑区。

(2)设置奇偶页不同的页眉和页脚

① 选择"视图"|"页眉和页脚"命令,打开如图 3-37 所示的工具栏,同时打开页眉及页脚编辑区,文档中正文内容呈灰色显示。

② 单击"工具栏"中的"页面设置"按钮,打开如图 3-35 所示的"页面设置"对话框,选择"版式"选项卡,在"页眉和页脚"选项区域中选择"奇偶页不同"复选框。

③ 设置完成后,单击"关闭"按钮,返回页眉编辑区,此时页眉编辑区左上角出现"奇数页页眉"字样提示用户编辑内容,输入页眉内容后,单击工具栏中"显示下一项"按钮,切换到"偶数页页眉编辑区",编辑页眉内容。

④ 单击"关闭"按钮,返回文档编辑区。

(3)删除页眉和页脚

① 选择"视图"|"页眉和页脚"命令。

② 选择"页眉"和"页脚"的文本内容并按【Delete】键即可删除。

4. 插入页码

页码是页眉/页脚的一部分,如果希望每页文档在打印时显示页码,可以利用设置页眉和页脚的方法添加页码,也可以用以下简便的方法来设置。

(1)选择"插入"|"页码"命令,打开如图 3-38 所示的对话框。

(2)在"位置"下拉列表框中选择合适的页码位置。

在"对齐方式"下拉列表框中选择页码的水平位置。

选择"首页显示页码"复选框用来决定文档的第一页是否插入页码。

(3)在预览框中查看设置完成后的样式,单击"确定"按钮。

图 3-38　"页码"对话框

练一练:

给"随堂练习.doc"加页眉"上机操作练习"和页脚"第 X 页,共 Y 页",原名保存。

3.4　Word 表格的制作

表格是一种简明扼要的表达方式。它结构严谨,效果直观,而且信息量大。

3.4.1　制表位的设定

一般情况下,不要使用空格来对齐文本,而要使用【Tab】键。按【Tab】键光标移动到的位置叫做制表位。每按一次【Tab】键,光标向后一个制表位。默认制表位上从标尺左端开始,各制表位间的距离是 2.02 个字符(0.75 厘米)。在水平标尺左端有一制表位对齐方式按钮,共提供了5 种不同的制表位,多次单击它可以将左对齐、居中对齐、右对齐、小数点对齐和竖线对齐循环出现。

制表位的设置方法如下:

方法 1:

(1)将光标定位至要设置制表位的段落。

(2)多次单击水平标尺左端的制表位对齐方式按钮,选择一种制表符。

(3)单击水平标尺上要设置制表位的地方,标尺上显示相应的制表符标记。

(4)重复(2)、(3)设置所需制表位。如果制表位的位置不合适,也可以通过拖动制表符标记调整;如果在拖动制表符的同时按住【Alt 键】,可以看到位置的精确数据。

输入文本时,每按一次【Tab】键,光标就移到相应的制表位处。在此输入文本,则文本会按指定的制表位类型对齐。如果想取消制表位的设置,可以往下拖动水平标尺上的制表符标记离开水平标尺即可。

方法 2:

(1)将光标定位到要设置制表位的段落。

(2)选择“格式”|“制表位”命令,打开如图 3-39 所示的对话框。

(3)在“制表位位置”文本框中输入具体数值。

在“对齐方式”选项区域中单击所需对齐方式的单选按钮。

在“前导符”选项区域中单击合适的前导符单选按钮。

(4)单击“设置”按钮设置一个制表位。

(5)重复(3)、(4)设置多个制表位。

如果要删除某个制表位,可以在“制表位位置”列表中选择要清除的制表位,并单击“清除”按钮。若单击“全部清除”按钮可以清除所有的制表位。

图 3-39　“制表位”对话框

3.4.2　表格的创建

1．创建简单表格

简单表格是由多行多列构成的表格,整个表格全部由横线和竖线组成,不出现斜线。

方法 1:

(1)将光标定位到要插入表格的位置。

(2)单击“常用”工具栏中的“插入表格”按钮 ▦,打开如图 3-40(a)所示的“表格模型”。

（3）按住鼠标左键在"表格模型"中拖动,选择所需的表格行数和列数,如图3-40（b）所示为3行2列表格,松开鼠标左键即可在光标处插入一张表格。

（a）表格模型

（b）选择后的表格模型

图3-40　插入表格

方法2:

（1）将光标定位到要插入表格的位置。

（2）选择"表格"|"插入"|"表格"命令,打开如图3-41所示的对话框。

（3）在"表格尺寸"选项区域中的"列数"和"行数"微调文本框中调整或直接输入合适数值。

在"'自动调整'操作"选项区域中单击"固定列宽"单选按钮。

（4）单击【确定】按钮后在光标处插入一张表格。

有时候,编辑完文本后发现使用表格效果更直观,可以利用Word的转换功能将表格文本转换成表格。步骤如下:

（1）选择用制表符分隔的表格文本。

（2）选择"表格"|"转换"|"文字转换成表格"命令,打开如图3-42所示的对话框。

（3）在"表格尺寸"选项区域中的"列数"微调文本框中调整或直接输入合适数值。

在"'自动调整'操作"选项区域中单击"固定列宽"单选按钮。

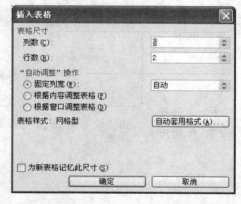

图3-41　"插入表格"对话框

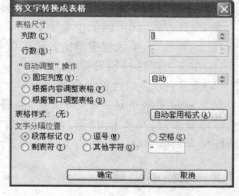

图3-42　"将文字转换成表格"对话框

在"文字分隔符位置"选项区域中选择作为分隔符的符号。

（4）单击"确定"按钮后,文本即转换成表格。

2. 创建复杂表格

复杂表格与简单表格类似,由多行多列构成,但整个表格除了有横线和竖线外,还有斜线。

（1）单击"常用"工具栏中的⊞或选择"表格"|"绘制表格"命令，打开如图 3-43 所示的工具栏，同时鼠标指针变为铅笔状✎。

图 3-43　"表格和边框"工具栏

（2）将铅笔状鼠标指针移至要绘制表格的位置，按住鼠标左键向右下角拖动出一个表格外框虚线，松开鼠标左键后得到表格的外框实线。

拖动铅笔状鼠标指针在外框内绘制出表格内的横线和竖线，也可在需要的格内绘制出对角斜线。

（3）当绘制了不必要的框线时，可单击"表格和边框"工具栏上的"擦除"按钮◿，当鼠标指针变为橡皮形状时，按住鼠标左键将橡皮指针从要擦除的框线一端拖至另一端，松开鼠标左键，即删除该框线。

练一练：

在"D:\班级 - 姓名 - 学号"文件夹中新建 Word 文档，插入一个 5 行 4 列的表格，以文件名"表格 1.doc"保存。

3.4.3　表格的编辑与修饰

1．在表格中输入文本

向表格中插入文本和在文档中其他的地方输入文本一样，先将光标定位在要输入文本的单元格中，再输入文本。文字到达单元格右框线时，会自动换行到下一行再进行输入。若想另起一段，则按【Enter】键。

一个单元格输入完成后，若想换至下一格再继续输入，可用鼠标在想要输入的单元格单击，也可利用【Tab】键将光标移至下一个单元格；而按【Shift + Tab】键可将光标移至上一个单元格。按上下光标移动键也可将光标上移一行或下移一行。

2．选择表格

（1）选择单元格：将鼠标指针移至要选择单元格的左边界，鼠标指针变为↗时，单击鼠标左键，单元格呈反相显示即被选择。

（2）选择行：将鼠标指针移至文档选择区，鼠标指针变为⤢时，单击鼠标左键即可选择指定的行。

（3）选择列：将鼠标指针移至表格顶端，鼠标指针变为⬇时，单击鼠标左键即可选择指定的列。

（4）选择全表：表格左上角有一个"田"字形"表格移动控制点"，单击此控制点可以快速选择全表。

3．插入 / 删除行 / 列

（1）插入行 / 列

方法 1：

① 选择与欲插入的行数 / 列数相同数目的行 / 列。

② 在"常用"工具栏上单击"插入行"按钮⤲ /"插入列"按钮⬚。新插入的空白行在所选行的上方，而新插入的空白列在所选列的左侧。

方法 2：

① 选择与欲插入的行数 / 列数相同数目的行 / 列。

② 选择"表格"|"插入"|"行（在上方）"/"行（在下方）"命令即可插入与选择行数相同的空白行。

注意：将光标定位在表格右下角单元格中，按【Tab】键；或把光标定位在表格最后一行的行结束符处，按【Enter】键。两种方法都可以在表格底部插入一空白行。

③ 选择"表格"|"插入"|"列（在左侧）"/"列（在右侧）"选项即可插入与选择列数相同的空白列。

（2）删除行 / 列

① 选择要删除的行 / 列。

② 选择"表格"|"删除"|"行"/"列"命令即可。

4. 修改行高和列宽

方法 1：

（1）将鼠标指针移至想要改变行高 / 列宽的框线上，当鼠标指针变为向两端分裂的箭头时，按住鼠标左键。此时屏幕上出现一条水平 / 垂直虚线。

（2）拖动鼠标左键至合适位置后松开即可。若想看到改变后的行高 / 列宽，则可在拖动鼠标左键的同时按住【Alt】键，即可在垂直 / 水平标尺上看到具体数值。

也可将光标定位于表格任一单元格中，此时在水平标尺上会出现表格列标记▥，当鼠标指针指向列标记时，同样会变为向两端分裂的箭头，按住鼠标左键拖动即可。

注意：利用拖动的方法调整列宽时，表格框线两侧的列宽均改变，整个表格大小不变。

若在拖动的同时按住【Shift】键，则表格框线左侧的列宽改变，整个表格大小改变。

方法 2：

（1）将光标定位于要设置行高 / 列宽的单元格。

（2）选择"表格"|"表格属性"命令，打开如图 3-44 所示的对话框。

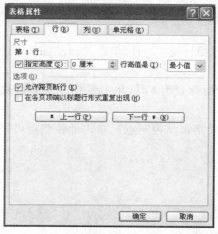

（a）"行"选项卡　　　　　　　　　　　　　（b）"列"选项卡

图 3-44　"表格属性"对话框

（3）选择"行"选项卡，选择"指定高度"复选框，在文本框内输入行高的具体数值，在"行高值是"下拉列表框中选择"最小值"或"固定值"选项,否则行高默认为自动设置。

选择"列"选项卡,选择"指定高度"复选框,在文本框内输入行高的具体数值,在"列宽单位"下拉列表框中选择"厘米"或"百分比"选项。"百分比"指本列占全表的百分比。

5．合并／拆分单元格

在简单表格的基础上,通过合并／拆分单元格可以形成比较复杂的表格。

(1)合并单元格

① 选择想要合并成一个单元格的多个单元格。

② 选择"表格"|"合并单元格"命令,被选择的单元格之间的框线消失,形成一个大的单元格。

(2)拆分单元格

① 选择想要拆分的一个或多个单元格。

② 选择"表格"|"拆分单元格"命令,打开如图 3-45 所示的对话框。

③ 在"列数"和"行数"微调文本框中分别调整或输入要拆分成的列数和行数后,单击"确定"按钮。

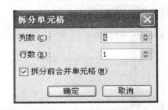

图 3-45　"拆分单元格"对话框

6．表格的拆分

有时由于文档编辑的要求,需要把一个表格拆分成多个表格。步骤如下:

(1)将光标定位于拆分后将形成的新表格的第一行任一单元格中。

(2)选择"表格"|"拆分表格"命令,一个表格就被拆分为两个表格了。

如果需要合并两个表格,只要删除两个表格之间的回车标记即可。

7．表格标题行的重复

有时表格比较长, 会超出一页纸的范围。若希望第二页的续表中也包括表格的标题行可用如下操作解决:

(1)选择标题所在的一行或多行。

(2)选择"表格"|"标题行重复"命令,那么因分页而拆开的续表中标题行就会重复了。若标题行需要修改,也只需要修改第一页的标题行即可。

8．表格的修饰

(1)表格自动套用格式

表格内容编辑完成后,可能需要对表格的边框、底纹、字体和颜色等进行修饰,利用"表格自动套用格式"可以快捷的实现。步骤如下:

① 选择需要进行编辑的表格。

② 选择"表格"|"表格自动套用格式"命令,打开如图 3-46 所示的对话框。

③ 在"格式"列表框中选择需要的格式。

在"要应用的格式"选项区域中取消或选择表格格式中的设置项。

④ 在预览框中查看,确认后单击"确定"按钮。

(2)表格边框和底纹的设置

除了使用"表格自动套用格式"修饰表格外,还可以利用"表格和边框"工具栏来自定义设置。步骤如下:

① 选择要进行设置的表格部分。

② 在"表格和边框"工具栏中的"线型"下拉列表框中选择合适的线型。

在"粗细"下拉列表框中选择合适的线条粗细。

在"边框颜色"下拉列表框中选择合适的边框颜色。

③ 单击"框线"右侧的下拉三角形按钮▼,打开"框线"下拉列表框,如图 3-47 所示,单击框线按钮设置相应框线。还可以在"框线"下拉列表框中设置单元格中的斜线。

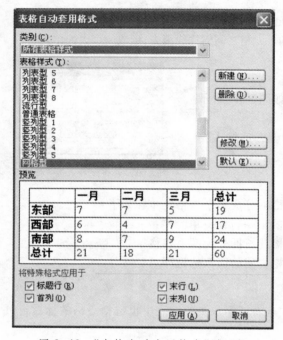

图 3-46 "表格自动套用格式"对话框

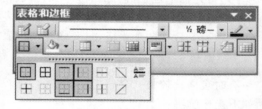

图 3-47 "框线"下拉列表框

④ 单击"底纹颜色"按钮,可以对选择单元格设置底纹颜色。

(3)表格在页面中的位置

表格在页面中的对齐方式和是否环绕可由以下操作完成:

① 选择"表格"|"表格属性"命令,打开如图 3-48 所示的对话框。

② 在"表格"选项卡的"对齐方式"选项组中选择所需对齐的方式。

在"文字环绕"选项组中选择是否有文字环绕。

③ 单击"确定"按钮完成设置。

(4)表格中文字格式的设置

表格中的文字与文档中的文字一样,也有字体、字形、字号、颜色等格式,而且设置方法与文档中的设置相同。此外,还可以利用"单元格对齐方式"下拉列表框设置文字在单元格中的位置,如图 3-49 所示。

练一练:

设置"表格 1.doc"的列宽为 2.5 厘米,行高 1.5 厘米;表格外边框为 1 1/2 磅蓝色单实线,内框除第一条水平线为 1/2 磅红色双线外,其余各线均为 1/2 磅红色单实线。

图 3-48　"表格属性"对话框

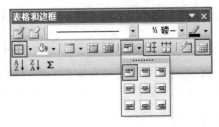

图 3-49　"单元格对齐方式"下拉列表框

3.4.4　表格数据的计算和排序

1．计算

Word 提供了一些常用的计算统计功能,利用这些功能可以对表格内的数据进行简单的计算。步骤如下:

(1)将光标定位于要存放结果的单元格中。

(2)选择"表格"|"公式"命令,打开如图 3-50 所示的对话框。

(3)在"公式"文本框中默认显示"=SUM(LEFT)",表明要计算光标所在单元格左侧各列所有数字之和;也可在文本框中手工输入所需表达式,但要注意输入的表达式必须带"="号。

在"数字格式"下拉列表框中选择所需数字格式。

也可以在"粘贴函数"下拉列表框中选择所需函数。

(4)单击"确定"按钮,光标所在单元格出现计算结果。

图 3-50　"公式"对话框

姓　名	数学	计算机	总成绩
马　铃	89	85	
刘国军	77	70	
李　想	84	90	

图 3-51　表格示例

练一练:

在"D:\ 班级 - 姓名 - 学号"文件夹中建立新文档,创建如图 3-51 所示表格,并将"总成绩"列计算出结果填在相应单元格中,以文件名"表格 2.doc"保存。

2．排序

以图 3-51 所示表格为例进行排序。按总成绩递减排序,当总成绩相等时,以计算机成绩的递减排序。步骤如下:

(1)将光标定位于表格任意单元格中。

(2)选择"表格"|"排序"命令,打开如图 3-52 所示的对话框。

(3)在"排序依据"下拉列表框中选择"总成绩",在其旁边的"类型"下拉列表框中选择"数字",再单击"递减"单选按钮。

图 3-52　"排序"对话框

在"然后依据"下拉列表框中选择"计算机",在其旁边的"类型"下拉列表框中选择"数字",再单击"递减"单选按钮。

在"列表"选项组中单击"有标题行"单选按钮。

（4）单击"确定"按钮。

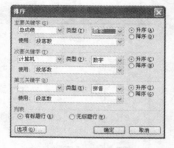

图 3-52 "排序"对话框

练一练：

将"表格 2.doc"按主要关键字"总成绩"和次要关键字"计算机"将表格进行排序，并以原文件名保存。

3.5   图文混排

图文混排功能使得在文档中可以插入 Word 提供的绘图工具绘制的图形，也可以插入由其他软件制作的图片，可使文章图文并茂，引人入胜。

3.5.1   绘制图形

Word 提供了一套六大类约 130 种图形的绘图工具，利用它们可以绘制各种图形。

1．绘制图形

单击"常用"工具栏上的"绘图" <img> 按钮，打开如图 3-53 所示的"绘图"工具栏。

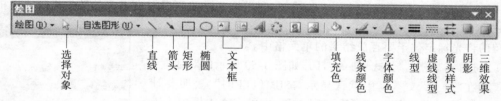

图 3-53   "绘图"工具栏

绘制图形的基本步骤如下：

（1）在绘图工具栏中单击所要绘制图形对应的按钮，鼠标指针变为"十"字形。

（2）在需要绘图的位置按住鼠标左键，拖出一个合适大小的图形后，松开鼠标左键。

（3）单击"填充色"按钮右侧的下拉三角形按钮▾，为绘制的封闭图形内部填充颜色。

单击"线条颜色"按钮右侧的下拉三角形按钮▾，为已选择图形的线条设置所选颜色。

单击"字体颜色"按钮右侧的下拉三角形按钮▾，为已选择的文本设置所选颜色。

单击"线型"、"虚线线型"和"箭头样式"按钮打开相应列表，为所选图形设置相应线型或样式。

单击"阴影"按钮，为已选择的图形添加阴影。

单击"三维效果"按钮，为已选择的图形设置三维效果。

注意：

① 如果在选择了"矩形"或"椭圆"工具后，在绘制的同时按住【Shift】键，则绘制出的图形为正方形或圆形。

② 如果在绘制直线的同时按住【Shift】键，则绘出的直线角度只能是 15° 的倍数，如完全垂直、完全水平、15°、30°、45°等。

③ 许多自选图形具有形状调整控制点(黄色小菱形块),拖动此控制点可以改变图形的形状。

2．改变图形的位置和大小

根据排版的需要,可在图形绘制出来后,改变图形的位置和大小。步骤如下:

(1)单击需要进行调整的图形后,图形一周出现 8 个小方块(称为控制点)。

(2)将鼠标指针移到图形中的任意位置后,指针变为"十"字箭头形时,按住鼠标左键拖动到指定位置即可。

将鼠标指针移到图形的控制点上,鼠标指针会变为不同方向的双向箭头,按住鼠标左键沿箭头方向拖动,可以改变图形水平、垂直或对角线方向的尺寸。

3．在图形中添加文字

对于绘制的封闭图形,可在其内部添加文字。步骤如下:

(1)在要添加文字的图形上单击鼠标右键,在弹出的快捷菜单中选择"添加文字"命令。

(2)此时光标出现在图形内部,键入所需文字即可。

4．图形叠放次序

当多个图形重叠在一起时,最后绘制的一个总是出现在最上面,覆盖住其他图形。可以利用"绘图"工具栏调整各图形之间的叠放次序。步骤如下:

(1)选择要更改叠放次序的图形。

(2)选择"绘图"菜单中的"叠放次序"命令执行相应操作。

5．多个图形的组合

当在文档中绘制了一组图形后,希望对这一组图形整体移动且不改变图形间的相对位置时,可以将这一组图形组合起来。步骤如下:

(1)在按住【Shift】键的同时单击选择每一个需要组合的图形。

(2)选择"绘图"菜单中的"组合"命令。

组合后,多个图形成为一个整体图形对象,可以对它进行整体的移动或旋转等操作。反之,也可以利用"绘图"菜单中的"取消组合"命令将其分解为组合前的多个图形。

3.5.2　绘制文本框

文本框与在绘制出的图形中添加了文字类似,也可以被看作是一个图形对象,且文本框中的文字可以随文本一起移动。

1．绘制文本框

单击"绘图"工具栏中的"文本框"或"竖排文本框"按钮,将鼠标指针移回工作区后,指针变为细"十"字形,此时按住鼠标左键,在工作区中拖出一个合适的大小后放开鼠标左键。插入点在文本框时,在其中即可输入文本或插入图片。

2．设置文本框格式

由于文本框是一个特殊的图形对象,所以它的格式设置方法与图形对象格式设置方法完全相同。具体方法参见 3.5.1 小节。

图 3-54 "插入
剪贴画"窗口

3.5.3 插入图片

Word 的图片功能非常强大,可以把图片插入到文档的任何位置,达到图文并茂的效果。

1. 插入图片

Word 可以接受多种格式的图形,还可以对图片进行简单的处理,步骤如下。

(1)将光标定位于要插入图片的位置。

(2)选择"插入"|"图片"|"剪贴画"命令,打开如图 3-54 所示的"剪贴画"任务窗格。

(3)设置对话框中所需的图片类别,单击要插入的剪贴画,完成插入剪贴画操作。

图片在插入到指定位置的同时,打开一个如图 3-55 所示的"图片"工具栏,利用它可以对插入的图片进行格式设置。

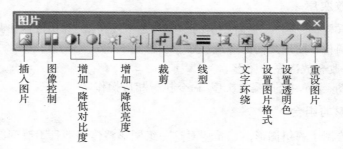

图 3-55 "图片"工具栏

2. 设置图片格式

改变图片的大小、移动图片的位置、改变图片的文字环绕方式和给图片添加边框和底纹与对图形的设置完全相同,这里不再赘述。

"图片的裁剪":与改变图片大小不同,改变图片大小并不改变图片内容,只是按比例放大或缩小;裁剪是不改变图片大小,而把图片中不需要的部分隐藏起来。步骤如下:

(1)单击选择要裁剪的图片。

(2)单击"图片"工具栏中的"裁剪"按钮。

(3)按住鼠标左键拖动图片控制点,裁去图片中不需要的部分。如果在拖动鼠标的同时按住【Ctrl】键,可以对称裁去图片。

"重设图片":如果对图片格式设置不满意,可以在选择图片后,单击"图片"工具栏中的"重设图片"按钮,使图片恢复到插入时的状态。

"复制/删除图片":若在文档中需要几张相同的图片,同样也可以利用"复制"功能实现。具体步骤与文字的复制类似。

(1)选择要复制的图片/图形。

(2)选择"编辑"|"复制"命令。

（3）将光标移动到指定位置后，选择"编辑"|"粘贴"命令。

若想删除一张图片／图形，只需先选择要删除的图片后，在键盘上按下【Delete】键即可。

3.6　文档打印

打印编排好的文档，一般是字处理的最后一道工序。利用 Word 可以做到打印出来的文档和在屏幕上看到的文档一样，实现所见即所得。

3.6.1　打印预览

在打印之前，应该先利用"打印预览"功能查看打印出来的效果，以及排版是否理想，减少打印时不必要的损失。查看打印预览的方法如下：

● 单击"常用"工具栏中的"打印预览"按钮　。

● 选择"文件"|"打印预览"命令，打开如图 3-56 所示的窗口。

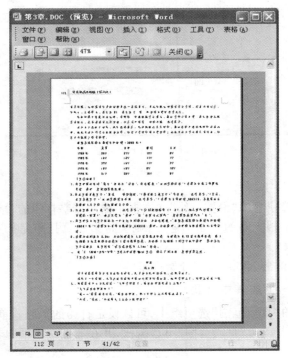

图 3-56　"打印预览"窗口

在"打印预览"工具栏中，"显示比例"列表框可以用来调整页面显示的合适比例；"单页"/"多页"用来调整一次性显示的页面数目。查看完成后，如果认为合适，可以单击"关闭"按钮，退出"打印预览"状态，准备打印。

3.6.2　打印

Word 的打印功能非常灵活，可以打印一份或几份相同的文档，也可以打印文档的其中一页或几页。

1. 打印一份文档

只需在"常用"工具栏上单击"打印"按钮 即可。

2. 打印几份文档副本

● 选择"文件"菜单中的"打印"命令,打开如图 3–57 所示的对话框。

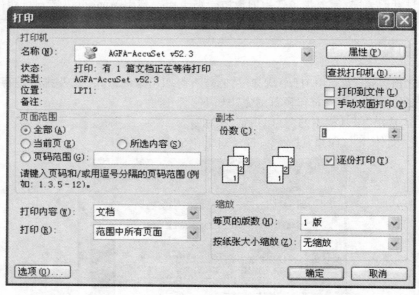

图 3–57　"打印"对话框

● 按快捷键【Ctrl + P】。

在对话框"副本"选项组的"份数"微调文本框中输入需要打印的份数。如果选择"逐份打印"复选框,则把一份文档完整的打印两遍;否则会将第一页打印完指定份数后,再打印第二页,直至打印完整篇文档。

各项输入完成后,单击"确定"按钮开始打印。

3. 打印文档的一页或其中几页

在"打印"对话框的"页面范围"选项组中,可以设定打印的页码。单击"当前页"单选按钮则只打印光标所在页;若单击"页码范围"单选按钮,并在右侧文本框中输入页码,则只打印指定页。

习　题 3

一、练习题

1. 在"D:\ 班级 – 姓名 – 学号"文件夹中新建 Word 文档,输入下列内容,并按要求完成。

【文档开始】

运动员的隐士

运动员的项目不同,对隐士的需求也不同。

体操动作复杂多变,完成时要求技巧、协调及高度的速率,另外为了保持优美的体形和动作的灵巧性,运动员的体重必须控制在一定范围内。因此体操运动员的隐士要精,脂肪不宜过多,体积小,发热量高,维生素 B1、维生素 C、磷、钙和蛋白质供给要充足。

马拉松属于有氧耐力运动,对循环、呼吸机能要求较高,所以要保证蛋白质、维生素和无机盐的摄入,尤其是铁的充分供应,如多吃些蛋黄、动物肝脏、绿叶菜等。

游泳由于在水中进行,肌体散热较多,代谢程度也大大增加,所以食物中应略微增加脂肪比例。短距离游泳时要求速度和力量,膳食中要增加蛋白质含量;长距离游泳要求较大的耐力,膳食中不能缺少糖类物质。

世界各地区的半导体生产份额(2000 年)

年份	美国	日本	欧洲	亚太
1980 年	58%	27%	15%	0%
1985 年	46%	42%	11%	1%
1990 年	39%	46%	11%	3%
1995 年	40%	40%	8%	12%
1998 年	54%	28%	10%	8%

【文档结束】

(1)将文中所有错词"隐士"替换为"饮食";将标题段("运动员的饮食")设置为红色三号阴影、黑体、居中,并添加蓝色底纹。

(2)将正文第四段文字("游泳……糖类物质。")移至第三段文字("马拉松……绿叶菜等。")之前;正文各段文字("运动员的项目不同……绿叶菜等。")设置为五号楷体 _GB2312;各段落左右各缩进 1.5 字符、首行缩进 2 字符。

(3)为正文第 2～4 段("体操……绿叶菜等。")分别添加编号 1)、2)、3);插入页码位置为"页面顶端(页眉)"、对齐方式为"居中"且"首页显示页码",并设置起始页码为"Ⅱ"。

(4)将文中后 6 行文字转换为一个 6 行 5 列的表格,表格标题段("世界各地区的半导体生产份额(2000)年")设置为小四号红色仿宋 _GB2312、居中;表格居中;表中的内容设置为小五号宋体。

(5)设置表格列宽为 2.5cm,表格外框线为 $1\frac{1}{2}$ 磅蓝色双窄线,内框线为 3/4 磅红色单实线,第 1 行和第 2 行之间的表格线为 1 磅红色单实线;表格第 1 行和第 1 列文字水平居中,其余各行文字右对齐,以文件名"课后综合练习 1.doc"保存。

2. 在"D:\班级 - 姓名 - 学号"文件夹中新建 Word 文档,输入下列内容,并按要求完成。

【文档开始】

回家

张小娴

孩子的爸爸带着合唱团去环岛演唱,儿子和女儿刚好放假,也跟着去了。

旅行了一个星期,把歌声送到通街闹衢以及穷乡僻壤以后,他们要回来了。临回来的前一晚上,做爸爸的问小女儿晴晴:"我们要回家了,你喜欢回家还是出来呢?"

"我当然喜欢回家啦!"

"哦——"爸爸故意逗她,"你喜欢回家,那么下回出来不带你就是了。"

"不对,"她说,"不先带我出来怎么能回家?"

做爸爸的无言以对。

旅游城市对照表

城　　　市	年　　　度	游　客　人　数	关　注　指　数
北京	2007	20080	0.68
	2008	36556	0.86
西安	2007	10497	0.79
	2008	13013	0.3

注：此表为 2008 年抽样调查统计表。

【文档结束】

（1）将大标题段（"回家"）文字设置为三号红色阴影黑体、加粗、居中，文字效果设置为"礼花绽放"。

（2）将小标题段（"张小娴"）中的文字设置为四号楷体 _GB2312。

（3）将段落（"旅游城市对照表"）进行段前分页，使得"旅游城市对照表"及其后面的表格分隔到下一页，并给表格标题段（"旅游城市对照表"）加脚注，脚注内容为表格下方的第一行（"注：此表为 2008 年抽样调查统计表。"），删除表格下方的第一行文字。

（4）表格第一列列宽 2.8 厘米，其余三列列宽 2.3 厘米，行高 0.8 厘米。设置表格居中，表格中所有内容中部居中。

（5）将表格标题段文字（"旅游城市对照表"）设置为四号蓝色空心黑体、居中。

（6）将表格第 1 列第 2、3 行和第 4、5 行合并为 2 个单元格；并设置表格所有框线为 1 磅蓝色单实线。

（7）设置页面纸张大小为"16 开（18.6×26 厘米）"，页面设置为每行 35 字符，每页 40 行，以文件名"课后综合练习 2.doc"保存。

二、练兵题（选自全国计算机等级考试真题）

1. 在"D：\ 班级 - 姓名 - 学号"文件夹中新建名为 Word1.doc 的文档，输入下列内容，并按要求完成。

【文档开始】

中国对服务外包业务范围的传统定义为 IT 应用服务（及软件外包）和业务流程外包。目前，新的领域正在全球范围内出现，我们需要不断拓展服务外包定义的外延，可将其具体划分为以下四类业务：

1.IT 应用服务外包（ITO）

指把企业的信息化建设工作交给专业化服务公司来做，包括应用软件的开发与维护、系统集成和咨询。

2.业务流程外包（BPO）

是指企业将一些流程或职能外包给供应商，并由供应商对这些流程进行重组，比如人力资源、财务、采购和客户支持中心等。

3.IT 基础设施服务

是指涉及 IT 基础运营的硬件、软件、相关配套设施和人员的离岸与外包，内容包括数据中心、网络、服务器和大型主机的运营与管理以及桌面与用户支持等服务。

4.设计研发服务

是指和产品开发相关的设计与研发离岸外包活动,包括产品的概念设计、计算机辅助设计、嵌入式软件的设计开发、产品开发、测试与本地化等活动。

商业银行金融服务外包主要类型

信息技术外包(ITO)	系统操作服务	银行数据、信用卡数据的处理及整合等
系统应用服务	银行信息系统服务、远程维护等
基础技术服务	银行业务信息系统流程设计与技术研发等
业务流程外包(BPO)	银行内部管理服务	后勤服务、会计服务、 人力资源及其他内部服务等
银行业务运作服务	呼叫中心、信用卡销售等
知识流程外包(KPO)	服务外包的高端	金融衍生产品设计研发、金融分析等

【文档结束】

(1)将文档的首段("中国对服务外包……分为以下四类业务:")分为等宽三栏,栏间加分隔线。

(2)将标题段["1.IT 应用服务外包(ITO)"、"2.业务流程外包(BPO)"、"3.IT 基础设施服务"和"4.设计研发服务"]文字设置为三号红色阴影黑体、加粗、居中。

(3)将文档中的所有"外包"一词加着重号。

(4)将文中最后 6 行文字按照制表符转换为一个 6 行 3 列的表格。设置表格居中,将表格中第一列的第 1 到第 3 个单元格进行合并、第一列的第 4 和第 5 个单元格进行合并。

(5)设置表格左右外边框为无边框、上下外边框为 3 磅黑色单实线;所有内框线为 1 磅黑色单实线。设置表标题("商业银行金融服务外包主要类型")为三号红色宋体、居中。

2. 在"D:\ 班级 - 姓名 - 学号"文件夹中新建名为 Word2.doc 的文档,输入下列内容,并按要求完成。

【文档开始】

2010—2011 年全球晶振里报告发布

世界经济论坛在 2010 年新领军者年会即将于天津召开之际,2010 年 9 月 9 日在京发布了《2010—2011 年全球晶振里报告》,中国晶振里排名继续上升,由去年的 29 位上升至 27 位。

全球晶振里报告的晶振里排行榜以全球晶振里指数为基础,该指数又以 12 个主要晶振里因素为基础,这些因素包括机构、基础设施、宏观经济环境、健康与初等教育、高等教育和培训、商品市场效率等。

报告显示,亚洲几个发达经济体和发展中经济体晶振里排名良好。新加坡排名第三,日本(第六位)和香港(第 11 位)也名列前 20 强。

发达经济体中,瑞士卫冕成功,独占鳌头;瑞典和新加坡分列二三位;美国在去年失去头把交椅之后,今年排名继续下滑至第四位。分析认为,除日益严峻的宏观经济失衡问题外,美国公共和私人机构的削弱以及人们对美国金融市场状况挥之不去的担忧是造成美国位次下降的原因。英国最近几年排名一直在下降,但今年上升了一位至第 12 名。

值得一提的是,北欧国家表现优异,瑞典、芬兰(第七位)和丹麦(第九位)均名列前 10 名。在拉丁美洲,智利(第 30 位)是排名最靠前的国家。中东和北非地区的几个国家也占据了排行榜的前半部分。

2010—2011 年全球晶振里部分国家排名

国家名称	2010 年	排名	得分 2009 年排名
美　国	4	5.43	2
日　本	6	5.37	8
德　国	5	5.39	7
中　国	27	4.84	29
英　国	12	5.25	13
法　国	15	5.13	16
意大利	48	4.37	48
加拿大	10	5.30	9
印　度	51	4.33	49
巴　西	58	4.28	56
俄罗斯	63	4.24	63
西班牙	42	4.49	33

【文档结束】

（1）将文中所有错词"晶振里"替换为"竞争力"；设置上、下页边距各为 2.8 厘米。

（2）将标题段（"2010—2011 年全球竞争力报告发布"）文字设置为三号蓝色黑体，加粗。

（3）将正文各段落（"世界经济论坛……前半部分。"）文字设置为五号宋体，行距设置为 18 磅；设置正文第一段（"世界经济论坛……升至 27 位。"）首字下沉 2 行（距正文 0.2 厘米），其余各段落首行缩进 2 字符。

（4）将文中后 13 行文字转换为一个 13 行 4 列的表格：设置表格居中，表格列宽为 2.5 厘米，行高 0.6 厘米；为表格第一行添加"灰色 −25%"底纹；设置表格中所有文字中部居中。

（5）设置表格外框线为 3 磅蓝色单实线，表格内框线为 1 磅蓝色单实线，按"2010 年排名"列（依据"数字"类型）升序排列表格内容。

三、综合题

1. 在"D:\ 班级 − 姓名 − 学号"文件夹中新建名为 Zword1.doc 的文档，输入下列内容，并按要求完成。

【文档开始】

挚友如斯

能交到几个永远不说写的朋友很不容易！朋友之间，也许说一句"谢谢"是一件轻而易举的事情，甚至简单到脱口就能说出。但是，真能够做到不必说一句谢谢，却是一种难得的境界。真正的朋友一辈子不说一个"写"字，他们之间的情感和友谊，不会因为缺少了"写"字，而有丝毫逊色，相反更为弥足珍贵。

不说写字，这份朋友之情便蕴含了一份浓浓的亲情；

不说写字，这份朋友之情显得更为朴实自然。当我们丢掉许多不必要的客套后，呈现在彼此面前的是自然而真纯的友情，没有伪装，没有虚假，有的只是心灵的贴近与沟通；

不说写字，并非是心灵的冷漠，而是将表达和回报变为另一种形式，那就是抛弃空洞的许诺，把真正的友情珍藏在内心深处，内化为一种力量，构建起真正的友谊大厦。

想想我们自己，在所有的朋友当中，又有几位能够一辈子不说写字的朋友？人海茫茫，世事沧桑。当我们面对越来越多所谓现实的时候，寻找一位不说写字的朋友，又是何等的艰难。 假如你拥有哪怕仅仅拥有一位不用说谢谢的朋友，请你好好珍惜吧。

你要知道，这份友情是金钱买不来的，是时间换不回的，那份真挚的友情是心与心的交融，是属于你一生的财富。当你付出之后，不必老是企盼朋友对你说声谢谢。一千遍，一万遍的感谢，也许比不上一个理解的眼神！我拥有至少 5 个不用说写的朋友，所以我感激上苍，也会珍惜这来之不易的情分！

【文档结束】

（1）将文中所有错字"写"替换为"谢"；并将文中所有的"谢谢"一词加波浪线。

（2）将标题段（"挚友如斯"）文字设置为三号红色黑体，加粗，底纹为自定义标签的红色：130、绿色：130、蓝色：100；段后间距 0.5 行。

（3）将正文各段落（"能交到几个……来之不易的情分！"）文字设置为五号宋体，行距设置为 18 磅；设置正文第一段（"能交到几个……更为弥足珍贵。"）首字下沉 2 行（距正文 0.2 厘米），其余各段落首行缩进 2 字符。

（4）为正文第 2～4 段（"不说谢字……友谊大厦。"）添加项目符号▲。

（5）为正文第 5 段（"想想我们自己……好好珍惜吧。"）设置文字效果为"赤水情深"。

（6）设置页面纸张大小为"16 开（18.6×26 厘米）"，页面设置为每行 35 字符，每页 40 行。

（7）将文档的最后一段（"你要知道……来之不易的情分！"）分为等宽两栏，栏宽为 16 字符，栏间加分隔线；在文档页面底端（页脚）的居中位置添加页码。

第 4 章

Excel 2003 的使用

知识点

- Excel 的基本概念、基本操作、工作表的创建与编辑等。
- 工作表中利用函数和表达式进行数据计算。
- 工作表的格式化、页面的设置和打印。
- Excel 图表的建立、编辑和修饰。
- 有关数据库的基本概念以及排序、筛选、分类汇总和创建透视表等数据库操作。

重点

- 工作表中利用函数和表达式进行数据计算。
- Excel 图表的建立、编辑和修饰。
- 有关数据库的基本概念以及排序、筛选、分类汇总和创建透视表等数据库操作。

本章知识结构图

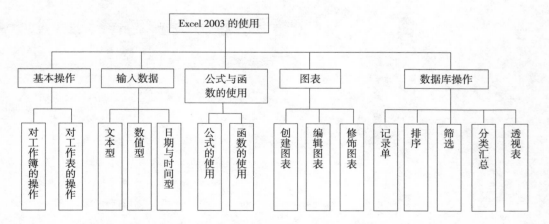

Excel 是微软公司出品的 Office 系列办公软件中的成员之一，确切地说，它是一个电子表格软件，可以用来创建数据表格、利用公式和函数完成许多的数据运算，还可以进行数据的分析和预测，并且具有强大的制作图表的功能，Excel 2003 还提供了数据共享和 Internet 功能。

4.1　Excel 2003 的基本操作

4.1.1　Excel 的启动和退出

1. 启动 Excel

下列 3 种方法均可启动 Excel：

（1）选择"开始"|"程序"|"Microsoft Excel"命令，则会出现 Excel 窗口。

（2）若桌面上有 Excel 快捷方式图标，双击它，也可启动 Excel。

（3）还可以通过双击 Excel 文档（扩展名为.XLS 的文档）启动 Excel。

2. 退出 Excel

下列 4 种方法可以退出 Excel：

（1）单击 Excel 窗口标题栏右端的"关闭"按钮"✖"。

（2）选择 Excel 窗口 "文件"菜单中的"退出"命令。

（3）单击 Excel 窗口标题栏左端的控制菜单图标，并选择"关闭"命令。

（4）按【Alt+F4】快捷键。

4.1.2　Excel 的窗口组成

1. 标题栏

标题栏位于窗口顶部，用来显示 Microsoft Excel 及当前工作簿文件名，标题栏左端的是"控制菜单"图标✖，标题栏右端有 3 个按钮，依次是："最小化"、"最大化"/"还原"、"关闭"按钮。

2. 菜单栏

菜单栏包含一组下拉菜单，下拉菜单中的命令是最为丰富的命令集合。几乎所有的操作都可以通过下拉菜单中的命令来执行。

3. 工具栏

Excel 2003 提供了 20 多种不同的工具栏，每个工具按钮分别代表不同的常用操作命令，利用它们可方便、快捷地完成某些常用操作。这些工具按钮按功能分组，如"常用"、"格式"、"绘图"等工具栏。它们不一定全部显示在窗口中，用户根据当前需要可显示或隐藏若干工具栏。

显示／隐藏工具栏的方法：

选择"视图"|"工具栏"命令并选择相应的工具栏名称，在其前出现"√"则该工具栏将显示；再次单击"√"则该工具栏将隐藏。

4. 数据编辑区和名称框

数据编辑区用来输入或编辑当前单元格的数据或公式，该区左侧为名称框，它显示当前单元格（或区域）的地址或名称。数据编辑区和名称框之间 ✖ ✓ 𝑓ₓ 有 3 个按钮，分别为"取消"✖、"确认"✓、"插入函数"𝑓ₓ。

5. 工作簿窗口

如图 4-1 所示，在 Excel 窗口中还有一个小窗口，这个窗口称为工作簿窗口，有标题栏、控制菜单、最小化、最大化和关闭按钮。工作簿窗口左下方是当前工作簿的工作表标签,每个标签显示工作表名称,其中一个高亮显示的标签(其工作表名有下划线)是当前正在编辑的工作表。

6. 工作簿与工作表

工作簿是 Excel 的文档(其扩展名为.xls),一个工作簿由一个或多个工作表组成。Excel 启动后,用户看到的是名称为 Book1 的工作簿,由 3 个工作表组成,即 Sheet1、Sheet2 和 Sheet3,当前工作表为 Sheet1。默认情况下,工作簿由 3 个工作表组成。但用户根据需要可以插入或者删除工作表,一个工作簿最多可以含有 255 个工作表。

工作表是 Excel 完成一项工作的基本单位。如图 4-1 所示,工作表由单元格组成,纵向称为列,由字母分别加以命名(A、B、C······);横向称为行,由数字分别加以命名(1、2、3······)。每一张工作表最多可以有 65 536 行与 256 列数据。在工作表中单击鼠标左键,鼠标所在单元格的边框加粗,表示此单元格已被选择。称此单元格为当前单元格,粗黑框线称为单元格指针。当前单元格的地址显示在名称框中,而当前单元格的内容同时显示在当前单元格和数据编辑区中。

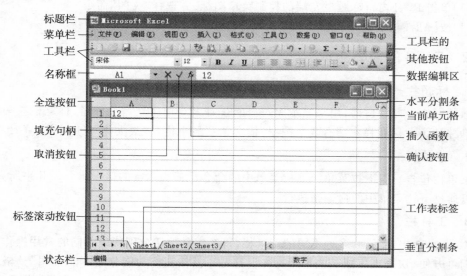

图 4-1 Excel 窗口

7. 状态栏

状态栏位于窗口的底部,用于显示当前命令或操作的有关信息。

4.1.3 新建与保存工作簿

1. 新建工作簿

启动 Excel 后,Excel 将自动产生一个新的工作簿,名称为 Book1.xls。

除了启动 Excel 可以新建工作簿外,在编辑过程中也可以用下面的方法创建新的工作簿。

(1)选择"文件"|"新建"命令。

(2)在"常用"工具栏中单击"新建"按钮 。

（3）按【Ctrl+N】快捷键。

用第一种方法创建新工作簿时，会弹出如图 4-2 所示的任务窗格。选择"本机上的模板"选项，在弹出"模板"对话框的"常用"选项卡中有一个名为工作簿的模板选项，它是 Excel 默认的工作簿模板。在"电子方案表格"选项卡中保存着 Excel 为用户提供的许多工作簿模板，建立工作簿时若选用适当的模板，能够减少工作量、提高效率。

2．保存和保护工作簿

（1）保存工作簿

建立工作簿文件并编辑后，需要将其保存在磁盘上。常用的保存方法有以下 3 种：

● 选择"文件"|"保存"命令。

若工作簿文件是新建的，则出现"另存为"对话框，在这个对话框中可以为工作簿重命名，也可以为工作簿更改保存位置。若非新建文件则以原文件名和原地址保存。

● 单击"常用"工具栏上的"保存"按钮 。

● 换名保存。

选择"文件"|"另存为"命令，出现"另存为"对话框，输入新文件名后单击"保存"按钮。若要存放到另一个文件夹，则应指定文件夹。

（2）保护工作簿

工作簿的保护有两个方面：第一是保护工作簿，防止他人非法访问，可以为其设置打开权限密码；第二是禁止他人对工作簿中工作表或对工作簿窗口的非法操作，可以为其设置修改权限密码。设置这两种密码的方法和 Word 一样都是在"另存为"对话框中设置，这就不赘述了。

如果不允许对工作簿中工作表进行移动、删除、隐藏、取消隐藏、重新命名或禁止对工作簿窗口的移动、缩放、隐藏、取消隐藏等操作。可以采用如下方法：

● 选择"工具"|"保护"命令，再选择子菜单中的"保护工作簿"命令，出现"保护工作簿"对话框，如图 4-3 所示。

● 在"保护工作簿"对话框中选择各选项，并单击"确定"按钮。

"保护工作簿"对话框各选项的意义如下：

● "结构"：保护工作簿的结构，防止删除、移动、隐藏、取消隐藏、重命名工作表或插入工作表。

图 4-2　"新建工作簿"任务窗格

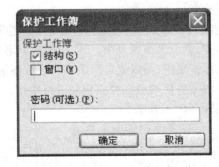

图 4-3　"保护工作簿"对话框

● "窗口"：防止工作表的窗口被移动、缩放、隐藏、取消隐藏或关闭。

● 为了防止他人取消工作簿的保护，还可以输入密码。

另外用户还可以通过隐藏工作簿达到对工作簿的保护,方法如下:

● 打开要隐藏的工作簿。

● 选择"窗口"|"隐藏"命令。

下次打开该文件时,以隐藏方式打开。可以使用其数据,但不可见。

若要取消工作簿的隐藏,方法如下:

● 打开要取消隐藏的工作簿。

● 选择"窗口"|"取消隐藏"命令,出现"取消隐藏"对话框,如图4-4所示,最后单击"确定"按钮。

图4-4 "取消隐藏"对话框

4.1.4 打开与关闭工作簿

1. 打开工作簿

要打开已存在的工作簿,有以下4种方法:

(1)选择"文件"|"打开"命令。

(2)单击"常用"工具栏中的"打开"按钮。

(3)在资源管理器中双击要打开的工作簿文件名。

(4)在 Excel 中单击"文件"菜单,在下拉菜单底部最近使用的文件列表中选择要打开的文件。

2. 关闭工作簿

关闭当前工作簿文件有以下3种方法:

(1)选择"文件"|"关闭"命令。

(2)单击工作簿窗口中的"关闭"按钮"✕"。

(3)双击工作簿窗口左上角的"控制菜单"图标。

4.1.5 处理工作簿中的工作表

默认情况下,一个工作簿包含3个工作表,用户可以根据需要添加或删除工作表,以及对工作表进行其他操作。

1. 选择工作表

在编辑工作表前,必须先选择它,使之成为当前工作表。选择工作表的方法是:单击目标工作表标签,则该工作表成为当前工作表,其名字以白底显示,且有下划线;若目标工作表未显示在工作表标签栏中,可以通过单击工作表标签滚动按钮,使目标工作表标签出现并单击它。

有时需要同时对多个工作表进行操作,如输入几个工作表共同的标题,删除多个工作表等。

选择多个工作表的方法如下:

(1)选择多个相邻的工作表。

单击这几个工作表中的第一个工作表标签,然后按住【Shift】键再单击这几个工作表中的最后一个工作表标签。此时这几个工作表标签均以白底显示,工作簿标题出现"工作组"字样。

(2)选择多个不相邻的工作表。

按住【Ctrl】键并单击每一个要选择的工作表标签。

2．工作表重命名

每个工作表都有自己的名称，默认情况下是 Sheet1、Sheet2……用户可以根据需要对工作表重命名。工作表重命名的方法是：除了双击工作表的标签栏外，还可以右击要更改名称的工作表，在弹出的快捷菜单中选择"重命名"命令，然后在标签处输入新的工作表名。

3．工作表的移动和复制

在实际工作中，有时会遇到十分相似的两张表格，它们只有很少不同点。若已经制作好其中一张表格，则另一张表格可用"复制表格，适当编辑个别不同点"的方法来完成，以提高效率。有时工作表在工作簿中的次序可能需要调整，有的工作表可能归类到另一工作簿。

工作表的移动和复制操作方法如下：

（1）在同一工作簿中移动或复制工作表。

单击需要移动的工作表标签，将它拖到所希望的位置，然后松开鼠标左键。如要复制工作表只需在拖动的同时按下【Ctrl】键即可。

（2）在不同工作簿之间移动或复制工作表。

① 选择要移动的工作表。

② 选择"编辑"菜单中的"移动或复制工作表"命令，弹出"移动或复制工作表"对话框，如图 4-5 所示。

③ 在对话框中选择要移至的工作簿和插入位置。

④ 单击"确定"按钮。

注意：如要复制工作表只需在"移动或复制工作表"对话框中选择"建立副本"复选框。

图 4-5　"移动或复制工作表"对话框

4．插入工作表

一个工作簿默认有 3 张工作表，如不够用，可用如下方法插入新工作表：

● 单击某工作表标签，新工作表将插在该工作表左侧。

● 选择"插入"菜单中的"工作表"命令。

5．删除工作表

下面有两种方法可删除不需要的工作表：

● 选择"编辑"|"删除工作表"命令。

● 右击要删除的工作表标签，在弹出的快捷菜单中选择"删除"命令。

6．工作表的拆分

对于较大的表格，由于屏幕大小有限制，看不到全部单元格。若要在同一屏幕查看相距甚远的两个区域的单元格，可以对工作表进行横向或纵向拆分，以便查看或编辑同一工作表不同部分的单元格，拆分窗口有下面两种常用的方法：

● 使用菜单命令进行拆分。

选择"窗口"菜单中的"拆分窗口"命令，工作表将拆分为 4 个独立的窗格。

● 使用鼠标进行拆分。

在工作簿窗口的垂直滚动条的上方有"水平分割条"，如图 4-1 所示。当鼠标指针移到此处时，呈上下双箭头状按下鼠标左键拖动，则把原工作簿窗口分成上下两个窗口；在水平滚动条的右端有"垂直分割条",当鼠标指针移到此处时,呈左右双箭头状按下鼠标左键拖动则把原工作簿窗口分成左右两个窗口。

7. 保护工作表

为了防止他人因误操作造成对工作表数据的损害,用户可以设置对工作表的保护。操作方法如下:

① 激活需要保护的工作表。

② 选择"工具"菜单中的"保护"命令,再选择子菜单中的"保护工作表"命令。

③ 在打开的"保护工作表"对话框中选择各选项,如图4-6所示。

在该对话框中,可以进行如下设置:

● 选中"保护工作表及锁定的单元格内容"复选框。若要防止他人取消对工作表的保护,可以在"取消工作表保护时使用的密码"文本框中输入密码。

● 在"允许此工作表的所有用户进行"列表框中,根据自己的需要进行设置。

④ 为了防止他人取消工作表的保护,可以输入密码,最后一切设置好后单击"确定"按钮。

对工作表除了上述密码保护外,也可以通过赋予"隐藏"特性,使之可以使用,但其内容不可见,从而得到一定程度的保护。

隐藏工作表的方法如下:

① 激活需要隐藏的工作表。

② 选择"格式"|"工作表"命令,再选择子菜单中的"隐藏"命令。

隐藏工作表后,屏幕上不再出现该工作表,但可以引用该工作表中的数据。若对工作簿实施"结构"保护后,就不能隐藏其中的工作表。

如要取消隐藏,只需选择"格式"|"工作表"命令,再选择子菜单中的"取消隐藏"命令,出现"取消隐藏"对话框,如图4-7所示。

图 4-6　"保护工作表"对话框

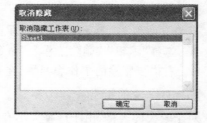

图 4-7　"取消隐藏"对话框

4.2　工作表的数据输入

4.2.1　数据类型

Excel允许用户在单元格中输入中\英文、数字、公式等数据。输入数据前,先单击目标单元格,使之成为当前单元格,然后输入数据。

单元格中的数据有 3 种类型,它们是文本型、数值型、时间与日期型。

1. 文本型

文本型数据也称字符串, 是不可以进行算术运算的数据。输入的字符串在单元格中左对齐,输入完毕按光标移动键(或【Enter】键)确认。输入时,单元格和数据编辑区中均出现输入的字符串,且数据编辑区"✖"和"✔"按钮为有效状态。其中"✖"按钮的功能是取消刚输入的数据,按【Esc】键也可以取消刚输入的数据。"✖"按钮的功能是确认输入的数据并存入当前单元格。

(1)长字符的输入

单元格的宽度有限,输入的字符串如果超出单元格的宽度时,会出现以下两种情况:

① 若右侧单元格内容为空,则字符串超宽的部分一直延伸到右侧单元格,成为宽单元格。

② 若右侧单元格内有内容,则字符串超宽的部分自动隐藏,不在右侧单元格内显示。

(2)数字字符串的输入

有些数字是无需计算的,如电话号码、邮政编码等,因此把这些数字字符看作字符串来处理。为了与数值数据区别,先输入英文状态单引号"'",然后再输入数字字符串,如图 4-8 所示,A7 单元格中存放的是字符串类型的"030027"(左对齐)。

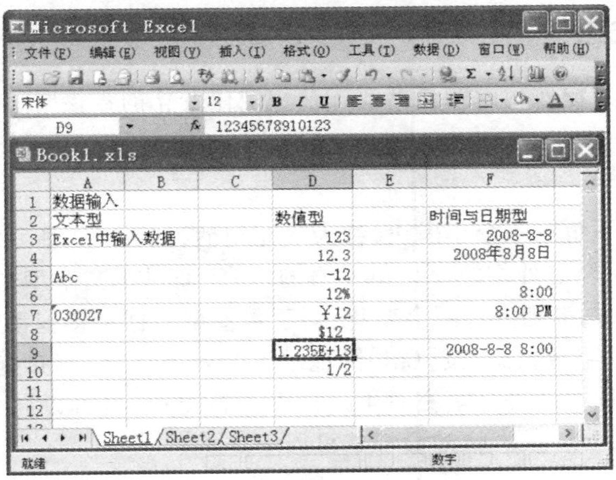

图 4-8　各类数据的输入

2. 数值型

可以进行算术运算加、减、乘、除、百分比和指数运算的数据称为数值数据。数值数据在单元格中右对齐,当输入的数据超出单元格的宽度时自动转换成科学计数法表示。

输入数值数据时可出现数字 $0 \sim 9$ 和 $+$、$-$、$*$、$/$、E、e、$\%$、$\$$、$(\ )$,例如 $+123$、-12.3、12%,用 (12) 也可表示 -12。

3. 日期与时间型

若输入的数据符合日期或时间的格式,则 Excel 将以日期或时间存储数据。

(1)日期型

用户可以用如下形式输入日期。

08/8/8；2008/8/8；2008-8-8；8-Aug-08；8/Aug/08。

日期在 Excel 系统内部是用 1900 年 1 月 1 日起至该日期的天数存储的，例如，1900/01/05 在系统内部存储的是数值 5。

由于日期采用"/"，为避免将输入的分数视为日期，例：1/2 视为 1 月 2 日。则要求输入分数的格式为：0□1/2（□表示空格）。

（2）时间型

用户可按如下形式输入时间：

19:33；7:33 PM；19 时 33 分；下午 19 时 33 分。

PM 或 P 表示下午，AM 或 A 代表上午。

（3）日期和时间组合

例如：2008-02-05 19:33，输入时请在日期与时间之间用空格分隔。

注意：若单元格首次输入的是日期，则该单元格就格式化为日期格式，以后再输入数值将换算成日期。

想一想：

在任一空单元格中首次输入任一日期并确认然后将其删除，再次对该单元格输入 32 会显示什么？

4.2.2　智能填充数据

对于相邻单元格中要输入相同的数据或按某种规律变化的数据时，可以用 Excel 的智能填充功能实现快速输入。

1.　填充句柄

在单元格指针的右下角有一个小黑块，称为填充句柄，如图 4-1 所示。对于文本型数据直接使用填充句柄拖动，所经之处均填充该单元格的内容，而对于文本型数字直接拖动会递增，若在拖动的同时按下【Ctrl】键则内容不会变化；对于数值型数据直接拖动不变，按下【Ctrl】键拖动则递增；对于时间与日期型数据，按【Ctrl】键拖动不会发生变化，直接拖动日期型则日递增、时间型则时递增。用鼠标拖动进行填充时可以向下进行填充，也可以向上、向左、向右进行填充，只要在填充时分别向上、左、右拖动鼠标就可以了。

2.　自定义序列

在 A1 单元格中输入"星期一"，向下拖动填充句柄直到 A7，松开鼠标左键后，则自 A1 起依次是"星期一、星期二……星期日"，这是因为数据序列"星期一、星期二……星期日"事先已经定义，所以才会出现这样的变化。在 Excel 中已定义的序列还有如图 4-9 所示的其他序列。

用户也可以自定义填充序列，方法如下。

① 选择"工具"菜单中的"选项"命令则出现"选项"对话框，然后选择"自定义序列"选项卡，可以看到"自定义序列"列表框中显示了已经定义的各种填充序列。

② 选择"自定义序列"列表框中的"新序列"选项，并在"输入序列"列表框中输入填充序列（如：A、B、C……F）。

注意：序列中每一项不能以数字开头。

③ 单击"添加"按钮，新定义的填充序列出现在"自定义序列"列表框中。

④ 单击"确定"按钮。

3．菜单填充

有时需要输入一些等比数列或等差数列,这时使用填充功能就很方便了,在任一单元格中输入"1",在其下一个单元格中输入"3",然后从上到下选择这两个单元格,向下拖动第二个单元格的填充句柄进行填充,可以看到所填充出来内容就是一个等差数列了。

等比数列的填充,以 A1:E1 中依次按等比数列填充以 2、4、8、16、32 为例,其操作步骤如下:

① 在单元格 A1 中输入起始值 2。

② 选择要填充的单元格区域(A1:E1)。

③ 选择"编辑"|"填充"|"序列"命令,打开"序列"对话框。

④ 在"序列产生在"选项组中选择填充方式(按"行"或按"列")。在本例中选择"行"单选按钮按行填充。

⑤ 在"类型"选项组中选择填充规律,本例中选择"等比数列"单选按钮。

⑥ 在"步长值"文本框中输入公比 2,如图 4-10 所示。

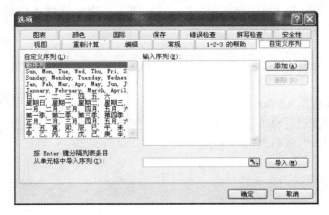

图 4-9　"自定义序列"选项卡

图 4-10　"序列"对话框

使用"序列"对话框除可以填充等差和等比序列外,也可以填充"日期"。例如我们要填充的日期变化是以"月"或"年"为单位的话,就可以用到这里的"日期"类型来实现了。有时我们要填充的内容只知道其开始值和终止值,这时我们可以先选择尽量多的单元格,在"序列"对话框中设置"步长值"和"终止值"即可。

练一练:

建立一张"学生信息统计表",内容包括:"专业"、"班级"、"学号"、"姓名"、"性别"、"出生日期"、"身份证号"、"学费"、"入学成绩",录入时注意选择合适的数据类型。以"学生信息统计表.xls"为文件名保存。

4.3　编辑单元格

4.3.1　单元格的操作

已建立的工作表,根据需要可以编辑、修改其中的数据。首先移动单元格指针到目的地或选择编辑对象,然后才能进行增、删、改操作。

1. 单元格指针的移动

要编辑某单元格,必须把单元格指针移动到该单元格,使之成为当前单元格。有如下几种移动方法:

(1)利用【↑】、【↓】、【←】、【→】键进行移动。

(2)在名称框中输入目标单元格的地址,然后按【Enter】键。

(3)按【Ctrl+Home】组合键,则单元格指针移到 A1。按【Ctrl+End】组合键,则单元格指针移到曾经编辑过的数据区域的右下角。按【Home】键,则单元格指针移到本行最左侧单元格。

2. 选择单元格

若要对某个或某些单元格进行编辑操作,必须先选择这些单元格。若选择一个单元格,只要单击该单元格即可,若要选择一行(列)、多行(列)或一块区域,可采用如下方法:

(1)选择一行(列)或多行(列)

单击某行(列)的行(列)号,则选择该行(列)。若选择多行(列),则鼠标指针移到这些行(列)的首行(列)号,然后按鼠标左键拖动到末行(列)号。

(2)选择整个工作表

单击【全选】按钮(在行号 1 上方和列号 A 左边),则选择整个工作表。

(3)选一矩形区域

选择矩形区域有如下几种方法(以选择 A2:D6 为例):

① 单击该区域的左上角单元格 A2,按住【Shift】键单击该区域的右下角单元格 D6。

② 在名称框中输入单元格区域 A2:D6,然后按【Enter】键。

(4)选择若干不相邻的区域

按住【Ctrl】键,然后分别单击每一个要选的单元格。

(5)插入与删除单元格

在工作表中可以插入或删除一个单元格,也可以插入或删除一行、一列单元格。

① 插入一行(列)

● 单击某行(列)的任一单元格,将在该行(列)之前插入一行(列)。

● 选择"插入"|"行"或"列"命令。

② 插入单元格

● 单击某单元格,使之成为当前单元格,以它作为插入位置。

● 选择"插入"|"单元格"命令,弹出如图 4-11 所示的对话框。

● 在对话框中选择插入方式。

③ 删除一行(列)

● 单击要删除的行(列)号。

● 选择"编辑"|"删除"命令。

④ 删除单元格

● 单击要删除的单元格,使之成为当前单元格。

● 选择"编辑"|"删除"命令,弹出如图 4-12 所示的对话框。

● 在对话框中选择"删除"方式。

图 4-11　"插入"对话框　　　　　　图 4-12　"删除"对话框

（6）保护单元格

保护了工作表就意味着保护它的全体单元格。然而,有时并不需要保护所有的单元格,例如,只保护重要的数据所在的单元格,其他单元格允许修改。一般 Excel 使所有单元格都处在保护状态,称为"锁定",当然,这种锁定只有实施上述"保护工作表"操作后才生效。为了解除某些单元格的锁定,使其能够被修改,可以执行如下操作:

① 首先使工作表处于非保护状态。

② 选择需要取消锁定的单元格区域。

③ 然后选择"格式"|"单元格"命令,出现"单元格格式"对话框,再选择"保护"选项卡,如图 4-13 所示。

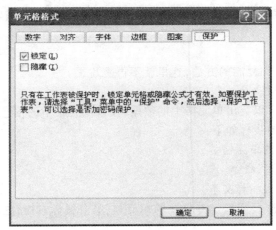

图 4-13　"保护"选项卡

④ 取消选择"锁定"复选框并单击"确定"按钮。

（7）隐藏单元格的内容

隐藏单元格的内容是指单元格的内容不在数据编辑区显示。

① 隐藏单元格内容的方法如下:

● 选择要隐藏的单元格区域。

● 选择"格式"|"单元格"命令,出现"单元格格式"对话框,再选择"保护"选项卡,如图 4-13 所示。

● 取消选择"锁定"复选框,选择"隐藏"复选框并单击"确定"按钮。

② 取消单元格隐藏的方法如下:

- 首先取消工作表保护。
- 选择要取消隐藏的单元格区域。
- 选择"格式"|"单元格"命令,弹出"单元格格式"对话框,再选择"保护"选项卡,在该选项卡中取消选择"隐藏"复选框,并单击"确定"按钮。

③ 隐藏行(列)方法如下:

- 选择需要隐藏的行(列)。
- 选择"格式"|"行"或"列"|"隐藏"命令,则隐藏的行(列)将不显示,但可以引用其中单元格的数据。

④ 取消行(列)的隐藏方法如下:

- 选择需要取消隐藏的行(列)(方法是在名称框中输入隐藏的行(列)的单元格地址)。
- 选择"格式"|"行"或"列"|"取消隐藏"命令。

4.3.2　编辑单元格的数据

当用户向工作表中输入数据时,经常遇到需要对数据进行修改、复制等编辑工作。

(1)移动与复制单元格数据

① 鼠标拖动法

先选择要移动(复制)数据的单元格区域并将鼠标指针移到所选区域的边线上,指针呈指向左上方的箭头形状,然后拖动鼠标到目标位置松开即可实现移动。如要复制只需在拖动的同时按下【Ctrl】键。

② 剪贴法

类似于 Word 中移动和复制的方法,这里就不再赘述了。

(2)给单元格添加批注

给单元格添加批注可以突出单元格中的数据,使该单元格中的信息更容易记忆。

给单元格添加批注的步骤如下:

① 选择要添加批注的单元格。

② 选择"插入"|"批注"命令。

③ 在批注对话中输入注释文本。

如要编辑或删除批注只需选定有批注的单元格,单击鼠标右键,在快捷菜单中选择"编辑批注"或"删除批注"。

(3)清除单元格数据

在编辑过程中要清除单元格数据的操作步骤如下:

① 选择需要清除的单元格区域。

② 选择"编辑"|"清除"命令,在子菜单中有 4 种清除的方式。

4 种清除方式的意义如下:

- 全部:清除选择单元格中的全部内容和格式,包括批注和超级链接。
- 格式:只清除选择单元格中的格式,单元格的内容不变。
- 内容:只清除选择单元格中的内容(包括数据和公式),不改变单元格的格式。
- 批注:只清除选择单元格中的批注,单元格的内容和格式均不变。

4.3.3　查找与替换

使用查找与替换功能可以在工作表中快速定位用户要查找的信息，并且可以有选择地用其他值代替它们。这和 Word 中也类似，其中在查找时也可以采用通配符：~、?、*。它们的意义如下：

　　?：表示一个任意字符，如? A 可以表示第一个字符任意第二个字符为 A 的字符串。

　　：表示多个任意字符，如 A 可以表示第一个字符为 A 的字符串。

　　~：~?、~*、~~ 分别表示?、*、~ 本身，而不是通配符。

4.4　格式化工作表

工作表的内容固然重要，但工作表肯定要供别人浏览，其外观修饰也不容忽视。Excel 提供了许多美化工作表功能，能使工作表表达更清晰、形象更美观。这些功能包括：设置单元格的格式、设置工作表的列宽和行高、使用自动套用格式、设置工作表背景图案等。

4.4.1　数字格式化

在工作表的单元格中输入数字时，Excel 将尽可能地以最适当的格式将它显示在屏幕上。Excel 提供了大量的数字格式，并将它们分组，如常规、数值、货币、特殊、自定义等。

注意：在 Excel 内部，数值、日期和时间都是以纯数字格式存储的。

例如，某单元格中已经输入了日期：1900 年 1 月 20 日，实际上存储的是数字 20，若该单元格设置为日期格式，则显示：1900 年 1 月 20 日（或其他日期格式，如 1900–1–20），若该单元格设置为数值格式，则显示：20。

1．用菜单命令设置数字格式

（1）选择要设置的单元格区域。

（2）选择“格式”菜单中的“单元格”命令，然后在“单元格格式”对话框中选择“数字”选项卡，如图 4–14 所示。

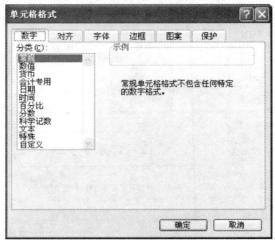

图 4–14　“数字”选项卡

（3）在"分类"列表框中选择所需要的数字格式，并单击【确定】按钮。

2．用格式工具栏设置数字格式

数字格式化工具如图 4-15 所示。

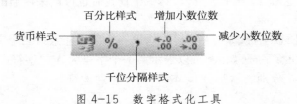

图 4-15　数字格式化工具

4.4.2　文字格式化

文字格式化有以下两种方法：

1．用格式工具栏设置文字格式

文字格式化工具如图 4-16 所示。

图 4-16　文字格式化工具

2．用菜单命令设置文字格式

（1）选择要设置的单元格区域。

（2）选择"格式"菜单中的"单元格"命令，然后在"单元格格式"对话框中选择"字体"选项卡，如图 4-17 所示。

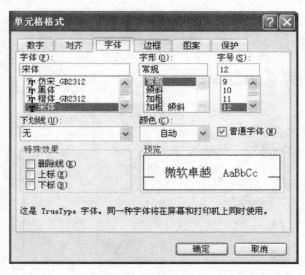

图 4-17　"字体"选项卡

（3）选择相应的字体、字号、字形等格式，并单击"确定"按钮。

4.4.3　日期时间格式化

在单元格中可以用各种格式显示日期或时间，例如，当前单元格中的"2005 年 3 月 5 日"也可以显示为"二〇〇五年三月五日"，改变日期或时间显示格式的方法如下：

（1）选择要设置的单元格区域。

（2）选择"格式"|"单元格"命令，然后在"单元格格式"对话框中选择"数字"选项卡，如图 4-14 所示。

（3）在"分类"列表框中选择"日期"（"时间"）选项。

（4）在右侧"类型"选项组中选一种格式，并单击"确定"按钮。

4.4.4　单元格数据对齐与标题居中

1．数据对齐

默认情况下，单元格中的文本是左对齐，而数值、时间和日期则是右对齐。用户可以根据需要设置各种对齐方式。单元格中的数据在水平方向可以左对齐、居中、右对齐，在垂直方向可以靠上、居中、靠下。此外，数据还可以旋转一个角度，方法如下：

（1）选择要对齐的单元格区域。

（2）选择"格式"|"单元格"命令，然后在"单元格格式"对话框中选择"对齐"选项卡，如图 4-18 所示。

若要旋转数据只需在"方向"栏中拖动红色标志到目标角度，也可以单击微调按钮设置角度。

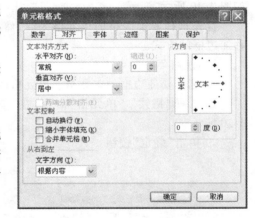

图 4-18　"对齐"选项卡

2．标题居中

表格的标题通常在一个单元格中输入，在单元格中居中对齐是无意义的，而应该按表格的宽度跨单元格居中，这需要先对表格宽度内的单元格进行合并，然后居中。

以下有两种方法可以使表格标题居中：

（1）用"格式"工具栏中的"合并及居中"按钮 。

在标题所在的行，选择包括标题的表格宽度内的单元格，单击"格式"工具栏中的"合并及居中"按钮。

（2）用菜单命令

① 按表格宽度选择标题所在行。

② 选择"格式"|"单元格"命令，然后在"单元格格式"对话框中选择"对齐"选项卡，如图 4-18 所示。

③ 在"水平对齐"和"垂直对齐"下拉列表框中选择"居中"选项。

④ 选择"合并单元格"复选框，并单击"确定"按钮。

4.4.5　改变行高和列宽

1．鼠标拖动的方法

将鼠标指针移到目标行（列）的行（列）号边线上，指针呈上下（左右）双向箭头，然后上下（左右）拖动，即可改变行高（列宽）。

2．菜单的方法

（1）选择要改变的行（列）。

（2）执行"格式"|"行"（"列"）|"行高"（"列宽"）命令，出现"行高"对话框或"列宽"对话框。

（3）输入行高（列宽）值，并单击"确定"按钮。

4.4.6　边框与底纹

1．给工作表添加边框

Excel 工作表中显示的灰色网格线不是实际表格线，在表格中增加实际表格线（加边框）才能打印出表格线，有如下两种方法添加边框线：

（1）使用工具按钮

在"格式"工具栏中有"边框"按钮，单击它的下三角按钮，会出现 12 种加边框的方式，如图 4-19 所示。

首先选择要加表格的单元格区域，然后单击"边框"按钮的下三角按钮，根据需要选择一种加边框的方式。

（2）使用菜单命令

① 选择要加边框的单元格或单元格区域。

② 选择"格式"|"单元格"命令，在"单元格格式"对话框中的"边框"选项卡中设置，如图 4-20 所示。

③ 单击"确定"按钮。

图 4-19　边框样式　　　　　　图 4-20　"边框"选项卡

2．网格线

新工作表总显示单元格之间的网格线，若不希望显示网格线，也可以让它消失，其操作步骤如下：

（1）选择"工具"|"选项"命令，在弹出的"选项"对话框中选择"视图"选项卡。

（2）在"窗口选项"选项组中选择"网格线"复选框，使"√"消失。

（3）单击"确定"按钮。

3．添加底纹

单元格区域可以增加底纹和颜色以美化表格，方法如下：

（1）选择要添加底纹的单元格或单元格区域。

（2）选择"格式"|"单元格"命令，在"单元格格式"对话框中的"图案"选项卡中设置，如图 4-21 所示。

（3）单击"确定"按钮。

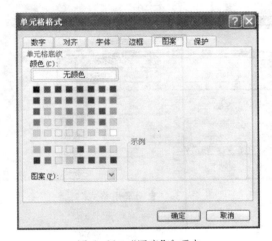

图 4-21　"图案"选项卡

4.4.7　设置条件格式

条件格式可以根据某种条件来决定数值或其他内容的单元格，或者含有公式的单元格的显示格式。如对图 4-8 中 D3:D10 单元格区域中大于或等于 12 的数据字体颜色设置为红色。其方法是：

（1）选择要设置格式的单元格区域 D3:D10。

（2）选择"格式"|"条件格式"命令，弹出"条件格式"对话框。

（3）在"条件格式"对话框中，在"条件 1"的第一个下拉框中选择"单元格数值"，第二个下拉框中选择"大于或等于"，第三个下拉框中输入"12"，然后单击"格式"按钮，设置字体颜色为"红色"，最后单击"确定"按钮。如图 4-22 所示。

图 4-22　"条件格式"对话框

4.4.8　自动套用格式

对已经存在的工作表,可以套用系统定义的各种格式来美化表格,其方法如下:

(1)选择要套用格式的单元格区域。

(2)选择"格式"|"自动套用格式"命令,弹出"自动套用格式"对话框,如图4-23所示。

(3)选择一种格式并单击"确定"按钮。

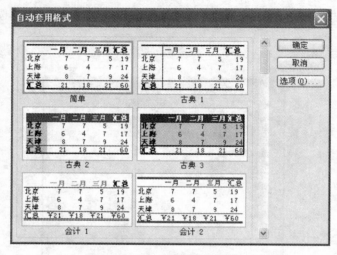

图4-23　"自动套用格式"对话框

4.4.9　格式刷的使用

我们前面给单元格设置了很多种的格式,比如字体的大小、字体样式、边框和底纹、数字格式等,这些都是可以复制的。方法是:选择要复制格式的单元格,单击工具栏上的"格式刷"按钮 ,然后在要复制到的单元格上单击,鼠标变成 时,就可以把格式复制过来了。

练一练:

对"学生信息统计表"进行以下修饰:

1.将标题行("学生信息统计表")设置为16磅黑体且合并居中。

2.将表头行("专业"、"班级"所在的行)设置为14磅加粗、水平垂直都居中。并设置底纹颜色为浅绿色。

3.将表格除第一行外所有单元格添加粗外边框,内边框加最细单细线。

4.将入学成绩大于或等于400以上的数据设为加粗、红色。

5.以"学生信息统计表格式化.xls"为文件名保存。

4.5　公式与函数的使用

Excel 2003除了能进行一般表格处理功能外,还具有强大的数据计算功能。可以在单元格中输入公式或使用Excel 2003提供的函数,来完成对数据表的计算和分析。

4.5.1　创建公式

公式就是一个等式,是一组数据和运算符组成的序列。使用公式时必须以等号"="开头,其后紧跟数据和运算符。

1.公式的输入

输入公式十分简单,如要计算 A1:C1 区域各单元格数据的和,并将结果存入在 D1 中,可以先选择 D1,在 D1 单元格中输入公式"=A1+B1+C1",并按【Enter】键,D1 中出现计算结果。若单击 D1,则数据编辑区出现 D1 的公式"=A1+B1+C1"。

输入公式的形式为:= 表达式。

其中表达式由运算符、常量、单元格地址、函数及括号等组成,不能包括空格。例如,"=A1*D2+100"在这个公式中包括了单元格地址、运算符及常量。"=SUM(A1:D1)/C2"在这个公式中包括了单元格地址、函数及括号。

想一想:

"A1+A2+A3"这个公式正确吗?如有错误请指出错在哪里?

2.公式中的运算符

在创建公式之前需要先了解 Excel 中的运算符。Excel 的运算符有以下 4 种:

- 算术运算符:完成基本数学运算的运算符,如加、减、乘、除等。
- 比较运算符:用来比较两个数值大小关系的运算符,它们返回逻辑值 True 或 False。
- 文本运算符:用来将多个文本链接组合成新的文本。
- 引用运算符:可以将单元格区域合并运算。

Excel 公式中的运算符如表 4–1 至表 4–4 所示。

表 4–1　Excel 公式中的运算符 1

算术运算符	含　　义	示　　　例
＋ (加号)	加	1+2
－ (减号)	减	2–1
－ (负号)	负数	–2
* (星号)	乘	3*3
/ (斜杠)	除	4/2
% (百分比)	百分比	20%
^ (脱字符)	乘幂	3^2 (3 的平方)

表 4–2　Excel 公式中的运算符 2

比较运算符	含　　义	示　　　例
= (等号)	等于	A1=B2
> (大于号)	大于	A1>B2
< (小于号)	小于	A1<B2
>= (大于等于号)	大于等于	A1>=B2
<= (小于等于号)	小于等于	A1<=B2
<> (不等号)	不等于	A1<>B2

表 4-3　Excel 公式中的运算符 3

比较运算符	含　义	示　例
&（连字符）	将两个文本连接起来产生连续的文本	"太原" & "幼师" 产生 "太原幼师"

表 4-4　Excel 公式中的运算符 4

引用运算符	含　义	示　例
：（冒号）	区域运算符，对两个引用之间包括这两个引用在内的所用单元格进行引用	A1:F1（引用从 A1 到 F1 的所有单元格）
，（逗号）	联合运算符，将多个引用合并为一个引用	（A1:F1,B2:E2）将 A1:F1 和 B2:E2 两个合并为一个
（空格）	交叉运算符，产生同时属于两个引用的单元格区域的引用	（A1:F1 B1:B3）其中只有 B1 同时属于两个引用 A1：F1.B1:B3

3．单元格地址

单元格地址的作用在于标识工作表上单元格和单元格区域，并指明使用数据的位置。通过单元格地址可以在公式中使用工作表中单元格的数据。单元格地址有绝对地址和相对地址两种基本的样式。

随着公式位置的变化，所使用单元格地址也在变化的是相对地址，相对地址的样式是用字母表示列，用数字表示行，例如，公式"=A1+B2"中 A1 和 B2 就是相对地址。

随着公式位置的变化，所使用单元格地址不变化的就是绝对地址，绝对地址的样式是在列字母和行数字之前加上美元符"$"，例如，$B$2 是绝对地址。

除了相对地址和绝对地址之外，还有混合地址。当用户需要固定某行地址而改变列地址，或者需要固定某列地址而改变行地址时，就要用到混合地址了，例如，$B2、B$2 都是混合地址。

正确理解和恰当使用这几种地址对用户使用公式有极大的帮助。

下面讲一下"C4"、"$C4"、"C$4"和"$C$4"之间的区别。

在一个工作表中，在 C4、C5 中的数据分别是 60、50。如果在 D4 单元格中输入公式"=C4"，那么将 D4 向下拖动到 D5 时，D5 中的内容就变成了 50，里面的公式是"=C5"，将 D4 向右拖动到 E4，E4 中的内容是 60，里面的公式变成了"=D4"，如图 4-24 所示。

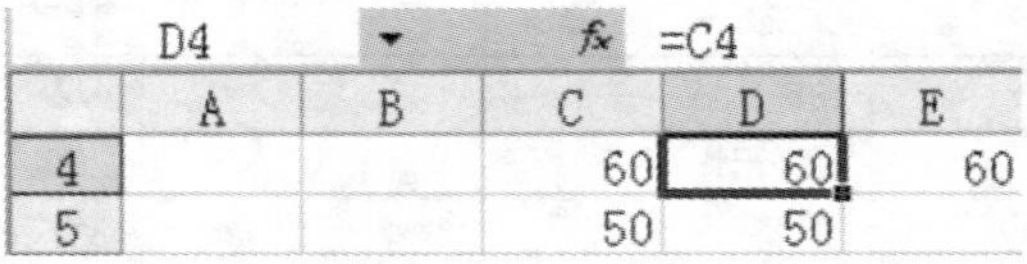

图 4-24　单元格的引用（=C4）

现在在 D4 单元格中输入"=$C4"，将 D4 向右拖动到 E4，E4 中的公式还是"=$C4"，而向下拖动到 D5 时，D5 中的公式就成了"=$C5"，如图 4-25 所示。

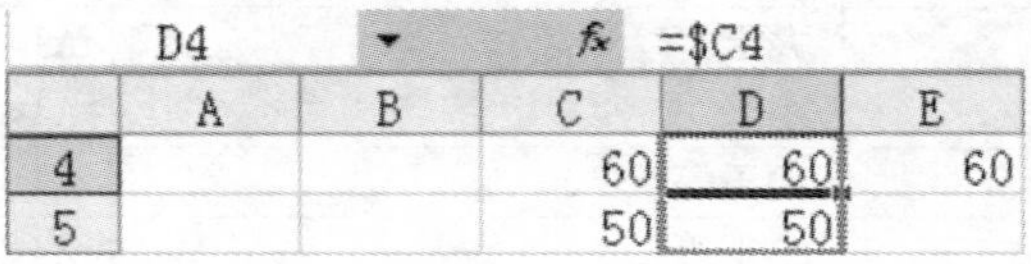

图 4-25　单元格的引用（=$C4）

如果在 D4 单元格中输入 "=C$4"，那么将 D4 向右拖动到 E4 时，E4 中的公式变为"=D$4"，而将 D4 向下拖动到 D5 时，D5 中的公式还是"=C$4"，如图 4-26 所示。

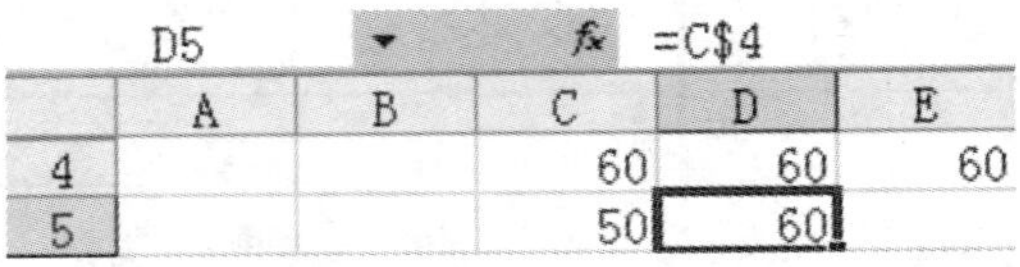

D5	▼	f_x	=C$4	
	A	B	C	D	E
4			60	60	60
5			50	60	

图 4-26　单元格的引用（=C$4）

如果在 D4 单元格中输入"=$C$4"，那么不论你将 D4 向哪个方向拖动，自动填充的公式都是"=$C$4"。原来谁前面带上了"$"号，在进行拖动时谁就不变。如果都带上了"$"，在拖动时两个位置都不能变，如图 4-27 所示。

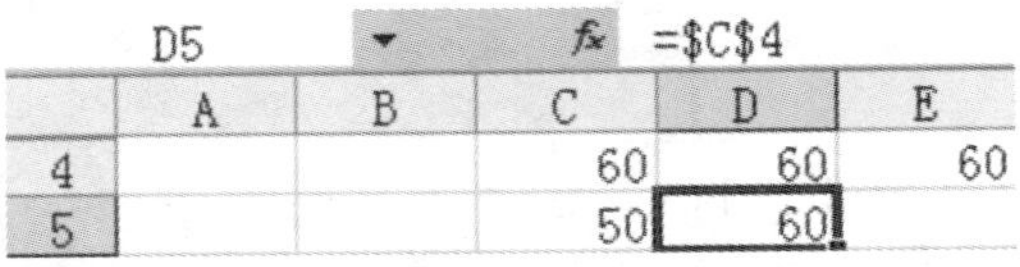

D5	▼	f_x	=$C$4	
	A	B	C	D	E
4			60	60	60
5			50	60	

图 4-27　单元格的引用（=$C$4）

在 Excel 中，不但可以使用同一工作表的单元格地址，还能使用同一工作簿中不同工作表的单元格，也能使用不同工作簿中的单元格地址。

单元格地址的一般形式为：［工作簿文件名］工作表名！单元格地址。

例如，［Book1］Sheet1！$A$1-［Book2］Sheet2！$A$1

当前工作簿的各工作表单元格地址可以省略"［工作簿文件名］"。当前工作表单元格的地址可以省略"工作表名"。

4．编辑公式

单元格中的公式也像单元格的其他数据一样可以进行编辑，包括修改、复制、移动等操作。

修改公式：如果发现输入的公式有错误，可以在数据编辑区中选择要修改的公式对公式进行修改，修改完毕之后按【Enter】键。

4.5.2　使用自动求和按钮

如果只需要计算某个单元格区域内的数值的和，则使用 Excel 提供的自动求和功能最为方便。

1．使用自动求和按钮输入一个求和公式

如图 4-28 所示，求李霞的总分，操作步骤如下：

（1）选择参加求和的单元格区域和存放结果的单元格地址 B3:F3，其中 F3 是存放结果的单元格区域。

（2）单击"常用"工具栏中的"自动求和"按钮 Σ。

可以看到 F3 中出现了求和结果，单击 F3 单元格，在数据编辑区出现"=SUM（B3:E3）"。

2．使用自动求和按钮 Σ 输入多个求和公式

通过选择区域的变化，单击按钮能一次输入多个求和公式。

如图 4-28 所示,分别求每个人的总分和每科的总分。

(1)选择参加求和的单元格区域及存放结果的单元格地址 B3:F8。

(2)单击"常用"工具栏中的"自动求和"按钮 **∑**。图中阴影部分即为求和结果。

F3		▼	*fx* =SUM(B3:E3)		
	A	B	C	D	E	F
1			一班期末考试成绩单			
2	姓名	语文	数学	英语	音乐	总分
3	李霞	78	75	83	92	328
4	王小玲	60	88	56	80	284
5	秦勇	59	64	94	93	310
6	刘小林	89	45	72	72	278
7	宋美丽	92	91	63	87	333
8		378	363	368	424	1533
9						

图 4-28　成绩表

练一练:

对图 4-28 中的成绩单进行以下计算:

1.用公式"= 语文 + 数学 + 英语 + 音乐"计算每个人的总分。

2.在 A8 中输入"各科均分"并计算置于 B8 :E8 中。

3.在 A9 中输入"人数"并将统计结果置于 B9 中。

4.在 G2 中输入"平均分"并利用人数计算均分将结果置于 G3:G7 中。

5.以"公式.xls"为文件名保存。

4.5.3　函数的使用

函数是预定义的内置公式,函数处理数据的方式与公式处理数据的方式是相同的。函数通过引用参数接收数据,并返回结果。

1. 函数的形式

函数的形式:函数名([参数 1],[参数 2],……)

函数是以"函数名"开始,后面是左圆括号、以逗号分隔的"参数"和右圆括号。上述形式中的方括号中的内容可以不出现。所以函数可以有一个或多个参数,也可以没有参数,但函数名后的一对括号是必需。如果函数以公式出现,则要在函数名称前键入等号"="。

2. 常用函数

Excel 2003 提供了几百个内置函数,下面只介绍常用函数:

(1)SUM(number1,number2,……)

功能:计算单元格区域中所有数值的和。

(2)AVERAGE(number1, number2,……)

功能:返回其参数的算术平均值。

(3)MAX(number1, number2,……)

功能:返回一组数值中的最大值。

(4)MIN(number1, number2,……)

功能:返回一组数值中的最小值。

(5)COUNT(value1,value2,……)

功能：计算各参数中数值型数据的个数，参数的类型不限。

如：公式"=COUNT（12，D1:D3,'CHINA'）"，若 D1:D3 中存放的是数值，则函数的结果是 4，若 D1:D3 中只有一个单元格存放的是数值，则结果为 2。

（6）COUNTA（value1，value2，……）

功能：计算参数列表所包含的数值个数以及非空单元格的数目。

（7）COUNTBLANK（range）

功能：计算某个区域中空单元格人数目。

（8）ROUND（number，num_digits）

功能：根据 num_digits 对数值项参数 number 进行四舍五入。

● num_digits>0 如当 num_digits=3 时表示对 number 保留 3 位小数。

● num_digits<0 表示从 number 整数的个位开始向左对第 |num_digits| 位进行舍入。

● num_digits=0 表示对 number 保留整数位。

如：公式"=ROUND（123.456，2）"表示对 123.456 保留 2 位小数结果为 123.46。

公式"=ROUND（123.456，0）"表示对 123.456 保留整数结果为 123。

公式 "=ROUND （123.456，–2）" 表示对 123 从个位向左对 |–2| 位进行四舍五入其结果为 100。

（9）ABS（number）

功能：返回给定数值的绝对值。

（10）IF（P，T，F）

其中 P 是能产生逻辑值（True 或 False）的表达式，T、F 是表达式。

功能：若 P 为真（True），则取 T 表达式的值，否则取 F 表达式的值。

（11）COUNTIF（range，criteria）

功能：计算某个区域中满足给定条件的单元格数目。

其中 range 为用于条件判断的单元格区域。criteria 为条件，其形式可以为数字、表达式或文本。

（12）SUMIF（range，criteria，sum_range）

功能：对满足条件的单元格求和。

其中 range 为用于条件判断的单元格区域。criteria 为条件，其形式可以为数字、表达式或文本。sum_range 是需要求和的实际单元格。

如：对"人力资源情况表"，利用 COUNTIF 函数计算销售部职工人数置 D4 单元格，利用 SUMIF 函数计算销售部职工总工资置 D7 单元格。

D4	▼	fx	=COUNTIF(B3:B8,"销售部")	
	A	B	C	D	E
1	人力资源情况表				
2	职工号	部门	基本工资		
3	1001	工程部	5100	销售部职工人数	
4	1002	销售部	8600	2	
5	1003	开发部	6100		
6	1004	销售部	7900	销售部职工总工资	
7	1005	开发部	6500	16500	
8	1006	工程部	8900		

图 4-29　利用 COUNTIF 函数计算

D7	▼	fx	=SUMIF(B3:B8,"销售部",C3:C8)	
	A	B	C	D	E
1	人力资源情况表				
2	职工号	部门	基本工资		
3	1001	工程部	5100	销售部职工人数	
4	1002	销售部	8600	2	
5	1003	开发部	6100		
6	1004	销售部	7900	销售部职工总工资	
7	1005	开发部	6500	16500	
8	1006	工程部	8900		

图 4-30　利用 SUMIF 函数计算

"COUNTIF"函数其中 range 是 B3：B8，criteria 是"销售部"，如图 4-29。"SUMIF"函数其中 range 是 B3：B8，criteria 是"销售部"，sum_range 是 C3：C8，如图 4-30。

（13）RANK（number，ref，order）

功能：返回一个数字在数字列表中的排位。

其中 number 为需要找到排位的一个数字。ref 为一组数或对数字列表的引用。order 为一数字，指明排位的方式，如果为零或忽略，降序；非零，升序。

3．函数的输入

如果用户对某些常用的函数比较熟悉，可以直接在单元格中输入公式。否则，可以使用"函数向导"输入函数。

用"函数向导"输入函数的操作步骤如下：

（1）选择要输入函数的单元格。

（2）单击"数据编辑区"左侧 ![fx] "插入函数"按钮或"插入"|"函数"，在"插入函数"对话框中选择函数。此时，对话框的下方会出现关于该函数功能的简单介绍，如图 4-31 所示。

如果要使用的函数没有出现在"选择函数"列表中可以从 "选择类别"列表框中选择所需的函数的类别。再从"选择函数"列表框中选择要使用函数。

（3）单击"确定"按钮，打开"函数参数"对话框，如图 4-32 所示。

（4）接下来为函数添加参数。可以在参数框中输入数值、单元格引用区域，也可用鼠标在工作表中选择区域。

（5）单击"确定"按钮，计算结果便出现在工作表的相应单元格中。

图 4-31 "插入函数"对话框

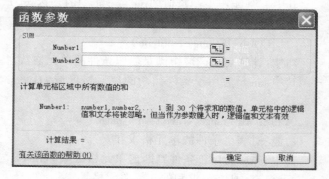

图 4-32 "函数参数"对话框

4．关于错误信息

在单元格中输入或编辑公式后，有时会出现诸如"＃＃＃＃＃！"或"#VALUE！"的错误信息，出错是难免的，关键是弄清出错的原因和如何纠正这些错误，表 4-5 列出的是几种常见的错误信息。

练一练：

对图 4-28 中的成绩单进行以下计算：

1．使用 SUM 函数计算每个人的总分。

2．在 G2 中输入"平均分"并使用 Average 函数计算每个人的均分并保留两位小数。

3．在 H2 中输入"等级"并使用 If 函数设置如果均分大于 80，等级为"优秀"否则为"合格"。

4.在 I2 中输入"不及格科目数"并使用 CountIf 函数统计每个人不及格的科目数。

5.在总分后插入一列,列标题为"排名"并使用 RANK 函数对总分进行降序排名。

6.以"函数.xls"为文件名保存。

表 4–5　错误信息和出错的原因

错误信息	原　　　　因	解　决　办　法
#####!	公式产生的结果太长,该单元格容纳不下,或者单元格的日期或时间格式产生了一个负值	调整单元格的宽度 确认日期或时间必须为正值
# DIV/O!	公式中出现被零除的现象	修改公式中零除数或零值单元格或空白单元格的引用
# N/A	在函数或公式中没有可用数值	查看数值是否有问题
# NAME?	在公式中使用了 Microsoft Excel 不能识别的文本	可以从 4 个方面进行检查: (1) 使用了不存在的名称 (2) 公式中的名称或函数名拼写错误 (3) 公式中区域引用不正确 (4) 在公式中输入文本时没有使用双引号
# NULL!	试图为两个并不相交的区域指定交叉点	可能是使用了不正确的区域运算符
# REF!	单元格引用无效	确认公式中引用的单元格是否存在
# NUM!	公式或函数中某个数值有问题	确认由公式产生的结果是否在范围 10307~10307 之间
# VALUE!	使用错误的参数或运算对象类型,或者自动更正公式功能不能更正公式	确认公式或函数所需的参数类型是否正确,公式引用的单元格中是否包含有效数值

4.6　图　表

人们也许无法记住一长串数字,但很容易记住一幅图片。如果把工作表的数据用图表的形式来展示,就会使其更容易被接受和理解。图表以工作表的数据为依据,数据的变化会立即反映到图表中,图表建立后,还可以对其进行修改(字体、颜色、图案等),使图表更美观。

4.6.1　建立图表

在 Excel 2003 中,用户可以利用"图表向导"或"自动绘图"建立图表。

1.　用图表向导建立图表

启动图表向导有以下两种方法:

● 单击"常用"工具栏中的"图表向导"按钮 。

● 选择"插入"|"图表"命令。

下面介绍使用图表向导建立图表的方法:

(1)选择图表中要包含数据的单元格区域,如使用图 4–33 水费清单中住户、本月用数和应缴金额三列数据创建柱形圆柱图。

	A	B	C	D	E	F
1	2008年5月水费清单					
2	住　户	上月抄数	本月抄数	本月用数	单价	应缴金额
3	101	110	120	10	1.630	16.30
4	102	233	244	11	1.630	17.93
5	201	152	163	11	1.630	17.93
6	202	144	153	9	1.630	14.67
7	301	313	325	12	1.630	19.56
8	302	180	188	8	1.630	13.04

图 4-33　水费清单

（2）单击常用工具栏中的"图表向导"按钮或选择"插入"|"图表"命令,弹出"图表向导 -4 步骤之 1- 图表类型"对话框,在该对话框中选择图表类型,如图 4-34 所示。

（3）单击【下一步】按钮,弹出"图表向导 -4 步骤之 2- 图表数据源"对话框,如图 4-35 所示。

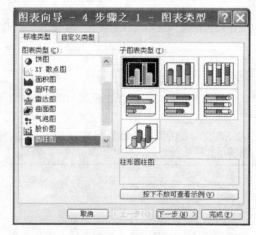

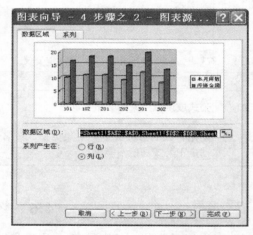

图 4-34　图表向导 -4 步骤之 1- 图表类型　　　图 4-35　"图表向导 -4 步骤之 2- 图表源数据"对话框

系列产生在"行"是指把工作表的每一行的数据作为一个数据系列(数据系列:是一组相关的数据,通常来源于工作表的一行或一列)。

系列产生在"列"是指把工作表的每一列的数据作为一个数据系列。

在这一步中还可以重新选择数据区域。

选择"系列"选项卡,这里能增加或减少图表中的数据系列。单击"添加"按钮,在"名称"文本框中输入名称,在"数值"文本框中输入相应的数据区域。

（4）单击"下一步"按钮,弹出"图表向导 -4 步骤之 3- 图表选项"对话框,在该对话框中可以确定图表标题、坐标轴刻度、坐标网络线、图例、数据表等,如图 4-36 所示。

在"标题"选项卡中,不仅可以为图表输入标题,还可以为"分类(X)轴"和"数值(Z)轴"输入名称。

在"坐标轴"选项卡中,选择"分类 X 轴"复选框,单击"自动"单选按钮,为使数值轴上出现数值刻度应选择"数值(Z)轴"复选框。

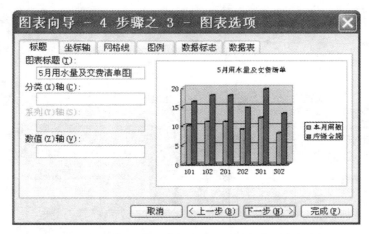

图 4-36 "图表向导 -4 步骤之 3- 图表选项"对话框

在"图例"选项卡中,选择"显示图例"复选框,表示在图表中显示图例。然后在"位置"栏中选择图例的显示位置。

在"数据标志"选项卡中,若选择"值"复选框,表示图表柱顶显示相应数值,否则柱顶不会显示相应数值。

在"数据表"选项卡中,若选择"显示数据表"复选框,表示图表中出现数据表,否则不会显示数据表。

(5)单击"下一步"按钮,出现"图表向导 -4 步骤之 4- 图表位置"对话框,如图 4-37 所示,最后单击"完成"按钮。

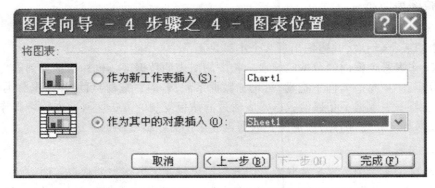

图 4-37 "图表向导 -4 步骤之 4- 图表位置"对话框

如果选择"作为其中的对象插入"单选按钮,则图表嵌入指定的工作表中,此时的图表称为嵌入式图表,如图 4-38 所示;如果选择"作为新工作表插入"单选按钮,则图表单独存放在一新工作表中,此时的图表称为独立式图表。

2. 用自动绘图建立图表

(1)选择要绘图的数据区域。

(2)按【F11】键(或按【Alt+F1】组合键)。

出现的图表是独立式图表,独占一张工作表。

图表标题

绘图区

Y轴

网络线

X轴

图表区

背景墙

数据标志

图例

基底

图 4-38　嵌入式图表

4.6.2　编辑图表

1．移动和缩放图表

嵌入式的图表建立后,如果位置不满意,可以将它移到合适的位置;如果图表的大小不合适,也可以放大或缩小。在图表上单击,图表边框上出现 8 个小黑块,指针变为双向箭头,拖动鼠标,就能使图表沿着箭头方向进行放大或缩小。鼠标指针移到图表空白处,拖动鼠标就能移动图表位置。

2．增减图表数据

下面介绍能使图表随着数据的增、删、改自动进行相应修改的方法:

(1)单击图表,激活它,其边框出现 8 个小黑块。

(2)在工作表彩色框内的数据区域表示相应的图表的数据区,鼠标指针移到彩色框的右下角,鼠标指针呈"+"形。若向下拖动,可增加数据系列;若向右拖动,可增加数据分类。

若要增加与图表数据不相邻的数据,应通过剪贴板复制的方法。对独占一个工作表的图表,其图表数据与之分离,因此,增加图表数据也应采用剪贴板复制的方法。

3．修改图表

图表与相应工作表中数据是关联的。因此,如果修改了工作表的数据,图表也会自动修改。如果工作表没有变化,也可以对图表的"图表类型"、"图表源数据"、"图表选项"和"图表位置"等进行修改。

当选中图表后,菜单栏中的"数据"菜单会变成"图表"菜单或在图表区单击鼠标右键弹出快捷菜单,都可以对图表进行编辑和修改。

4.6.3　修饰图表

创建完图表后,可以对图表进行修饰,包括设置图表的颜色、图案和填充效果等,也可以对图表的图表区、绘图区、坐标轴、背景墙和基底等到进行修饰使其更好地表现工作表。

1．"图表区格式"对话框

在图表的图表区单击鼠标右键,在弹出的快捷菜单中选择"图表区格式"命令,弹出"图表区格式"对话框,如图 4-39 所示。利用该对话框可以对图表的边框、区域及字体进行设置。

2．"绘图区格式"对话框、"背景墙格式"对话框和"坐标轴格式"对话框

只需在相应位置单击鼠标右键,就可以弹出相应格式的快捷菜单。

利用"绘图区格式"对话框和"背景墙格式"对话框,可以设置绘图区和背景墙的图案、字体和属性。利用"坐标轴格式"对话框,可以设置坐标轴的图案、刻度、数字、字体、对齐等。

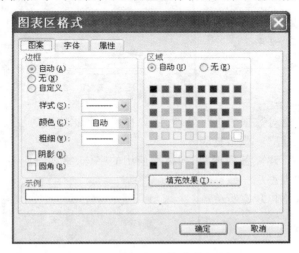

图 4-39　"图表区格式"对话框

练一练:

选取图 4-33 水费清单中的"住户"和"本月用数"两列的内容建立"簇状柱形图",X 轴上的项目为住户(系列产生在"列"),标题为"各住户 5 月用水情况图",不显示图例,数据标志为显示值;设置 Y 轴刻度最小值为 5,最大值为 13,主要刻度单位为 2,分类(X 轴)交叉于 5;将图插入到工作表的 A10:F25 单元格区域内,以"图表.XlS"为文件名保存。

4.7　工作表的数据库操作

Excel 2003 具有强大的数据库功能,为用户提供了许多操作和处理数据库的有力工具,如排序、筛选、分类汇总和建立数据透视表等。需要特别注意的是,对工作表数据进行数据库操作,要求数据必须按"数据清单"存放。

下面介绍几个术语:

数据清单:是指包含一组相关数据的一系列工作表数据行。

字段名:在工作表的顶行通常是各列的列标题称为字段名。

记录:工作表中的一行称为记录,如图 4-40 所示。

	A	B	C	D	E	F	G	H	I	
1	年级	专业	学号	姓名	语文	数学	英语	政治	总分	←字段名
2	05级	计算机	050101	李文娟	60	90	98	67	315	
3	06级	美术	060202	段翔	87	89	90	87	353	
4	06级	计算机	060103	张明明	83	56	70	89	298	
5	05级	教育	050304	刘丽华	85	72	80	78	315	
6	05级	教育	050305	刘云	70	89	88	97	344	
7	06级	计算机	060106	金翔	77	69	56	77	279	
8	05级	美术	050207	黄华	90	32	86	90	298	
9	06级	教育	060309	王文辉	85	68	89	88	330	
10	05级	美术	050208	张雨涵	66	55	60	75	256	
11	06级	美术	060302	王飞	92	45	57	69	263	
12	05级	计算机	050102	李笑	59	84	79	53	275	
13	06级	教育	060109	郭鹏	52	61	73	93	279	

同一行各字段值组成记录

图 4-40　数据清单

为了 Excel 能容易地对数据表进行处理,用户在建立数据表时应注意如下准则:

(1)一张工作表只建立一张数据表。

(2)工作表的第一行建立各列标题,列标题使用的字体、格式等应与下面的数据相区别。

(3)同一列数据的类型应一致。

(4)工作表数据区不出现空行或列。

4.7.1　记录单

在 Excel 中建立数据清单时,只要有字段名,Excel 就会自动产生记录单。记录单对于用户十分有用,使用记录单添加数据十分轻松,记录单还能修改和删除数据,还可以用来查找记录。

1．使用记录单建立数据清单

(1)在工作表第一行输入各字段名,如“年级”、“专业”、“学号”、“姓名”、“语文”、“数学”、“英语”、“政治”、“总分”。

(2)选择首行记录的任一单元格,选择“数据”|“记录单”命令,出现确认对话框,以确定首行作为数据表的标题字段,单击“确定”按钮。出现如图 4-41 所示的记录单对话框。

(3)在各字段框中输入新记录的字段值,用【Tab】键或用鼠标单击的方法转到下一字段,各字段值输入完毕可按【Enter】键转到下一记录。重复本步骤,直到全部记录输入完毕。

2．使用记录单插入、追加、删除和搜索记录

(1)插入记录

① 选择某记录,将在该记录前面插入记录。

② 选择“插入”|“行”命令,并单击“确定”按钮。当前记录前面插入一空白行。

③ 在空记录中输入新记录数据。

(2)追加记录

追加记录是指在数据表末尾增加记录。

① 选择“数据”|“记录单”命令,出现记录单对话框。

② 选择"新建"命令,左侧出现空记录,依次输入新记录数据。

③ 单击"确定"按钮。

(3)删除记录

① 选择"数据"|"记录单"命令,出现记录单对话框。

② 单击"下一条"按钮定位要删除的记录。

③ 单击"删除"按钮。

(4)搜索符合条件的记录

① 选择数据库的任意单元格。

② 选择"数据"|"记录单"命令,出现记录单对话框。

③ 在记录单对话框中单击"条件"按钮,在记录单中输入查找条件,如图 4-42 所示。

图 4-41 记录单对话框

图 4-42 条件对话框

④ 单击"下一条"按钮,就可以定位在满足条件的第一条记录,再单击"下一条"按钮,可以定位在满足条件的第二条记录上,依此类推。

4.7.2 排序

排序的依据字段称为关键字,有时关键字不止一个。例如,对图 4-40 所示的成绩表按总分从高到低排序,若总分相同时,则按数学成绩从高到低排序。这里,实际上有两个关键字,以前一个关键字(总成绩)为主,称为"主要关键字",而后一个关键字(数学)仅当主要关键字无法决定排序顺序时才起作用,故称为"次要关键字"。

排序具体步骤如下:

① 选择"数据"|"排序"命令,出现如图 4-43 所示的"排序"对话框。

② 在"主要关键字"下拉列表框中选择排序的主要关键字,并在其后选择排列顺序,在"次要关键字"下拉列表框中选择排序的次要关键字,并在其后选择排列顺序。

③ 在"当前数据清单"选项组中单击"有标题行"单选按钮,表示标题行不参加排序,否则标题行也参加排序。

④ 单击"确定"按钮。

如果排序只涉及一个字段名也可以单击"常用"工具栏

图 4-43 "排序"对话框

中的"升序" 和"降序" 按钮。

练一练：

对图 4-40 所示数据清单按主要关键字"专业"笔画升序和次要关键字"总分"降序排序。

4.7.3　筛选数据

在数据清单中,有时参加操作的只是一部分记录,为了加快速度,可以暂时隐藏数据清单中不满足条件的记录,只显示符合条件的记录,以减小查找范围,提高操作速度。Excel 有自动筛选和高级筛选功能。

1. 自动筛选

（1）自动筛选数据

自动筛选提供了快速访问数据清单的管理功能。通过简单的操作,用户就能筛选掉那些不想看到或不想打印的数据,下面举例说明自动筛选的方法。

【例 4.1】 对图 4-40 数据清单,使用自动筛选筛选出"专业"为计算机的记录。

具体操作步骤如下:

① 选择数据清单中任一单元格。

② 选择"数据"|"筛选"命令,在子菜单中选择"自动筛选"命令。此时,数据清单中每一个字段名旁边出现了下三角按钮,如图 4-44 所示。

③ 单击"专业"右边的下三角按钮。在出现的下拉列表框中选择"计算机"选项,则筛选结果中只显示"专业"为计算机的记录。

使用了自动筛选的字段,其字段名右边的下拉箭头变成蓝色。

使用自动筛选可以设置多个筛选条件,每个字段都可自动筛选。

（2）自定义筛选

在自动筛选择中可以自定义筛选条件,这样大大扩展了筛选的条件。下面介绍自定义自动筛选的使用方法。

【例 4.2】 筛选出语文成绩在 85 分以上的记录。

① 选择数据清单中任一单元格。

② 选择"数据"|"筛选"命令,在子菜单中选择"自动筛选"选项。

③ 单击"语文"右边的下拉按钮,在下拉列表框中选择"自定义"选项,弹出"自定义自动筛选方式"对话框,如图 4-45 所示。

	A	B	C	D	E	F	G	H	I
1	年级	专业	学号	姓名	语文	数学	英语	政治	总分
2	05级		050101	李文娟	60	90	98	67	315
3	06级		060202	段翔	87	89	90	87	353
4	06级		060103	张明明	83	56	70	89	298
5	05级		050304	刘丽华	85	72	80	78	315
6	05级		050305	刘云	70	89	88	97	344
7	06级	计算机	060106	金翔	77	69	56	77	279
8	05级	美术	050207	黄华	90	32	86	90	298
9	06级	教育	060309	王文辉	85	68	89	88	330
10	05级	美术	050208	张雨涵	66	55	60	75	256
11	06级	美术	060302	王飞	92	45	57	69	263
12	05级	计算机	050102	李笑	59	84	79	53	275
13	06级	教育	060109	郭鹏	52	61	73	93	279

图 4-44　执行自动筛选后的成绩表

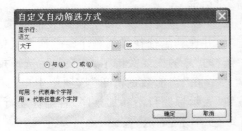

图 4-45　"自定义自动筛选方式"对话框

④ 单击"自定义自动筛选方式"对话框第一行左边下拉列表框的下三角按钮,在出现的下拉列表框中选择"大于"选项,在第一行右边文本框中输入 85,并单击"确定"按钮。

练一练:

1. 使用"自动筛选"筛选出"语文"成绩在 70~90 之间的记录。

2. 使用"自动筛选"筛选出"专业"是美术或教育并且"总分"大于等于 300 的记录。

（3）取消筛选

可以选择"数据"|"筛选"命令,在子菜单中选择"全部显示"命令即可。也可以选择"数据"|"筛选"|"自动筛选"命令。还可以单击筛选字段下三角按钮"▾",在出现的下拉列表框中选择"全部"选项。

想一想:

1. 能否用"自动筛选"筛选出条件为"专业"是计算机,并且"总分"大于 300 的记录。

2. 能否用"自动筛选"筛选出条件为"专业"是计算机,或者"总分"大于 300 的记录。

2. 高级筛选

在"自动筛选"中,筛选条件涉及字段可以是一个,也可以是两个或更多,但多个条件的关系只能是"与"关系。如果筛选条件涉及多个字段,同时多个条件的关系是"或"关系,例如要筛选出"专业"为计算机或者"总分"大于 300 的记录,用"自动筛选"就无法实现了。

【例 4.3】　筛选出"专业"为计算机或"总分"大于 300 的记录。

（1）构造筛选条件

可以在数据清单前插入若干空行作为条件区域,空行的个数以能容纳条件为限。条件区域的第一行是作为筛选条件的所有字段名,这些字段名必须与数据清单中的字段名完全一样。条件区域的其他行输入筛选条件。"与"、"或"关系用如下的方法实现:

① "与"关系的条件必须出现在同一行。

② "或"关系的条件不能出现在同一行。

如表示条件"专业"为计算机或"总分"大于 300,如图 4-46 所示。

（2）执行高级筛选

以筛选"专业"为计算机或"总分"大于 300 为例。

① 如图 4-46 所示构造条件区域,在数据表前插入 4 个空白行作为条件区域,并输入相应的条件。

② 单击数据表中任一单元格,然后选择"数据"|"筛选"命令,在子菜单中选择"高级筛选"命令,出现"高级筛选"对话框,如图 4-47 所示。

③ 在"方式"选项组中选择筛选结果的显示位置。这里单击"在原有区域显示筛选结果"单选按钮。在"列表区域"栏中指定数据区域,可以直接输入,也可以单击右侧的折叠按钮,然后在数据清单中选择数据区域,用同样的方法在"条件区域"栏中指定条件区域。

④ 单击"确定"按钮。

若想保留原有数据,使筛选结果在其他位置显示,可以单击"将筛选结果复制到其他位置"单选按钮,并在"复制到"栏中指定显示结果区域的左上角单元格地址,则"高级筛选"的结果在指定位置显示。

	A	B	C	D	E	F	G	H	I
1	专业	总分							
2	计算机								
3		>300							
4									
5	年级	专业	学号	姓名	语文	数学	英语	政治	总分
6	05级	计算机	050101	李文娟	60	90	98	67	315
7	06级	美术	060202	段翔	87	89	90	87	353
8	06级	计算机	060103	张明明	83	56	70	89	298
9	05级	教育	050304	刘丽华	85	72	80	78	315
10	05级	教育	050305	刘云	70	89	88	97	344
11	05级	计算机	050106	金翔	77	69	56	77	279
12	06级	美术	050207	黄华	90	32	86	90	298
13	06级	教育	060309	王文辉	85	68	89	88	330
14	05级	美术	050208	张雨涵	66	55	60	75	256
15	05级	美术	060302	王飞	92	45	57	69	263
16	05级	计算机	050102	李笑	59	84	79	53	275
17	06级	教育	060109	郭鹏	52	61	73	93	279

图 4-46　构造"或"条件

图 4-47　"高级筛选"对话框

练一练:

1. 使用"高级筛选"筛选出"语文"、"英语"成绩都大于或等于 85 的记录。

2. 使用"高级筛选"筛选出"专业"是美术或教育并且"总分"大于等于 300 的记录。

4.7.4　数据分类汇总

分类汇总是分析数据表的一个有力的工具。在 Excel 中使用分类汇总可以十分轻松地汇总数据,可以完成以下事情:

● 告诉 Excel 如何创建分类汇总及总和。

● 在数据清单中显示一级组的分类汇总及总和。

● 在数据清单中显示多级组的分类汇总及总和。

● 在数据组上执行各种计算,如求和、求平均值等。

● 创建分类汇总后,还可以打印结果报告。

1. 自动分类汇总

在汇总之前,首先要按分类字段进行排序,以实现分类。再执行分类汇总以实现汇总。

【例 4.4】　对图 4-40 数据清单,汇总各专业总分的平均成绩。分类字段为专业,汇总项为总分,汇总方式为平均值。

① 按分类(专业)进行排序。

② 选择"数据"|"分类汇总"命令,弹出"分类汇总"对话框,如图 4-48 所示。

③ 在"分类字段"下拉列表框中选择分类字段(这里选择"专业")。

④ 在"汇总方式"下拉列表框中选择汇总方式(这里选择"平均值")。

⑤ 在"选择汇总项"列表框中选择要汇总的一个或多个字段(这里选"总分")。

⑥ 单击"确定"按钮。

若本次汇总前,已经进行过某种分类汇总,是否保留原来的汇总数据由"替换当前分类汇总"复选框决定。若不保留原来的汇总数据,可选择该复选框,否则,将保留原来的汇总数据;若选择"每组数据分页"复选框,则每类汇总数据将独占一页;若选择"汇总结果显示在数据下方"复选框,则每类汇总数据将出现在该数据的下方。

汇总结果如图 4-49 所示,可以看到,各专业下方均有汇总数据(平均分数),最后还出现总平均分数。

在建立了分类汇总的工作表中,数据是分级显示的。单击按钮 1,只显示总的汇总结果,不显示数据;单击按钮 2,显示总的汇总结果和分类汇总结果,不显示数据;单击按钮 3,显示全部数据和汇总结果。在分类汇总表的左侧出现了"摘要"按钮 —。"摘要"按钮出现的行就是汇总数据所在的行。单击该按钮,则该按钮变成 +,且隐藏该类数据,只显示该类数据的汇总结果,单击 — 按钮,会使隐藏的数据恢复显示。

	A	B	C	D	E	F	G	H	I
1	年级	专业	学号	姓名	语文	数学	英语	政治	总分
2	05级	计算机	050101	李文娟	60	90	98	67	315
3	06级	计算机	060103	张明明	83	56	70	89	298
4	06级	计算机	060106	金翔	77	69	56	77	279
5	05级	计算机	050102	李笑	59	84	79	53	275
6			计算机 平均值						291.75
11			教育 平均值						317
12	06级	美术	060202	段翔	87	89	90	87	353
13	05级	美术	050207	黄华	90	32	86	90	298
14	05级	美术	050208	张雨涵	66	55	60	75	256
15	06级	美术	060302	王飞	92	45	57	69	263
16			美术 平均值						292.5
17			总计平均值						300.42

图 4-48 "分类汇总"对话框   图 4-49 按专业汇总平均成绩

4.7.5 数据合并

数据合并可以把来自不同源数据区域的数据进行汇总,并进行合并计算。不同源数据区包括同一工作表中、同一工作簿的不同工作表中,不同工作簿中的数据区域。数据合并是通过建立合并表的方式来进行的。其中,合并表可以建立在某源数据区域所在工作表中,也可以建在同一个工作簿或不同的工作簿中。

【例 4.5】 在同一工作簿中的"模拟 1"和"模拟 2"中有 3 位同学的语文、数学、英语的"模拟考试成绩单"数据清单,位于工作表"模拟 1"和"模拟 2"中如图 4-50 所示。现需新建工作表,计算出两次考试每位同学的各科成绩平均分。

	A	B	C	D
1	学号	语文	数学	英语
2	070457	53	90	22
3	070458	63	62	91
4	070459	84	50	65

模拟1 / 模拟2 / Sheet

	A	B	C	D
1	学号	语文	数学	英语
2	070457	44	82	55
3	070458	73	50	88
4	070459	80	64	77

模拟1 / 模拟2 / Sheet

图 4-50 模拟考试成绩单

在本工作簿中新建工作表"考试平均成绩"数据清单,数据清单字段名与源数据清单相同,第一列输入学号,选定用于合并计算结果的单元区域 B2:D4,如图 4-51 所示。

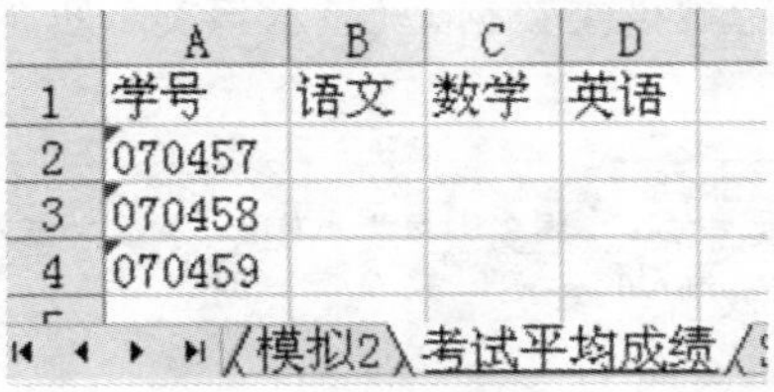

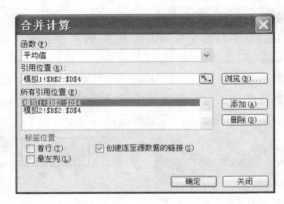

图 4-51　合并计算结果存放工作表　　　图 4-52　"合并计算"对话框

单击"数据／合并计算"命令,弹出"合并计算"对话框,在"函数"下拉列表框中选择"平均值",在"引用位置"下拉按钮下选取"模拟 1"的 B2:D4 单元格区域,单击"添加"按钮,再选取"模拟 2"的 B2:D4 单元格区域单击"添加"按钮(此时,单击"浏览"按钮可以选取不同工作表或不同工作簿中的引用位置),选中"创建连至源数据的连接"复选框(当源数据变化时,合并计算结果也随之变化),如图 4-52 所示。计算结果如图 4-53 所示。

合并计算结果以分类汇总的方式显示,单击合计销售单工作表左侧的"＋"号,可以显示源数据信息。

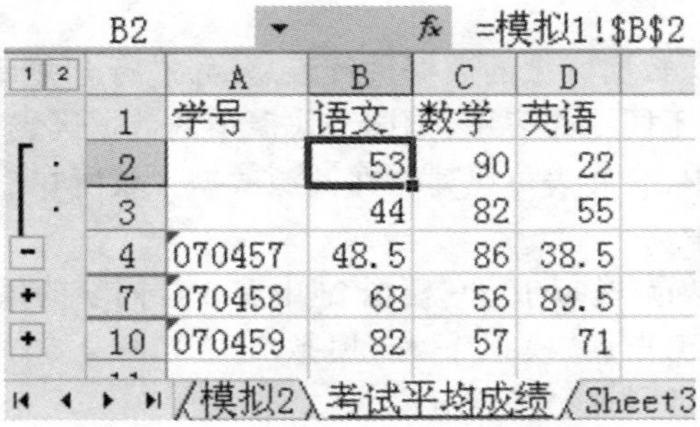

图 4-53　合并计算后结果

4.7.6　建立数据透视表

数据透视表从工作表的数据清单中提取信息,它可以对数据清单进行重新布局和分类汇总,还能立即计算出结果。在建立数据透视表时,须考虑如何汇总数据。

【例 4.6】　对如图 4-40 数据清单,建立透视表,显示各年级各专业总分的平均值以及汇总信息。

①单击"数据／数据透视表和数据透视图"命令,打开"数据透视表和数据透视图向导—3步骤之 1"对话框。

②在"数据透视表和数据透视图向导—3 步骤之 1"对话框中,选择默认选项,如图 4-54 所示,单击"下一步"按钮。

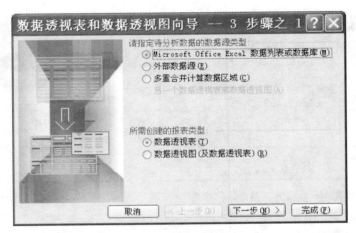

图 4-54　"数据透视表和数据透视图向导—3 步骤之 1"对话框

③在弹出"数据透视表和数据透视图向导—3 步骤之 2"对话框中,确定数据源区域在"选定区域"输入框内,输入数据区域或用切换按钮选定区域,如图 4-55 所示,单击"下一步"按钮。

图 4-55　"数据透视表和数据透视图向导—3 步骤之 2"对话框

④在弹出的"数据透视表和数据透视图向导—3 步骤之 3"对话框中,确定数据透视表位置:单击"布局"按钮,如图 4-56 所示。

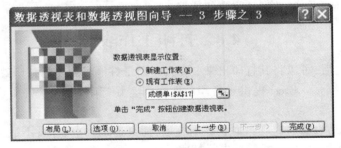

图 4-56　"数据透视表和数据透视图向导—3 步骤之 3"对话框

⑤在弹出的"数据透视表和数据透视图向导—布局"对话框中,拖动"年级"到行区域,拖动"专业"到列区域,拖动"总分"到数据区域,如图 4-57 所示。在"总分"字段按钮上双击,弹出"数据透视表字段"对话框,如图 4-58 所示,并选择分类汇总方为"平均值"单击"确定"按钮。建立数据透视表如图 4-59 所示。

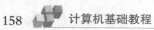

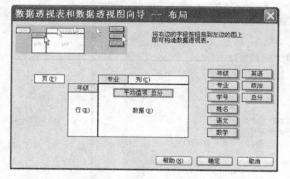

图 4-57　"数据透视表和数据透视图向导—布局"对话框

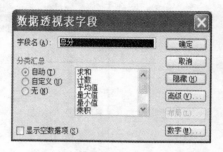

图 4-58　"数据透视表字段"对话框

		A	B	C	D	E	F	G	H	I
8		05级	美术	050207	黄华	90	32	86	90	2
9		06级	教育	060309	王文辉	85	68	89	88	3
10		05级	美术	050208	张雨涵	66	55	60	75	2
11		06级	美术	060302	王飞	92	45	57	69	2
12		05级	计算机	050102	李笑	59	84	70	53	3
13						52				
17	平均值项:总分	专业								
18	年级		计算机	教育	美术	总计				
19	05级		295	329.5	277	300.5				
20	06级		288.5	304.5	308	300.3333333				
21	总计		291.75	317	292.5	300.4166667				

图 4-59　数据透视表

单击数据数据透视表行标题和列标题的下拉选项,可以进一步选择在数据透视表中显示的数据,还可以修改和添加数据透视表的数据。

4.8　打印工作表

工作表建立之后,可以将其打印出来。在打印前最好能看到实际打印效果,以免多次打印调整,浪费时间和纸张。Excel 提供了打印前能看到实际打印效果的"打印预览"功能,实现了"所见即所得"功能。

在打印预览中,可能会发现页面设置不合适,如页边距太小、分页不适当等问题。在预览模式下可以进行调整,直到满意后再进行打印。

4.8.1　页面设置

选择"文件"|"页面设置"命令,会出现"页面设置"对话框,其中有 4 个选项卡,如图 4-60所示。

1.　设置打印格式

在"页面设置"对话框中选择"页面"选项卡,如图 4-60所示,该选项卡中各选项的意义如下:

（1）"方向"：选择打印内容是按纵向还是横向打印到纸上。

（2）"缩放"：单击"缩放比例"单选按钮，可选择从 10%~400%的效果打印，100%是正常打印尺寸。有时行尾数据未打印出来，或者工作表末页只有 1 行，可以采用缩小比例打印，使行尾数据能打印出来，或使末页一行能合并到上一页打印。单击"调整为"微调按钮，可分别设置页高、页宽的比例。

（3）"纸张大小"：从下拉列表框中选择打印纸张的类型（如 A4、B5 等）。

（4）"打印质量"：根据实际需要从下拉列表框的 300 线、150 线、75 线 3 个选项中选择一个，300 线的打印质量最好。

（5）"起始页码"：为确定工作表的起始页码，可输入一个数字，这对打印内容有连续页号的文件很有意义。

2．设置页边距

在"页面设置"对话框中选择"页边距"选项卡，如图 4-61 所示。在该选项卡中可以调整页边距并在预览框中可以看到调整后的效果，下面介绍各选项的作用：

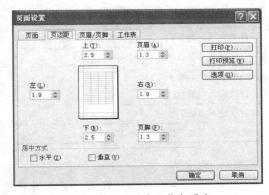
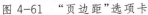

图 4-61　"页边距"选项卡

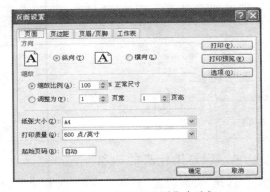

图 4-60　"页面设置"对话框

（1）"上"、"下"、"左"、"右"：可设置页边距。

（2）"页眉"和"页脚"：可设置页眉/页脚与纸边的距离。

（3）"居中方式"：设置文档内容是否在页边距内居中以及如何居中。

3．设置页眉/页脚

页眉位于每一页的顶端，用于标明名称和报表标题。页脚位于每一页的底部，用于标明页号以及打印日期、时间等。页眉和页脚并不是实际工作表的一部分。

在"页面设置"对话框中选择"页眉/页脚"选项卡，选项卡如图 4-62 所示。在该选项卡中可以添加、删除、更改和编辑页眉/页脚。

Excel 提供了大量的页眉和页脚的格式。如果要使用内部提供的格式，可单击页眉和页脚文本框右边的下三角按钮，从弹出的下拉列表框中选择需要的格式。

有时对系统提供的页眉/页脚不满意，也可以自定义，方法如下（以自定义页眉为例）：

单击"页眉/页脚"选项卡中的【自定义页眉】按钮，弹出"页眉"对话框，如图 4-63 所示。表 4-6 列出选项卡中各按钮的作用。

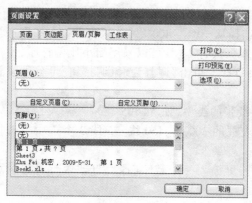

图 4-62　"页眉／页脚"选项卡　　　　　图 4-63　"页眉"对话框

表 4-6　"页眉"选项卡中各按钮的含义

按　　钮	名　　称	功　　能
A	字体	设置字体、字形和字号
	页码	自动输入当前页码
	总页数	自动输入总页数
	日期	自动输入当前日期
	时间	自动输入当前时间
	文件名	自动输入当前工作簿名称
	标签名	自动输入当前工作表名称

4．设置工作表的选项

选择"页面设置"对话框中的"工作表"选项卡,如图 4-64 所示。在该选项卡中可以设置打印区域、打印标题、打印、打印顺序等。

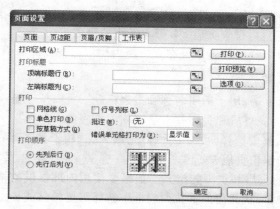

图 4-64　"工作表"选项卡

（1）"打印区域"：选择工作表中要打印的区域。若只打印部分区域,可以单击编辑栏右边的折叠按钮,在工作表上用鼠标选择区域,然后再单击该按钮回到选项卡窗口,也可以直接在编辑栏中输入选择的区域的引用,如 \$C\$1:\$F\$8。

（2）"打印标题"：若工作表有多页,要求每页均打印表头（顶标题或左侧标题）,则在"顶端标题行"或"左端标题列"栏输入相应的单元格地址,也可以直接到工作表中选择表头区域。

（3）"打印顺序"：为超过一页的工作表选择打印顺序。

（4）"打印"：在该栏中可以决定是否打印网格线、行号和列号等。

4.8.2　打印预览

在打印之前使用打印预览功能很有用。它可以事先查看打印效果,而且在打印预览窗口中可以设置打印格式,达到理想的打印效果。

调用"打印预览"功能有两种方法：

（1）单击"常用"工具栏中的"打印预览"按钮 。

（2）选择"文件"|"打印预览"命令。

当选择"打印预览"命令之后,就会出现"打印预览"窗口,如图 4-65 所示。

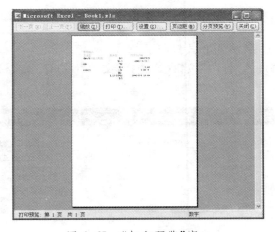

图 4-65　"打印预览"窗口

打印预览窗口的上方有一排按钮（"下一页"、"上一页"、"缩放"、"打印"、"设置"、"页边距"、"分页预览"、"关闭"）,它们的功能分别是：

"下一页"：显示当前页的下一页。若无下一页,则该按钮呈灰色,表示不能使用。

"上一页"：显示当前页的上一页。若无上一页,则该按钮呈灰色,表示不能使用。

"缩放"：窗口中显示工作表整页,因此,其中的细节不清楚。为了观察工作表的细节,可以单击该按钮,预览页被放大,通过滚动条可以看到整个预览页的细节,再次单击,又恢复原来的大小。

"打印"：单击该按钮将弹出"打印"对话框。

"设置"：单击该按钮将弹出"页面设置"对话框。

"页边距"：单击该按钮,在页面上出现一些虚线条,它们分别表示左、右、上、下页的位置,如图 4-66 所示。可以直接用鼠标拖动页边的小黑块来修改页边距和列宽等,再次单击又将工作表复原。

"分页预览"：可以切换到分页预览或普通视图。

"关闭"：单击该按钮可关闭打印预览窗口,回到常规显示状态。

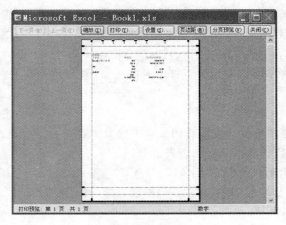

图 4-66　调整页边距

4.8.3　打印

对打印预览感到满意后,就可正式打印了。

单击"打印预览"窗口的"打印"按钮(或选择"文件"|"打印"命令),就会出现"打印"对话框,如图 4-67 所示。

图 4-67　"打印"对话框

1.　设置打印机

若配备多台打印机,单击"名称"下拉列表框的下三角按钮,在下拉列表框中选择一台当前要使用的打印机。

2.　设置打印范围

在"页面范围"栏中,单击"全部"按钮表示打印全部内容;而"页码范围"则表示打印部分页,在文本框中输入要打印的页码,如"1,3,5-12"表示要打印第 1、3 页还有 5 ~ 12 页。

3.　设置打印份数

在"份数"栏中输入打印份数,若打印 2 份以上,还可以选择"逐份打印"。一般是逐页打印，如逐页打印 2 份的顺序是：1 页、1 页、2 页、2 页；而逐份打印的顺序是 1 页、2 页、1 页、2 页。

习　题　4

一、基本操作题

工作表基本操作练习

1．新建一个工作簿 Book1，在 sheet2 前插入一张新工作表，并命名为 123。

2．将工作表 123 复制到 sheet3 之后，并命名为 ABC。

3．新建一个工作簿 Book2，将工作簿 Book1 中的 123 移动到工作簿 Book2 中工作表 sheet1 之后。

4．删除工作簿 Book2 中工作表 sheet3。

5．以"基本操作"为文件名保存在自己的文件夹中。

工作表中输入数据

1．新建一个工作簿，在 sheet1 中输入如图 4-8 所示数据。

2．以"数据输入"为文件名保存在自己的文件夹中。

智能填充数据

新建一个工作簿分别填充以下序列：

1．填充序列 5、6、7、8、9……

2．填充序列 2008-8-8、2008-8-9、2008-8-10……2008-8-25。

3．填充序列 8：00、9：00、10：00、11：00、12：00。

4．填充序列 2、4、6、8、10……30。

5．填充序列 2、4、8、16、32……1024。

6．填充序列 2008-5-8、2008-6-8、2008-7-8……2008-12-8。

7．填充序列星期一、星期二……星期日。

8．填充序列 A、B、C、D、E、F、G、H、I、J、K。

格式化工作表

1．新建一个工作簿，在 sheet1 中输入如图所示数据。

	A	B	C	D	E	F	G	H
1	姓名	出生日期	学号	学费	英语	高数	计算机	邓论
2	张成功	1980-5-1	20040001	100	97	94	93	93
3	唐素娟	1979-8-5	20040002	100	80	73	69	87
4	韩文玲	1980-3-1	20040003	100	85	71	67	77
5	贾霞珍	1980-11-2	20040004	100	88	81	73	81
6	马彩萍	1981-1-5	20040005	100	89	62	77	85
7	王涛	1980-9-10	20040006	130	91	68	76	82
8	李玉林	1980-6-15	20040007	130	86	79	80	93
9	郑厚瑞	1979-12-2	20040008	130	93	73	78	88
10	王勇敢	1980-10-15	20040009	130	94	84	60	86
11	高美娟	1980-4-5	20040010	130	55	59	98	76
12	张矾	1980-12-1	20040011	130	74	77	84	77
13	马民	1980-7-1	20040012	130	88	74	77	78

2．为表格添加标题"考试成绩统计表"。

3. 将标题行("考试成绩统计表"所在行)的数据设置为 17 磅仿宋体,加"会计用单下划线"且要求合并居中。将表头行(即学号、总成绩所在的行)的各单元格数据设置为 14 磅隶书、斜体、垂直居中。

4. 将出生日期一列的数据类型设为"2001 年 3 月 14 日"。

5. 将学号一列的数据类型设为"文本"。

6. 在出生日期前添加一列,列标题为"性别"。

7. 为 E3:E14 区域添加人民币符号¥。

8. 将工作表各列设置为最适合的列宽。

9. 将 F3:I14 区域的底纹颜色设置为浅蓝色、底纹图案类型和颜色分别设置为 6.25%灰色和黄色。

10. 为 A3 单元格添加批注:三好学生。

11. 将表格除第一行外所有单元格加双线外边框,内边框线加最细的单实线。

12. 将 F3:I14 区域中小于 60 的数据设置为加粗、红色。

13. 以"格式化工作表.xls"为文件名保存在自己的文件夹中。

公式与图表

1. 新建一个工作簿,在 sheet1 工作表中建立数据表。

(1)计算认为优秀的人数的"总计"和"优秀支持率"(优秀支持率 = 认为优秀的人数 / 总计),"优秀支持率"列单元格格式为"百分比"型(保留小数点后两位)。计算按"优秀支持率"递减次序的排名(利用 RANK 函数)。将工作表命名为"论文评选调查表",最后以"公式与图表1"为文件名保存在自己的文件夹中。

学生	认为优秀的人数	优秀支持率	排名
Tom	8765		
Rose	6543		
Jack	2456		
Jim	16342		
总计			

(2)选择"学生"和"优秀支持率"两列(不包含"总计"行)数据建立"分离型圆环图"(系列产生在"列"),图表标题为"论文评选调查图",数据标志为"显示百分比",并将图表嵌入到工作表的 A8:E18 区域中。

2. 新建工作簿文件,在 sheet1 工作表中建立数据表。

(1)将"某书店图书销售情况表"在 A1:D1 单元格跨列居中;计算"销售额"列(销售额 = 销售数量×单价);在"销售数量"后增加一列"等级",设置"销售数量"在 300 以上的等级为"畅销",否则为"一般"(使用 If 函数)。将工作表命名为"图书销售情况表"。以"公式与图表2.xls"为文件名保存在自己的文件夹中。

某书店图书销售情况表

图书名称	销售数量	单价	销售额
计算机基础	256	11.6	
人工智能	298	19.8	
操作系统	467	36.5	

（2）选取书"图书名称"和"单价"单元格区域的内容建立"柱形棱锥图"（系列产生在"列"），标题为"图书价格图"，不显示图例，网格为 X 轴和 Z 轴显示主要网格线，设置图的背景墙格式图案区域填充效果的渐变颜色类型是单色，颜色是浅黄色，将图表作为新工作表插在"图书销售情况表"之前。

数据库操作

新建工作簿文件，在 sheet1 工作表中建立如图所示数据清单。

1. 将 sheet1 中数据复制到 sheet2 中，对 sheet2 内数据清单内容按主要关键字"系别"的递增次序和次要关键字"成绩"的递减次序进行排序。将 sheet2 工作表命名为"排序"。

2. 将 sheet1 中数据复制到 sheet3 中，对 sheet3 内数据清单内容进行自动筛选，条件为成绩大于或等于 80，并且小于或等于 100。将 sheet3 工作表命名为"自动筛选"。

3. 将 sheet1 中数据复制到 sheet4 中，对 sheet4 内数据清单内容进行高级筛选，条件为课程名称为"计算机图形学"，并且成绩大于或等于 80。将 sheet4 工作表命名为"高级筛选"。

4. 将 sheet1 中数据复制到 sheet5 中，对 sheet5 内数据清单内容进行分类汇总（提示：分类汇总前先按主关键字"系别"递增排序），分类字段为"系别"，汇总方式为"计数"，汇总项为"课程名称"，汇总结果显示在数据下方。将 sheet5 工作表命名为"分类汇总"。

5. 将 sheet1 中数据复制到 sheet6 中，对 sheet6 内数据清单内容建立数据透视表，按行为"系别"，列为"课程名称"，数据为"成绩"求平均布局，并置于现工作表的 A15:E25 单元格区域。将 sheet6 工作表命名为"透视表"。

6. 以"数据库练习"为文件名保存在自己的文件夹中。

	A	B	C	D	E
1	系别	学号	姓名	课程名称	成绩
2	信息	991021	李新	多媒体技术	74
3	计算机	992032	王文辉	人工智能	87
4	自动控制	993032	张磊	计算机图形学	65
5	经济	995034	郝心怡	多媒体技术	86
6	信息	991076	王力	计算机图形学	91
7	数学	994056	孙英	多媒体技术	77
8	自动控制	993021	张在旭	计算机图形学	60
9	经济	992089	金翔	多媒体技术	73
10	计算机	992005	扬海东	人工智能	90
11	数学	993082	黄立	计算机图形学	85

二、综合操作题（选自全国计算机等级考试真题）

新建工作簿文件，在 sheet1、sheet2 工作表中建立如图所示数据清单。

	A	B	C	D	E
1	学生体重指数统计表				
2	学号	体重(kg)	身高(m)	体重指数	备注
3	ST01	58	1.54		
4	ST02	46	1.65		
5	ST03	67	1.78		
6	ST04	78	1.84		
7	ST05	56	1.59		
8	ST06	58	1.62		
9	ST07	45	1.64		
10	ST08	73	1.7		
11	ST09	77	1.61		
12	ST10	65	1.73		
13					

Sheet1 / Sheet2 / Sheet3

	A	B	C	D	E	F	G	H
1				产品销售情况表				
2	分店名称	季度	产品型号	产品名称	单价(元)	数量	销售额(万元)	销售排名
3	第1分店	1	D01	电冰箱	2750	35	9.63	15
4	第1分店	1	K01	空调	2340	43	10.06	14
5	第1分店	1	S01	手机	1380	87	12.01	9
6	第1分店	1	D02	电冰箱	3540	23	8.14	17
7	第1分店	2	K02	空调	4460	68	30.33	2
8	第1分店	2	S02	手机	3210	34	10.91	12
9	第2分店	1	D02	电冰箱	3540	75	26.55	3
10	第2分店	1	K02	空调	4460	24	10.70	13
11	第2分店	1	S02	手机	3210	82	26.32	1
12	第2分店	2	D02	电冰箱	3540	36	12.74	7
13	第2分店	2	K02	空调	4460	37	16.50	5
14	第2分店	2	S02	手机	3210	43	13.80	6
15	第3分店	1	D01	电冰箱	2750	66	18.15	4
16	第3分店	1	K01	空调	2340	39	9.13	16
17	第3分店	1	S01	手机	1380	84	11.59	11
18	第3分店	2	K01	空调	2340	46	10.76	8
19	第3分店	2	K01	空调	2340	51	11.93	10
20	第3分店	2	S01	手机	1380	35	4.83	18

sheet1 / Sheet2 / Sheet3

1. 将 sheet1 工作表的 A1:E1 单元格合并为一个单元格，内容居中；根据公式"体重指数＝体重／（身高×身高）"计算"体重指数"列的内容（数值型，保留小数点后 0 位），如果体重指数大于等于 18 并且小于 25 在"备注"列内给出"正常体重"信息，否则内容空白（利用 IF 函数）。

2. 选取"学号"列和"体重指数"列数据区域的内容建立"簇状条形图"（系列产生在"列"），图表标题为"体重指数统计图"，清除图例；将图插入到表的 A14:E29 单元格区域内，将工作表命名为"体重指数统计图"。

3. 将 sheet2 内容复制到 sheet3，对 sheet3 工作表内数据清单的内容按主要关键字"分公司"的降序和次要关键字"产品名称"的降序进行排序，完成对各分公司销售额总和的分类汇总，汇总结果显示在数据下方。

4. 将 sheet2 内容复制到 sheet4，对 sheet4 工作表内数据清单的内容进行自动筛选，条件为：第 2 季度、空调或电冰箱。

5. 将 sheet2 内容复制到 sheet5，对 sheet5 工作表内数据清单的内容进行高级筛选（在数据清单前插入 4 行，条件区域设在 A1:G3 单元格区域，请在对应字段列内输入条件），条件是：产品名称为"空调"或"电视"且销售额排名在前 10 名。

6. 将 sheet2 内容复制到 sheet6，对 sheet6 工作表内数据清单的内容建立数据透视表，按行为"产品名称"，列为"季度"，数据为"销售额（万元）"求和布局，并置于现工作表的 J5:N10 单元格区域。

第 5 章
PowerPoint 2003 的使用

知识点

● 演示文稿的基本制作方法、幻灯片的布局、修饰和保存。

重点

● 演示文稿的基本操作。

● 幻灯片的基本操作。

● 幻灯片的修饰。

本章知识结构图

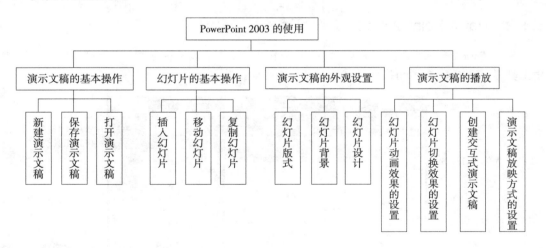

　　PowerPoint 2003 是 Microsoft Office 2003 套装软件的成员之一。它可以帮助演讲者有效地构造出精美的电子演示文稿，是人们在各种场合下进行信息交流的重要工具，也是办公软件的重要组成部分。利用 PowerPoint 的功能，可以制作贺卡、奖状、相册、发言稿、电子教案和多媒体课件等。

　　PowerPoint 2003 不仅能够制作包含文字、图形、声音甚至视频图像的多媒体演示文稿，即可以在幻灯片中创建各类图形、图表、插入图片，使幻灯片图文并茂，生动活泼；还能够增加动画效果和多媒体功能，可以根据演示的内容设置不同的动画效果来动态地显示文本和图表；也可以插入演讲者的旁白和背景音乐；还提供了不同放映方式的设置和演示文稿的打包功能，使电子演示文稿极具艺术效果；还可以创建高度交互式的多媒体演示文稿，并充分利用万维网特性，在网络上"虚拟"演示。

5.1　PowerPoint 2003 的基本操作

5.1.1　PowerPoint 2003 的启动和退出

1．启动 PowerPoint 2003

在 Windows 中，启动 PowerPoint 2003 有多种方法：

（1）选择"开始 | 所有程序 |Microsoft Office|Microsoft Office PowerPoint 2003"命令。

（2）双击桌面上的 PowerPoint 2003 图标。

（3）双击文件夹中的 PowerPoint 2003 演示文稿。

2．退出 PowerPoint 2003

退出 PowerPoint 2003，有以下几种方法：

（1）单击 PowerPoint 标题栏右上角的"关闭"按钮。

（2）选择"文件 | 退出"命令。

（3）双击 PowerPoint 标题栏左上角的控制菜单图标。

（4）按【Alt+F4】组合键。

5.1.2　PowerPoint 2003 的工作界面

启动 PowerPoint 2003 应用程序后，打开工作界面，其中包括标题栏、菜单栏、任务窗格、常用工具栏、工作区、视图切换区和状态栏等，如图 5-1 所示。

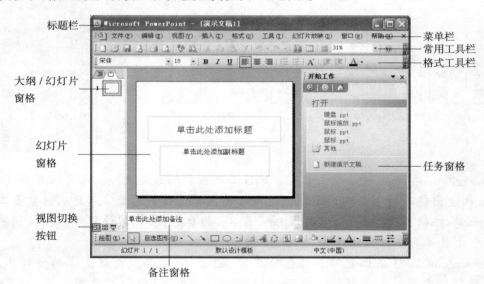

图 5-1　PowerPoint 2003 的工作界面

1．标题栏

标题栏位于窗口的顶端,用来显示当前应用程序名称和编辑的演示文稿名称。

2．菜单栏

菜单栏位于标题栏的下方,包含了 PowerPoint 2003 的所有命令。

3．工具栏

PowerPoint 2003 将一些常用的命令用图标代替，按操作类别分别组织到不同的工具栏上，提高工作效率。

4．演示文稿编辑区

演示文稿编辑区是 PowerPoint 2003 进行幻灯片制作的主要工作区,可以分为三个部分:幻灯片窗格、大纲／幻灯片窗格和备注窗格。可通过拖动窗格之间的分界线调整各窗格的大小，以便满足编辑需要。

（1）幻灯片窗格

幻灯片窗格显示幻灯片的内容,包括文本、图片等对象,可以直接在该窗格编辑幻灯片内容。

（2）大纲／幻灯片窗格

大纲／幻灯片窗格有两种显示模式。选择该窗格上方的"幻灯片"选项卡,可以显示各幻灯片缩略图。选择"大纲"选项卡,可以显示各幻灯片的标题与正文信息。在幻灯片中编辑标题或正文信息时,大纲窗格会同步变化,反之亦然。

（3）备注窗格

对幻灯片的解释、说明等备注信息在此窗格中输入与编辑。

5．任务窗格

其优点是将常用对话框中的命令及参数设置,以窗格的形式长时间显示在屏幕的右侧,使用户节省查找命令的时间,方便用户操作,从而提高工作效率。打开任务窗格的方法是:选择"视图|任务窗格"命令，如图 5-2 所示。单击任务窗格右上角"其他任务窗格"按钮，列出 PowerPoint 2003 提供的 16 种任务窗格,用户可根据需要选择不同的任务窗格,如图 5-3 所示。

图 5-2　"任务窗格"菜单　　　　图 5-3　"任务窗格"列表

6．视图切换按钮

PowerPoint 2003 提供了普通视图、幻灯片浏览视图、幻灯片放映视图和备注页视图共 4 种视图模式。在不同的视图中,用户可以对演示文稿进行特定的加工,在任何一种视图中对演示文稿所做的修改,会自动反映到其他视图中。

（1）普通视图

在 PowerPoint 2003 启动后直接进入普通视图,在这种视图方式下,主要进行幻灯片文本的编辑以及其他信息的插入工作。

（2）幻灯片浏览视图

如图 5-4 所示为幻灯片浏览视图。在这种视图下,按幻灯片编号显示演示文稿中全部幻灯片的缩略图,因此不仅可以了解整个演示文稿的大致外观,而且能轻松地按顺序组织幻灯片,插入、删除或移动幻灯片、设置幻灯片放映方式以及设置排练时间等。

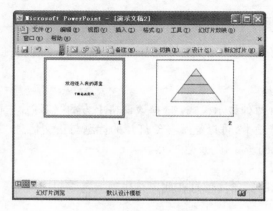

图 5-4　幻灯片浏览视图

（3）备注页视图

如图 5-5 所示为备注页视图。备注页视图一般是供演讲者使用,可以记录演讲者讲演时所需的一些提示重点。备注的文本内容虽然可以通过普通视图中的备注窗格进行输入编辑,但是备注页视图可以更方便地进行备注文字的编辑操作。

图 5-5　备注页视图

（4）幻灯片放映视图

幻灯片放映视图用来像幻灯机那样动态地播放演示文稿的全部幻灯片，可以将幻灯片显示在整个屏幕上观看当前幻灯片的内容和播放效果。一般情况下，为了能及时地观看设计效果，每制作好一张幻灯片，就可以进行放映。

视图切换按钮位于窗口左下角，共有"普通视图"、"幻灯片浏览视图"、"从当前幻灯片开始幻灯片放映"等 3 个按钮，单击某个按钮就可以切换到相应视图。切换视图还可以单击"视图"下拉菜单上的相应命令进行切换。

5.1.3　PowerPoint 2003 的基本概念

1．演示文稿

用 PowerPoint 软件制作的作品称为演示文稿，以文件的形式进行存储，扩展名为.ppt，由多张幻灯片组成。

2．幻灯片

在演示过程中的一屏（或称一页），即是一张幻灯片，它是演示文稿的基本组成单位。

3．模板

模板是指一个演示文稿整体上的外观设计方案，它包含预定义的文字格式、颜色，以及幻灯片背景图案等。它以文件的形式进行存储，扩展名为.pot。

5.1.4　创建演示文稿

PowerPoint 2003 提供了 4 种创建演示文稿的方法：空演示文稿、根据设计模板、根据内容提示向导和根据现有演示文稿。在启动 PowerPoint 2003 后，在右边任务窗格中单击"新建演示文稿"按钮，即可进入"新建演示文稿"任务窗格，如图 5-6 所示，从窗格列出的 4 种方法中，用户可选择一种，创建演示文稿。

1．空演示文稿

创建"空演示文稿"，窗口会出现一个不带任何模板设计，但带有布局格式的空白幻灯片，这是建立演示文稿最常使用的方法。用户可以在右侧的"幻灯片版式"的任务窗格的"应用幻灯片版式"选项中选择所需的幻灯片版式、配色方案、文本格式和图片等对象，创建具有特色的演示文稿。

2．根据设计模板

"根据设计模板"创建演示文稿，会打开"幻灯片设计"任务窗格，在"应用设计模板"选项中提供了多种幻灯片模板，双击某一个模板即可应用到幻灯片上。设计模板是 PowerPoint 2003 已经设计好的背景图案，利用这种方法，用户就可以快速地设置幻灯片的背景。

3．根据内容提示向导

"根据内容提示向导"创建演示文稿，在创建好演示文稿

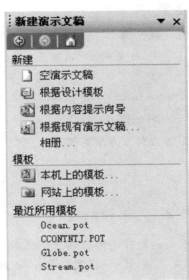

图 5-6　"新建演示文稿"任务窗格

后,还需要做大量的修改工作,因此,在实际的应用中一般不采用这种方法来创建演示文稿。

4．根据现有演示文稿

"根据现有演示文稿"创建演示文稿,会打开"根据现有演示文稿新建"对话框,用户在查找范围下拉列表中选择磁盘中已有的演示文稿文件,单击"创建"按钮,用户根据需要对该演示文稿进行重新编辑,即可创建出与现有演示文稿风格相同的演示文稿。

5.1.5　保存演示文稿

1．保存新建的演示文稿

当用上一节内容中的方法创建演示文稿时,PowerPoint 标题栏中,按创建顺序给出默认的文件名为:"演示文稿 1"、"演示文稿 2"、"演示文稿 3"等,演示文稿的扩展名为.ppt。

新建演示文稿创建完成,或需下一次继续创建时,都应保存起来。可选择"文件 | 保存"命令或单击"常用"工具栏中的"保存"按钮,都可弹出"另存为"对话框,分别指定保存文件的位置、文件名、保存的类型,单击"保存"按钮保存演示文稿。

2．保存已有的演示文稿

对一个已有的演示文稿进行修改后,选择"文件 | 保存"命令,就会保存当前修改过的演示文稿,并且会覆盖原来的演示文稿。

如果要将该演示文稿保存到另外一个位置进行备份,选择"文件 | 另存为"命令进行设置即可。

5.1.6　打开演示文稿

为了编辑已保存的演示文稿,需要将其打开,打开的方法如下:

PowerPoint 运行过程中,选择"文件 | 打开"命令或单击工具栏中的"打开"按钮都可进行设置。

练一练:

① 新建一个空白演示文稿,并以"团队建设.ppt"为文件名保存在 D 盘上自己的文件夹中。

② 利用向导新建任意一类演示文稿,在各种视图下观看演示文稿,放映结束后将其以"向导.ppt"为文件名保存在 D 盘上自己的文件夹中。

想一想:

在幻灯片浏览视图下,能否对幻灯片进行基本的编辑操作?

5.2　幻灯片的基本编辑与管理

5.2.1　编辑幻灯片

幻灯片的内容包含了文本、图片、表格等多种信息。可以在普通视图的"幻灯片"模式和"大纲"模式下,将文本输入到幻灯片中。

1．输入文本

（1）在幻灯片的占位符中输入文本

所谓占位符，是指在使用自动版式创建的新幻灯片中，有一些虚线框，它们是各种对象的占位符。

以输入标题为例，具体操作步骤如下：

① 单击标题占位符，即可发现在占位符内出现了闪烁的插入点。

② 输入标题的内容。

③ 输入完毕后，单击占位符框外的空白区域结束标题输入。

（2）在幻灯片上使用文本框输入文本

在幻灯片中除了使用文本占位符添加文本外，还可以利用文本框为幻灯片添加文本。具体操作步骤如下：

① 单击"插入 | 文本框"菜单命令。

② 在要添加文本的位置单击或拖动限定范围，然后松开鼠标。

③ 在文本框中输入文本，然后单击文本框之外的任意地方。

（3）在大纲 / 幻灯片窗格的"大纲"模式下输入文本

选择窗口左侧"大纲 / 幻灯片"窗格的"大纲"选项卡，进入大纲模式。在大纲模式中，大纲由每张幻灯片的标题和正文信息组成，但不能显示图形，非常适合调整文本的总体结构，如上下移动整段的标题与文本，以及提升或降低标题和文本的级别。

PowerPoint 演示文稿中不仅包含文本，还可以包含各类图形图片（自选图形、剪贴画、文件中的图片、艺术字等）、声音和影片。有关自选图形的操作，在第 3 章作过详细介绍，不再赘述，在这儿重点介绍插入图片、艺术字和表格等。

2．插入图片

在幻灯片中插入图片可以使演示文稿变得更加生动，将图形和文字有机地结合在一起，可以获得较佳的展示效果。可以插入的图片主要有两类：一类是剪贴画，一类是以文件形式存在的图片。

（1）插入剪贴画

方法一：

① 选中要插入剪贴画的幻灯片。

② 单击"插入 | 图片 | 剪贴画"命令，出现"剪贴画"任务窗格。

③ 在"搜索文字"栏输入剪贴画类别（如人物、风景等），选择"搜索范围"（如：所有收藏集、Office 收藏集等）。然后单击"搜索"按钮，"剪贴画"任务窗格中出现搜索到的剪贴画列表。如图 5-7 所示。

④ 在剪贴画列表中选择一种，并单击它，则该剪贴画插入到幻灯片中。然后再进行剪贴画大小和位置的调整。

方法二：

① 选中要插入剪贴画的幻灯片。

② 单击"插入 | 图片 | 剪贴画"命令，出现"剪贴画"任务窗格。

③ 单击"剪贴画"任务窗格下方的"管理剪辑"，出现"Microsoft 剪辑管理器"对话框，如图

5-8 所示。从"收藏集列表"中双击"Office 收藏集",可以看到剪贴画分类文件夹,选择某一类,窗口右侧显示该类各剪贴画。

④ 右击选中剪贴画,在出现的菜单中单击"复制"命令。

⑤ 回到 PowerPoint 窗口,在幻灯片上右击,在出现的菜单中单击"粘贴"命令,则该剪贴画插入到幻灯片中。

图 5-7 "剪贴画"任务窗格 　　　　图 5-8 "Microsoft 剪辑管理器"对话框

方法三:

① 如果选择了具有剪贴画的幻灯片版式,如图 5-9 所示,则双击剪贴画框,打开"选择图片"对话框,如图 5-10 所示。

② 在"选择图片"对话框的"搜索文字"栏输入剪贴画类别(如人物、风景等),然后单击"搜索"按钮,在剪贴画列表中出现搜索到的剪贴画,如图 5-10 所示。

③ 在剪贴画列表中选择一种,单击"确定"按钮,或直接双击该剪贴画,则该剪贴画插入到幻灯片中。然后再进行剪贴画大小和位置的调整。

图 5-9 "标题,文本与剪贴画"版式 　　　　图 5-10 "选择图片"对话框

（2）插入剪辑库以外的图片

具体方法如下：

① 选中要插入剪贴画的幻灯片。

② 单击"插入 | 图片 | 来自文件"命令，出现"插入图片"对话框。

③ 在"查找范围"栏选择目标图片位置，并采用缩图方式显示各图片。从中选择满意的图片，然后单击"插入"按钮，则该图片插入到幻灯片中。

3. 插入艺术字

文本除了字体、字形、颜色等格式化方法外，用户还可以对文本进行艺术化处理，使其具有特殊的艺术效果。艺术字作为图片形式存在，因此，不能像普通文本那样直接输入，而是先使用"艺术字"工具指定某种艺术效果，然后再输入文字。

（1）创建艺术字

创建艺术字的步骤如下：

① 单击"插入 | 图片 | 艺术字"命令，出现"艺术字库"对话框，如图 5-11 所示。

② 在对话框中选择一种艺术字样式，出现"编辑艺术字文字"对话框，如图 5-12 所示。用户在该对话框中输入文本，还可以设置字体、字号、字形等。

③ 单击确定按钮，则在幻灯片上即可显示设置好的艺术字。

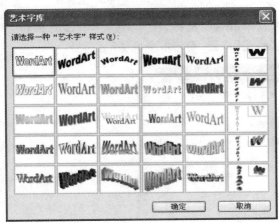

图 5-11　"艺术字库"对话框

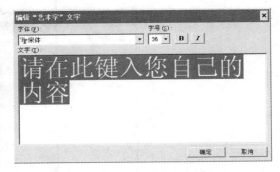

图 5-12　"编辑'艺术字'文字"对话框

（2）修饰艺术字

创建艺术字后，如果不满意，还可以进行大小、颜色、形状、变形幅度以及缩放、旋转等修饰处理，使艺术字的效果得到创造性的发挥。

修饰艺术字时，首先要选中艺术字。方法是：单击艺术字，使其周围出现 8 个白色控制点和一个绿色控制点和一个黄色小菱形。

选择艺术字时，还会弹出"艺术字"工具栏，其中的工具按钮用于编辑艺术字、设置艺术字格式和改变艺术字形状等，如图 5-13 所示。

① 改变艺术字的大小和变形幅度

选择艺术字，拖动控制点可以改变艺术字的大小；拖动黄色小菱形，可以改变艺术字的变形幅度。

② 旋转艺术字

选择艺术字,拖动绿色控制点,可以自由旋转艺术字。

③ 改变艺术字的颜色

选择艺术字,然后单击"艺术字"工具栏的"设置艺术字格式"按钮,出现"设置艺术字格式"对话框,在"颜色和线条"选项卡的"线条"栏设置艺术字笔画外框线的线型和颜色;在"填充"栏设置艺术字笔画内的填充颜色。

④ 编辑艺术字文本

选择艺术字,然后单击"艺术字"工具栏的"编辑文字"按钮,出现"编辑艺术字文字"对话框,在此可以修改文字。

⑤ 改变艺术字的形状

选择艺术字,单击"艺术字"工具栏的"艺术字形状"按钮,在出现的艺术字形状列表中选择一种,如图5-13所示。

⑥ 改变艺术字的位置

用鼠标拖动的方法可以将它大致定位在某个位置,如果希望准确定位,方法如下:选择艺术字,

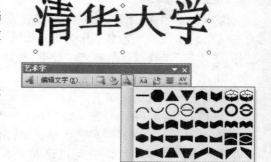

图5-13 "艺术字"工具栏

单击"格式|艺术字"命令,出现"设置艺术字格式"对话框,选择"位置"选项卡,如图5-14所示。输入水平数据、垂直数据和度量依据,单击"确定"按钮,则艺术字准确定位。

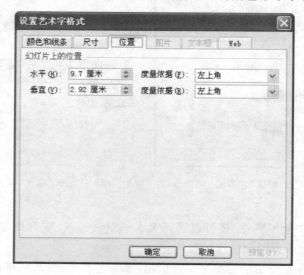

图5-14 "设置艺术字格式"对话框"位置"选项卡

4.插入表格

表格是应用十分广泛的工具,在演示文稿中,为使数据表达简单、直观且一目了然,常使用表格。

(1)创建表格

方法一:

① 选中要插入表格的幻灯片。

② 单击"插入|表格"命令,出现"插入表格"对话框。输入表格的行数和列数,如图 5-15 所示。

图 5-15 "插入表格"对话框

③ 单击"确定"按钮,出现一个表格。拖动表格的控点改变表格的大小,拖动表格的边框定位表格。

方法二:

① 选中要插入表格的幻灯片。

② 单击"常用"工具栏的"插入表格"工具按钮,在出现的网格中拖动鼠标,选择表格的行数和列数,如图 5-16 所示。

③ 松开鼠标左键出现一个表格。拖动表格的控点改变表格的大小,拖动表格的边框定位表格。

方法三:

① 如果选择了具有表格的幻灯片版式,则双击表格框。

② 在出现的"插入表格"对话框。输入表格的行数和列数,如图 5-15 所示。

图 5-16 "插入表格"工具按钮

③ 单击"确定"按钮,出现一个表格。拖动表格的控点改变表格的大小,拖动表格的边框定位表格。

方法四:

① 打开存放表格的文件(Word 文档或 Excel 文档),选中表格右击复制。

② 选中要插入表格的幻灯片,右击粘贴。调整表格的大小和位置。

(2)修饰表格

表格制作完成后,若不满意,可以使用"表格和边框"工具栏或"设置表格格式"对话框,修改它的结构。一般单击表格,就会弹出"表格和边框"工具栏,如图 5-17 所示。若没有出现可以单击"视图|工具栏|表格和边框"命令。如果想使用"设置表格格式"对话框,如图 5-18 所示,则选中表格后单击"格式|设置表格格式"命令或在表格边框上右击选择"边框和填充"命令。

图 5-17 "表格和边框"工具栏

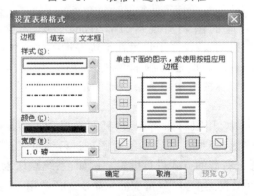

图 5-18 "设置表格格式"对话框

5．插入图表

形象直观的图表与文字数据相比更容易让人理解，插入在幻灯片中的图表使幻灯片的显示效果更加清晰。PowerPoint 2003 中附带了一种叫 Microsoft Graph 的图表生成工具，它能提供 18 种不同的图表来满足用户的需要，这使得制作图表的过程简便而且自动化。

（1）创建图表

方法一：

① 选中要插入图表的幻灯片。

② 单击"插入 | 图表"命令或单击"常用"工具栏的"插入图表"工具按钮，则在幻灯片上出现一个样本数据产生的三维簇状柱形图表。如图 5-19 所示。

方法二：

① 如果选择了具有图表的幻灯片版式，则双击图表框。

② 在幻灯片上出现一个样本数据产生的三维簇状柱形图表，如图 5-19 所示。

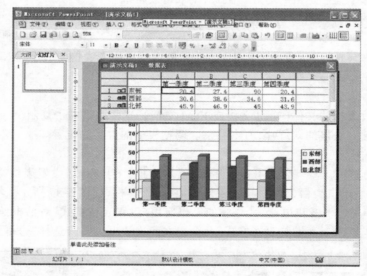

图 5-19　"插入图表"效果图

（2）输入数据

当样本数据表及其对应的图表出现后，PowerPoint 2003 的菜单栏和常用工具栏就被 Microsoft Graph 的菜单和工具按钮替代。用户可在系统提供的样本数据表中，完全按自己的需要重新输入数据。Microsoft Graph 的数据表与 Excel 的工作表十分相似，可像对 Excel 的工作表那样，在该数据表中输入数据。用鼠标或方向键选择所需的单元格，然后从键盘直接输入数据。

（3）编辑图表

在 PowerPoint 2003 窗口中，用鼠标双击图表，就可启动 Microsoft Graph。可以利用 Microsoft Graph 提供的菜单和工具按钮，根据自己的意图对图表进行编辑工作，也可以像对 Excel 的图表一样，通过在图表相应位置击右键的方式进行编辑。例如，系统默认以"三维簇状柱形图"作为样本的图表类型，用户想更改图表类型，可单击 Microsoft Graph"常用"工具栏中"▰▾"按钮，在随之弹出的"图表类型"对话框中单击所需的图表类型，即可以用新的图表类型显示该图表了。

完成在幻灯片中插入图表的操作后,在图表外的任意处单击鼠标即可返回 PowerPoint 2003 窗口,创建的图表就插入到了当前幻灯片中。

6. 插入与播放声音

剪辑库中提供了可以播放的声音、音乐文件,在幻灯片中适当插入声音,将使演示文稿增色不少。如果对剪辑库中的声音文件不满意,还可以将用户自己搜集的声音文件加入到演示文稿中。

(1)插入声音

方法一:

① 选择要插入声音的幻灯片。

② 单击“插入 | 影片和声音 | 剪辑管理器中的声音”,出现“剪贴画”任务窗格。

③ 在“剪贴画”任务中单击某个声音图标,幻灯片上出现扬声器形状的图标。在同时出现的对话框中,选择播放方式“自动”或“在单击时”,如图 5-20 所示。

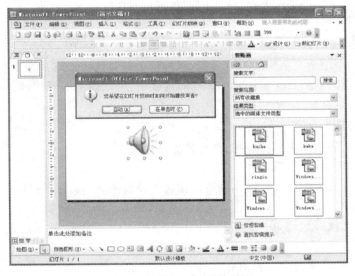

图 5-20　“插入声音”效果图

方法二:

① 选择要插入声音的幻灯片。

② 单击“插入 | 影片和声音 | 文件中的声音”,出现“插入声音”对话框。

③ 在对话框中选择保存声音文件夹的文件夹,从中选择一个声音,单击“确定”按钮。在同时出现的对话框中,选择播放方式“自动”或“在单击时”。

插入扬声器图标一般位于幻灯片中部,插入后可以调整扬声器图标的位置和大小。

(2)播放声音

在插入声音时,系统总会询问“您希望在幻灯片放映时如何开始播放声音?”若选择“自动”,则放映到声音图标所在的幻灯片时会自动播放声音。若选择“在单击时”,则不会自动播放声音,必须单击声音图标才能播放声音。

一般只播放一遍声音,若需要反复播放该声音,在插入该声音图标时需设定“循环播放”

属性。具体设定方法如下：

① 右击声音图标，在出现的快捷菜单上选择"编辑声音对象"命令，打开"声音选项"对话框，如图 5-21 所示。

② 在"声音选项"对话框中，选中"播放选项"栏中的"循环播放，直到停止（L）"复选框。

③ 单击"确定"按钮。

这样，放映幻灯片时，就可以反复播放该声音。要终止播放，可以按 Esc 键或从当前幻灯片切换到另一幻灯片。

7．插入与播放影片

在幻灯片中适当插入影片，将使演示文稿增色不少。如果对剪辑库中的影片文件不满意，还可以将用户自己搜集的影片文件加入到演示文稿中。插入与播放影片的方法与插入与播放声音的方法类似，具体方法可参照前面插入与播放声音的方法，因此将不再赘述。

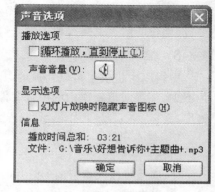

图 5-21 　"插入图表"效果图

5.2.2 　管理幻灯片

一般来说，一个演示文稿中会包含多张幻灯片，如何对这些幻灯片进行更好的管理是维护演示文稿必须掌握的知识。在制作演示文稿的过程中，可以插入幻灯片、删除幻灯片以及复制幻灯片等。

1．选择幻灯片

根据当前使用的视图不同，选择幻灯片的方法也各不相同。

（1）在普通视图中选择幻灯片

普通视图包含大纲模式和幻灯片模式，在这两种模式下，通过单击幻灯片标题前面的图标，即可选择该幻灯片。

如果要选择连续一组幻灯片，可以先单击第一张幻灯片图标，然后按住【Shift】键，并单击最后一张幻灯片图标，这时一组连续的幻灯片都被选择。

（2）在幻灯片浏览视图中选择幻灯片

如果处于幻灯片浏览视图中，选择幻灯片就非常简单，只需单击相应的幻灯片缩略图，即可选择该幻灯片，被选择的幻灯片边框高亮显示。

如果要选择连续一组幻灯片，可以先单击第一张幻灯片缩略图，然后按住【Shift】键，并单击最后一张幻灯片的缩略图即可。

如果要选择多张不连续的幻灯片，需按住【Ctrl】键，然后分别单击需要选择的幻灯片缩略图。

2．插入幻灯片

PowerPoint 允许用户向演示文稿中插入新幻灯片，或者从其他演示文稿中插入幻灯片。

（1）插入新幻灯片

① 选择幻灯片。

② 选择"插入|新幻灯片"命令，或者单击"格式"工具栏中的"新幻灯片"按钮，这时会在当前选择的幻灯片之后插入一张新的幻灯片。

③ 在"幻灯片版式"列表框中选择一种版式,单击即可。

如果要在幻灯片浏览视图中插入新幻灯片,可以在该视图中选择要插入的位置,如果选择一张幻灯片,则新的幻灯片将插入到该幻灯片的后面,也可以选择幻灯片之间的空白位置,将插入点放置到该处,则新的幻灯片将插入到这两张幻灯片之间。

(2)从其他演示文稿中插入幻灯片

如果要将其他演示文稿中的幻灯片插入到当前演示文稿中,可以按照下述步骤进行操作:

① 选择幻灯片。

② 选择"插入|幻灯片(从文件)"命令,出现如图 5-22 所示的"幻灯片搜索器"对话框。

③ 在"文件"列表框中输入包含所需幻灯片的演示文稿路径;或者单击"浏览"按钮,打开"浏览"对话框,然后选择所需的演示文稿,并单击"打开"按钮返回到"幻灯片搜索器"对话框中。

④ 在"选定幻灯片"栏中选择要插入的幻灯片,然后单击"插入"按钮;如果要在当前演示文稿插入点后插入所有的幻灯片,请单击"全部插入"按钮。

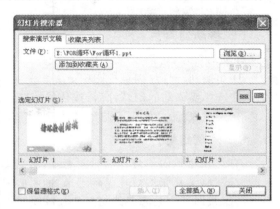

图 5-22　"幻灯片搜索器"对话框

在演示文稿中插入了多张幻灯片后,有时要将一些不需要的幻灯片删除、复制一张相同内容的幻灯片或改变原来幻灯片的排列顺序。如果要删除、复制或排列幻灯片的顺序,最好在幻灯片浏览视图中进行。

3．删除幻灯片

在幻灯片浏览视图中,选择所要删除的幻灯片后按【Delete】键,后面的幻灯片自动向前排列。

如果要在普通视图或幻灯片视图中删除整张幻灯片,首先显示该幻灯片,再选择"编辑"|"删除幻灯片"命令。

4．复制幻灯片

复制幻灯片可以将已有的幻灯片复制到其他位置,便于用户直接修改与利用。同一演示文稿中幻灯片的复制方法有两种:一种方法是在演示文稿内使用幻灯片副本,另一种方法是使用复制和粘贴命令。

(1)如果要在演示文稿内使用副本,可以按照以下步骤进行操作

① 在幻灯片浏览视图下,选择一张或多张幻灯片。

② 选择"插入|幻灯片副本"命令。

(2)使用复制和粘贴命令来复制幻灯片的步骤如下

① 在幻灯片浏览视图下,选择要复制的幻灯片。

② 选择"编辑|复制"命令。

③ 将插入点定位在要粘贴的位置。

④ 选择"编辑|粘贴"命令。

（3）在不同演示文稿间复制幻灯片

不同演示文稿间复制幻灯片，可以按照以下步骤进行操作：

① 在原演示文稿中，选择要复制的一张或多张幻灯片。

② 选择"编辑｜复制"命令。

③ 打开目标演示文稿窗口。

④ 在目标演示文稿窗口中，定位插入点。

⑤ 选择"编辑｜粘贴"命令。

5．移动幻灯片

移动幻灯片，可以按照以下步骤进行操作：

① 切换到幻灯片浏览视图中。

② 选择要移动的幻灯片后，按住鼠标左键，并拖动幻灯片到需要的位置。

③ 松开鼠标左键，即可将幻灯片移到新位置。

6．隐藏幻灯片

有时，由于放映幻灯片的时间有限，有些幻灯片将不能逐一演示。用户可以利用隐藏幻灯片的方式，将某几张幻灯片隐藏起来，而不必将这些幻灯片删除。如果要显示这些幻灯片时，只需取消隐藏即可。被隐藏的幻灯片在放映时不出现，在浏览视图中将用特殊标记表示。

如果要隐藏幻灯片，具体操作步骤如下：

① 选择要隐藏的幻灯片。

② 选择"幻灯片放映｜隐藏幻灯片"命令。

如果要取消隐藏，只需选择被隐藏的幻灯片，再进行此操作即可显示。

练一练：

① 打开 D 盘上自己文件夹中的"团队建设.ppt"演示文稿，在幻灯片的标题处键入"团队建设"，在副标题处键入"第一讲"。设置标题文字为黑体、96 磅、加粗、字体颜色为红色（自定义颜色：红色 120，绿色 0，蓝色 50），设置副标题文字为楷体、48 磅。

② 插入一张版式为"标题和文本"的幻灯片作为演示文稿的第二张幻灯片，在标题处键入"团队建设"，并在文本处分行键入"团队中的沟通与协调、塔克门团队发展模式、如何建立优秀团队"。

③ 插入一张版式为"标题，文本与剪贴画"的幻灯片作为演示文稿的第三张幻灯片，在标题处键入"人际沟通的五个层次"，在左侧文本处分行键入"寒暄客套、陈述事实、沟通意见、分享感觉、透明敞开"，在右侧剪贴画区域内插入剪贴画：Office 收藏集中"商业"类的"board meetings, communications"。设置剪贴画高度和宽度的缩放比例为 150%，外边框为深红色、9 磅、三线的实线，位置设为距左上角水平 11 厘米、垂直 6 厘米。

④ 插入一张版式为"空白"的幻灯片作为演示文稿的第四张幻灯片，插入艺术字"谢谢大家！"，要求其样式为：艺术字库中 3 行 1 列的样式，艺术字形状为"波形 2"，旋转 350°。在右下角插入文本框，并输入"第二讲时间：2012 年 12 月 30 日"。

⑤ 插入一张版式为"标题和表格"的幻灯片作为演示文稿的第五张幻灯片，在标题处键入"沟通中常见的主要障碍"，在表格区域插入 6 行 3 列的表格。将表格第 6 行第 2、3 列合并为一个单元格，设置表格所有边框为 3.0 磅、深红色的单实线，表格填充色为填充效果纹理"再生纸"。

⑥ 将第五张幻灯片移动到第四张幻灯片之前,作为第四张幻灯片。在第三张幻灯片前插入一张版式为"标题和文本"的新幻灯片,在标题处键入"第一讲　团队中的沟通与协调",并在文本处分行键入"人际沟通的五个层次、沟通中常见的主要障碍"。删除掉第二张幻灯片。

⑦ 将修改后的文件按原文件名保存。

想一想:

应该如何根据主题设计演示文稿,在建立演示文稿时应该注意些什么?

5.3　演示文稿的外观设置

PowerPoint 的一大特色就是可以使演示文稿中所有的幻灯片具有统一的外观。控制幻灯片外观的方式有 3 种:母版、配色方案和设计模板。有效地利用这些方式可以使幻灯片和整个演示文稿变得绚丽多姿,获得良好的演示效果。

5.3.1　母版

母版用于设置每张幻灯片的预设格式,这些格式包括:每张幻灯片都要出现的文本或图形;标题文本的大小、位置以及文本的颜色;正文文字的大小、位置以及各个项目符号的样式;背景颜色等。母版分为 3 种类型:幻灯片母版、备注母版和讲义母版。

幻灯片母版控制幻灯片上输入的标题和文本的格式与类型;备注母版用于控制备注页的版式以及备注文字的格式;讲义母版用于添加或修改在每页讲义中出现的页眉和页脚信息。在这里重点介绍幻灯片母版。

幻灯片母版是用来统一整个演示文稿的幻灯片格式与内容,一旦在幻灯片母版中添加了对象或修改格式,则所做的修改将会影响到所有基于该母版的所有幻灯片中。幻灯片母版中包含文本占位符和页脚(如日期、时间和幻灯片编号)占位符,如图 5-13 所示。如果要使演示文稿的全部幻灯片有一个统一的外观,则不必对幻灯片逐一进行修改,只需在幻灯片母版上做一次修改即可。

利用母版设置幻灯片的整体排版和背景的具体操作步骤如下:

① 打开要修改的演示文稿。

② 选择"视图 | 母版 | 幻灯片母版"命令,进入母版编辑状态,如图 5-23 所示。

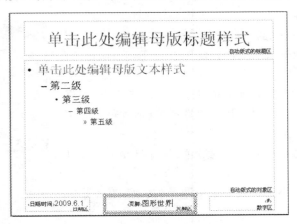

图 5-23　幻灯片母版视图

③ 对母版上的标题占位符、文本占位符进行字体、字号、颜色、段落格式、项目符号等修饰设置（注意：不必输入具体的文字内容，这里只对文本的格式进行设置）。

④ 选择"格式 | 背景"命令，设置背景。

⑤ 如果需要，可以在母版适当位置上插入专用的徽标图片并调整大小，还可以插入文本框并输入需要显示的固定文本。

⑥ 最后单击"母版"工具栏上的"关闭母版视图"按钮，退出母版编辑，返回演示文稿窗口，查看效果。如果不满意，则可重新进入幻灯片母版编辑环境，进行设置，完成后切换到普通视图下，即可看到设置的效果。如图 5-24 所示是编辑后的幻灯片母版。

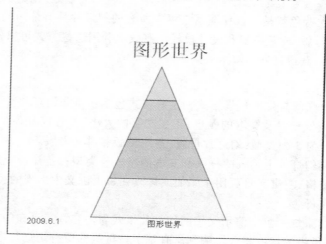

图 5-24 普通视图

5.3.2 设置幻灯片背景

到目前为止，虽然已经完成了演示文稿内容的输入，但整体的外观还是白底黑色，不够美观。本节将为幻灯片设置"背景颜色"、"填充效果"以及"背景纹理"等效果。

1. 设置幻灯片背景颜色

如果要更改幻灯片背景颜色，具体操作步骤如下：

① 将要设置背景颜色的幻灯片作为当前幻灯片。

② 选择"格式 | 背景"命令，出现如图 5-25 所示的"背景"对话框。

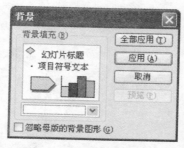

③ 单击"背景填充"下拉列表框右边的下三角按钮，根据需要选择其中的一种颜色。另外还可以选择"其他颜色"和"填充效果"两个命令按钮选项。

● 如果要更改为配色方案中的颜色，选择自动下的 8 种颜色之一。

图 5-25 "背景"对话框

● 如果所需颜色不在配色方案中选择"其他颜色"选项，打开如图 5-26 所示对话框进行设置。

④ 如果要将更改应用到当前幻灯片，单击"应用"按钮。如果要将更改应用到所有的幻灯

片,单击"全部应用"按钮。

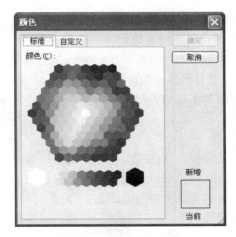

图 5-26　"颜色"对话框

2. 设置幻灯片的填充效果

如果希望背景能够更加丰富,可以为幻灯片选择填充效果。填充效果有 4 种:渐变、纹理、图案和图片。

(1)设置幻灯片的渐变背景

渐变背景可产生沿某一方向色彩深浅逐渐变化的效果,具体操作步骤如下:

① 将要设置背景颜色的幻灯片作为当前幻灯片。

② 选择 "格式 | 背景" 命令, 出现如图 5-25 所示的"背景"对话框。

③ 单击"背景填充"区域下方下拉列表框右边的下三角按钮,从下拉列表中选择"填充效果"选项,在出现的"填充效果"对话框中选择"渐变"选项卡,如图 5-27 所示。

④ 在"颜色"选项组中选择建立渐变效果的基色:"单色"、"双色"或"预设"。如果选择"单色",然后拖动右侧的深浅滑块则以逐渐渐变为黑或白色来填充所选对象;如果选择"双色", 则以一种颜色逐渐渐变至另一种颜色的方式来填充所选对象;如果选择"预设",则以一组特别创建的渐变方式来填充所选对象。

⑤ 在"底纹样式"选项组中选择一种填充样式,然后在变形区中选择该样式的变形。

⑥ 设置完毕,单击"确定"按钮,返回到"背景"对话框。

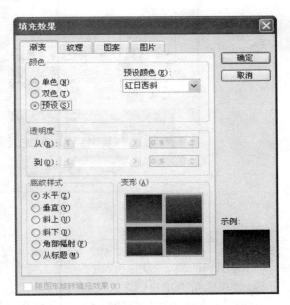

图 5-27　"渐变"选项卡

⑦ 如果要将更改应用到当前幻灯片,单击"应用"按钮。如果要将更改应用到所有幻灯片,单击"全部应用"按钮。

（2）设置幻灯片的背景纹理

第①、②步和设置渐变效果相同。

第③步单击"背景填充"下拉列表框右边的下三角按钮，从下拉列表框中选择"填充效果"选项，在出现的"填充效果"对话框中选择"纹理"选项卡，进行设置。

（3）设置幻灯片的背景图案和图片

设置的方法和上面介绍的基本类似。

5.3.3　使用配色方案

演示文稿主要以画面形式表现，因此画面色彩运用是否恰当是影响人们视觉效果的一个主要因素。在 PowerPoint 2003 中，用户可以通过选择配色方案把各种颜色协调配置在幻灯片之中。配色方案是一组可用于演示文稿中的预设颜色，可以控制背景、文本和线条、阴影、标题文本、填充、强调文字和超级链接等。

创建配色方案

具体操作步骤如下：

① 在"任务窗格"中选择"幻灯片设计 | 配色方案"命令。

② 单击"编辑配色方案"选项，出现如图 5-28 所示的对话框。

③ 单击"标准"或"自定义"选项卡进行相应的设置即可。

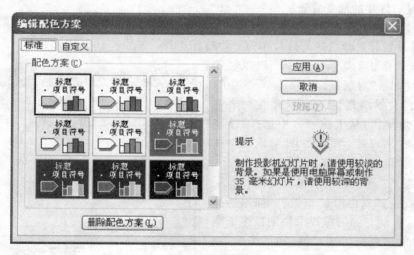

图 5-28　"标准"选项卡

5.3.4　使用设计模板

PowerPoint 2003 为用户提供了系统自带的模板，这些模板提供了许多的背景图案，它可以迅速、方便地帮助用户创建完美的幻灯片。

在演示文稿中应用设计模板的具体操作步骤如下：

① 打开要应用设计模板的演示文稿。

② 单击"格式 | 幻灯片设计"命令或在"任务窗格"中选择"幻灯片设计"命令。

③ 在"应用设计模板"中选择所需的模板，单击所选模板右边的下三角按钮进行相应的设

置,如图 5-29 所示。

④ 若对模板列表内的模板不满意,可以通过单击浏览命令打开"应用设计模板"对话框,选择满意的模板,单击应用。

5.3.5　幻灯片版式设置

幻灯片版式是控制演示文稿中幻灯片的排版格式的。

设置幻灯片版式的具体步骤如下:

① 选中幻灯片。

② 单击"格式 | 幻灯片版式"命令或在"任务窗格"中选择"幻灯片版式"命令,出现如图 5-30 所示的"应用幻灯片版式"选项,单击选择相应的版式即可。

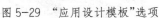
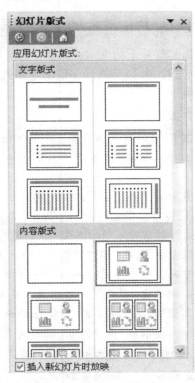

图 5-29　"应用设计模板"选项　　　　图 5-30　"幼灯片版式"选项

练一练:

① 打开 D 盘自己文件夹中上的"团队建设.ppt"文稿,使用"Capsules.pot"模板修饰全文。

② 设置幻灯片母版,在日期区输入"2012 年 10 月 20 日",在页脚区输入"团队建设第一讲"。并将页脚区文本框的位置设为距左上角水平 0 厘米,垂直 0 厘米。

③ 将第二张幻灯片的背景设置填充效果为渐变双色从白色到绿色(自定义颜色:红色 150,绿色 200,蓝色 150),底纹样式为垂直,变形为第 1 行第 1 个。将第三张幻灯片的背景填充纹理为"蓝色面巾纸"效果。

④ 将第三张幻灯片的版式更改为"标题,剪贴画与文本"。

⑤ 将修改后的文件按原文件名保存。

想一想:

① 模板和背景有何不同?

② 母版的作用是什么?

5.4　演示文稿的播放

无论用户采用什么方式创作演示文稿,最终的目的都是希望将演示文稿展示给观众。尽管用户可以将幻灯片打印出来,或制作成胶片,但是直接在计算机上播放演示文稿,将更能发挥 PowerPoint 的优越性。在计算机上播放演示文稿时,能够充分利用计算机的多媒体特性,提高演示文稿的表现能力,而且易于激发观众的兴趣。

5.4.1　设置幻灯片中对象的动画效果

用户可以为幻灯片上的文本、形状、图像和其他对象设置动画效果,这样就可以突出重点,控制信息的流程,并提高演示文稿的趣味性。设置幻灯片的动画效果有 2 种方法:动画方案和自定义动画。

1．动画方案

动画方案能使用户快速地进行幻灯片中幻灯片标题和正文文本的动画设置,PowerPoint 预先设置了几十种不同的动画方案供用户使用。

具体操作步骤如下:

① 选择要设置动画的幻灯片。

② 单击"幻灯片放映丨动画方案"命令或在"幻灯片设计"任务窗格的下拉列表中,选择"幻灯片设计丨动画方案"命令,然后从"动画方案"下拉列表中选择其中一种动画方案,如图 5-31 所示。

注意:采用"动画方案"设置的动画效果是对幻灯片中的标题和正文文本对象进行固定的设置,不能分开设置各个对象,不能对用户自行添加的文本框、声音对象、视频对象进行动画的设置。要想设置,只能通过自定义动画来完成。

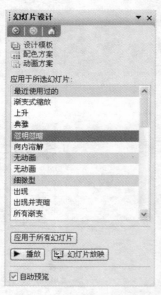

图 5-31　"动画方案"列表框

2．自定义动画

利用自定义动画设置可以根据自己的创意,设计动画效果,可以完成各种对象的动画设置,更改幻灯片上对象的出现顺序,并且设置每个对象的播放时间,这是一种最为灵活的方法。

使用"自定义动画"设置动画效果的具体操作步骤如下:

① 在普通视图下,显示要设置动画效果的幻灯片,选择要设置动画的对象。

② 单击"幻灯片放映丨自定义动画"命令或在"任务窗格"下拉列表中选择"自定义动画"。

③ 在"自定义动画"任务窗格中单击左上角的"☆ 添加效果 ▾"按钮,弹出一个下拉列表,如图 5-32 所示,从级联菜单中选择需要的动画。

注意:采用"自定义动画"设置的动画效果,可以设置各个对象的"进入"、"强调"、"退出"、

"动作路径"等效果。若想使文本或对象按某种效果进入幻灯片,则选择"进入"命令;若想使文本或对象在退出时有动画效果,则选择"退出"命令。

添加完动画效果后,可以设置"开始"、"方向"、"速度"等选项。

在"自定义动画"任务窗格中的自定义动画项目列表的前面分别标有 1、2、3……数字,表示动画执行的顺序。单击"重新排序"按钮,可以更改动画的次序。单击任何一个自定义动画项目右边的下拉箭头,从弹出的菜单中选择"效果选项"命令,如图 5-33 所示,可以设置"效果"、"计时"、"正文文本动画"等,对动画作进一步的设置。

如果要删除动画效果,可以在自定义动画列表中选定动画项目,再单击"删除"按钮,如图 5-34 所示。

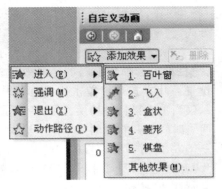

图 5-32　"添加效果"级联菜单

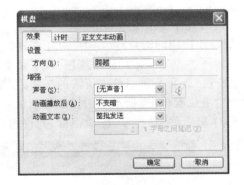

图 5-33　效果选项

图 5-34　自定义动画设置

5.4.2　设置幻灯片切换效果

幻灯片的切换效果不仅使幻灯片的过渡衔接更为自然,而且也能吸引观众的注意力。幻灯片的切换效果是指放映时幻灯片离开和进入所产生的视觉效果。例如,可以将幻灯片从左上角抽出,或者向下擦除等。既可以设置幻灯片的换片方式(单击鼠标切换或每隔一段时间自动切换),也可以设置切换速度(快速、中速和慢速)和声音效果。

设置幻灯片切换效果,具体操作步骤如下:

① 打开演示文稿,选择要设置切换效果的幻灯片。

② 单击"幻灯片放映|幻灯片切换"命令或在"任务窗格"下拉列表中选择"幻灯片切换",打开如图 5-35 所示的"幻灯片切换"任务窗格。

③ 在"应用于所选幻灯片"下拉列表框中选择一种切换方式。

④在下方"速度"栏可以选择幻灯片的切换速度；在"声音"栏可以选择切换时的声音效果；在"换片方式"栏中可以设置换片方式：有"单击鼠标时"和"每隔"两种方式，前者表示仅当单击鼠标时切换，而后者表示每隔一段时间自动切换，间隔时间在其右侧的文本框中输入。

⑤ 此时，所设置的幻灯片切换效果只适用于所选幻灯片。要想全部幻灯片均采用该切换效果，可以单击"应用于所有幻灯片"按钮。

图 5-35　"幻灯片切换"任务窗格

5.4.3　创建交互式演示文稿

演示文稿一般按原来的顺序依次放映。有时需要改变这种顺序，在放映到某处时，演讲者可以跳到后面某张幻灯片处放映或者转而放映另一演示文稿。这可以借助动作设置和超级链接的方法来实现。

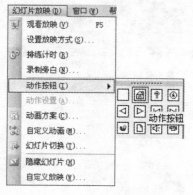

图 5-36　"动作按钮"级联菜单

1.　创建动作按钮

可以将某个动作按钮添加到演示文稿中，然后定义如何在幻灯片放映中使用它。例如，跳转到另一张幻灯片或者需要激活一段影片、声音等。

创建动作按钮的具体操作步骤如下：

① 选择添加动作按钮的幻灯片，单击"幻灯片放映|动作按钮"命令，出现如图 5-36 所示的"动作按钮"级联菜单。

② 从"动作按钮"级联菜单中单击所需的按钮，在要添加按钮的幻灯片上适当位置单击。所添加的按钮为默认大小，同时会出现如图 5-37 所示的"动作设置"对话框，允许用户定义按钮的使用方式。

2.　设置交互动作

在幻灯片的放映过程中，激活一个指定对象的交互动作的方式有两种：一种是"单击鼠标"，另一种是"鼠标移过"。

如果要设置交互动作，具体操作步骤如下：

① 在普通视图下，选择要创建交互动作的文本、动作按钮或对象。

② 选择"幻灯片放映|动作设置"命令，打开如图 5-37 所示的"动作设置"对话框。

③ 如果希望"单击鼠标"执行动作，选择"单击鼠标"选项卡进行设置。如果希望采用"鼠标移过"执行动作，选择"鼠标移过"选项卡进行设置。

图 5-37　"动作设置"对话框

④ 如果要在选择的文本或对象上创建超级链接,则要单击"超级链接到"单选按钮,然后从下拉列表框中选择链接目标。如果要在执行动作时运行某个应用程序,可以单击"运行程序"单选按钮,再输入要打开的程序路径和名称。

⑤ 如果要在执行动作的过程中伴随有声音效果,则要选择"播放声音"复选框。

⑥ 设置完毕后,单击"确定"按钮。

3．插入超级链接

经常上网冲浪的用户对于超级链接一定不会陌生,只要单击网页上带下划线的彩色文字或图形,就可以直接跳转到链接的内容处。在 PowerPoint 中也可以通过在幻灯片内插入超级链接,使用户跳转到其他幻灯片、其他文档或 Internet 的网页中。

如果要创建跳转到本演示文稿的超级链接,具体操作步骤如下:

① 在普通视图下,选择要创建交互动作的文本、动作按钮或对象。

② 选择"插入 | 超链接"命令,出现"插入超链接"对话框,如图 5-38 所示。

③ 单击"链接到"选项组中的"本文档中的位置"按钮,如图 5-39 所示。

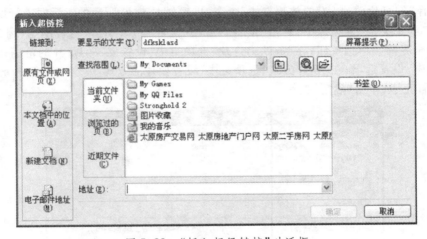

图 5-38　"插入超级链接"对话框

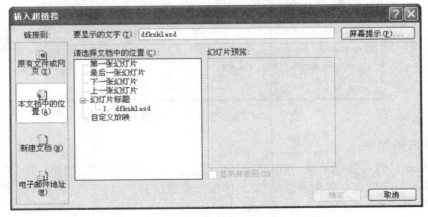

图 5-39　单击"本文档中的位置"按钮

④ 如果要跳转到某张幻灯片上,可以选择"第一张幻灯片"、"最后一张幻灯片"、"上一张幻灯片"或"下一张幻灯片"。用户也可以单击某个幻灯片的标题或自定义放映,便于跳转到相应的位置。

⑤ 设置完毕后,单击"确定"按钮。

设置超链接后的文本下面出现了下划线,而且颜色也发生了改变。放映时,当鼠标移到链接的对象时,鼠标指针变成小手形状。

5.4.4 演示文稿的放映

在制作完幻灯片后,就可以放映幻灯片了。在放映过程中有些细节还需要进行处理,比如设置放映方式、对放映过程进行控制等。

1. 设置放映方式

设置放映方式,具体操作步骤如下:

① 打开要设置放映方式的演示文稿。

② 选择"幻灯片放映|设置放映方式"命令,出现如图 5-40 所示的对话框进行设置。

③ 在"放映类型"选项组中,单击"演讲者放映(全屏幕)","观众自行浏览(窗口)"或"在展台浏览(全屏幕)"单选按钮;在"放映幻灯片"选项组中,设置放映幻灯片的范围;在"放映选项"选项组中,设置选项;在"换片方式"选项组中,设置换片的方式。

④ 设置完毕,单击"确定"按钮。

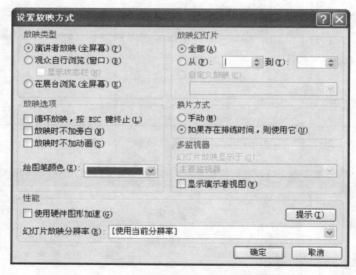

图 5-40 "设置放映方式"对话框

2. 旁白的录制

PowerPoint 2003 在提供放映幻灯片的同时,还提供了播放解说词的功能。每张幻灯片的解说词可以用录制旁白命令事先录制好,其具体操作步骤如下:

① 打开演示文稿,选择第 1 张幻灯片。

② 选择"幻灯片放映|录制旁白"命令,打开如图 5-41 所示的"录制旁白"对话框。其中显

示了系统默认的录制参数。

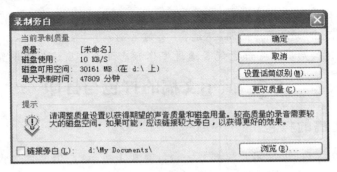

图 5-41　"录制旁白"对话框

③ 单击"确定"按钮后,演示文稿进入幻灯片放映视图。此时,演讲者就可以对着麦克风录制旁白了。在录制过程中,系统会记录所用的时间。

④ 录制结束,关闭演示文稿时,系统会询问是否保存新的定时,是否更新幻灯片浏览视图中的定时,单击"是"按钮即可。

3．演示文稿的放映

一切设置完毕,就可以播放演示文稿了,具体操作步骤如下:

① 打开要播放的演示文稿。

② 单击"幻灯片放映 | 观看放映"命令,即可按照设置进行播放幻灯片。

③ 如果播放中途要结束放映,可右击幻灯片任意处,打开快捷菜单,选择"结束放映"命令或按【Esc】键都可结束放映。

练一练:

① 打开 D 盘上自己文件夹中的"团队建设.ppt"文件,设置第一张幻灯片的动画方案为"玩具风车"。

② 将第二张幻灯片文本的动画效果设置为"进入"、"擦除"、"单击时"、"自左侧"、"中速"。将第三张幻灯片文本的动画效果设置为"强调"、"闪现"、"单击时"、"快速"。

③ 将所有幻灯片的切换效果设置为"向下擦除"、"中速"、"单击鼠标换页"。

④ 给第二张幻灯片中的文字"人际沟通的五个层次"插入超级链接,链接到本文档中的"下一张幻灯片"。设置文本中的文字"沟通中常见的主要障碍"的动作设置为"单击鼠标超链接到第四张幻灯片"。

⑤ 在第四张幻灯片右上角的位置插入一个"后退或前一项"动作按钮,设置其动作为鼠标移过超链接到第二张幻灯片。将该动作按钮复制到第三张幻灯片同样的位置。在第二张幻灯片右下角的位置插入一个"结束"动作按钮,设置其动作为单击鼠标超链接到最后一张幻灯片。

⑥ 设置放映方式,要求:演讲者自行浏览(全屏幕);循环放映,按 ESC 键终止;换片方式"手动"。

⑦ 编辑配色方案,将"强调文字和超链接"的颜色自定义为紫色。

⑧ 将修改后的文件按原文件名保存。

想一想：

① 动画方案和自定义动画有何区别？

② 自定义动画中"进入"、"强调"、"退出"有何区别，何时使用？

③ 设置超级链接后的文字颜色能否通过字体颜色设置？应该如何设置？

5.5　演示文稿的打包与打印

5.5.1　演示文稿的打包

制作完演示文稿后，可能需要移到另一台计算机上去运行，但文件太大了，不能复制到软盘上，又没有安装合适的压缩软件，那该怎么办呢？PowerPoint 为方便用户提供了一个打包的功能，用于将演示文稿和它所链接的文件、声音、影片等组合在一起，打成一个包。

1.　将演示文稿打包

具体操作步骤如下：

① 打开要打包的演示文稿。

② 选择"文件 | 打包成 CD"命令。出现如图 5-42 所示的对话框。

③ 对话框中"要复制的文件"栏提示了当前要打包的演示文稿，若希望将其他演示文稿也在一起打包，则单击"添加文件"按钮，出现"添加文件"对话框，从中选择要打包的文件，并单击"添加"按钮。

图 5-42　"打包成 CD"对话框

④ 默认情况下，打包应包含 PowerPoint 播放器和与演示文稿有关的链接文件，若想改变这些设置或希望设置演示文稿的打开密码，可以单击"选项"按钮，在弹出的"选项"对话框设置。

⑤ 在"打包成 CD"对话框中单击"复制到文件夹"按钮，出现"复制到文件夹"对话框，输入文件夹名称和文件夹的位置路径，并单击"确定"按钮，则系统开始打包并存放到指定的文件夹。

2.　运行打包的演示文稿

完成了演示文稿的打包后，就可以在没有安装 PowerPoint 的情况下，也能放映演示文稿。具体操作步骤如下：

① 打开打包的文件夹。

② 双击其中的 PowerPoint 播放器 pptview.exe，出现对话框，其中列出打包文件夹中所有演示文稿文件。

③ 选择某个演示文稿文件,并单击"打开",即可放映该演示文稿。

④ 放映完毕,还可以在对话框中选择播放其他演示文稿。

注意:

在运行打包的演示文稿时,不能进行即兴勾画标注。

若演示文稿打包到 CD,则将光盘放到光驱中就会自动播放。

5.5.2　演示文稿的打印

演示文稿可以打印成多种形式,其具体操作步骤如下。

① 打开要打印的演示文稿,使之成为 PowerPoint 窗口中的当前文件。

② 选择"文件 | 打印"命令,打开如图 5-43 所示的对话框。

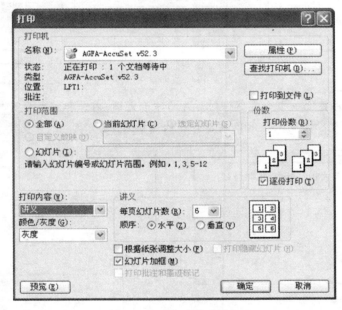

图 5-43　"打印"对话框

③ 在"打印机"下拉列表框中选择与计算机相匹配的打印机。

④ 在"打印范围"选项组中,从"全部"、"当前幻灯片"、"幻灯片"等单选按钮中选择一项。如单击"幻灯片"单选按钮,则还应在右边文本框中填入幻灯片的编号。

⑤ 在"打印内容"的下拉列表框中可以选择"幻灯片"、"讲义"、"备注页"或"大纲视图"选项。通常情况下,选择"讲义(每页 6 张幻灯片)"选项,这样比较节约纸张。

⑥ 在"份数"选项组中设定打印份数。

⑦ 各项参数设置完后,单击"确定"按钮,开始打印。

习　题　5

一、创建演示文稿

1. 按图示顺序建立一个含有 3 张幻灯片的演示文稿,内容和版式如图 5-44 所示。并将其以"冬.ppt"为文件名保存在 D 盘上自己的文件夹中。

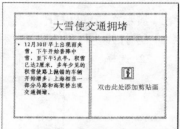

图 5-44　演示文稿"冬"

2. 按图示顺序建立一个含有 2 张幻灯片的演示文稿,内容和版式如图 5-45 所示。并将其以"人才市场.ppt"为文件名保存在 D 盘上自己的文件夹中。

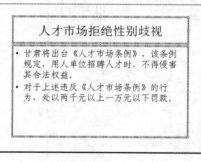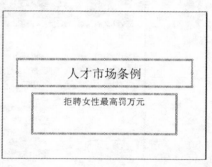

图 5-45　演示文稿"人才市场"

二、修饰演示文稿

1. 打开演示文稿"冬.ppt",按要求进行如下编辑,并以原文件名保存。

(1)将第三张幻灯片标题文字的字体设置为"黑体",字号设置为 53 磅。文本部分字体设置为"楷体",字号为 28 磅。

(2)在第三张幻灯片的剪贴画区域中插入剪贴画:Office 收藏集中"季节"类的"冬季"中的剪贴画。

(3)删除第一张幻灯片。

(4)在第二张幻灯片的备注区输入"雪滑难行,交通拥堵"。

(5)将所有幻灯片的背景设置填充效果为渐变预设颜色"金色年华",底纹样式"从标题"。

2. 打开演示文稿"人才市场.ppt",按要求进行如下编辑,并以原文件名保存。

(1)在第一张幻灯片之前插入一张版式为"只有标题"的新幻灯片,在标题处键入"招聘信息"。然后插入一个 4 行 3 列的表格,并在表格内输入以下信息。

招聘单位	招聘岗位	性别要求
某单位	出纳	男士优先
某校	数学教师	仅限男性
某公司	营销／市场管理	仅限男性

（2）将第三张幻灯片移动到第一张幻灯片之前，作为第一张幻灯片。

（3）在第三张幻灯片之前插入一张版式为空白的新幻灯片，插入艺术字"联合抗议"，要求其样式为：艺术字库中 5 行 3 列的样式，字体格式为黑体、加粗，艺术字形状为"两端远"，缩放比例高度宽度均为 300%，位置为距左上角水平 5 厘米、垂直 4.5 厘米。

（4）使用"Mountain Top.pot"模板修饰全文。

（5）给所有幻灯片设置页眉和页脚，包含内容为"幻灯片编号"、"标题幻灯片中不显示"。

三、动画演示文稿

1. 打开演示文稿"冬.ppt"，按要求进行如下编辑，并以原文件名保存。

（1）将第二张幻灯片中文本动画效果设置为"进入"、"切入"、"自底部"，剪贴画动画效果设置为"进入"、"棋盘"、"下"。动画顺序为先剪贴画后文本。

（2）设置全部幻灯片切换效果为"随机"。

（3）给第二张幻灯片的剪贴画插入超级链接，链接到第一张幻灯片。

2. 打开演示文稿"人才市场.ppt"，按要求进行如下编辑，并以原文件名保存。

（1）将第三张幻灯片中艺术字动画效果依次设置为"进入"、"弹跳"、"慢速"；"强调"、"放大／缩小"、"之后"、"快速"；"退出"、"之后"、"快速"。

（2）将第二张幻灯片切换效果设置为"扇形展开"，速度为"中速"，声音为"风铃"，换片方式"单击鼠标时"、每隔 5 秒换页。

（3）在第四张幻灯片上插入"结束"动作按钮，并设置动作为：单击鼠标超链接到结束放映。

四、综合题（历年考试原题）

1. 按下列要求创建和编辑演示文稿，并以"yswg1.ppt"为文件名保存在 D 盘上自己的文件夹中。

（1）建立一个含有 4 张幻灯片的演示文稿，内容和版式如图 5-46 所示。

图 5-46　演示文稿"yswg1"

提示：第一张幻灯片的版式为空白版式，若没有相同的图片，用任意剪贴画图片代替。

（2）使用"CDESIGNN"模板修饰全文，全部幻灯片切换效果为"加号"。设置放映方式为：观众自行浏览（窗口）。

（3）在第一张幻灯片前插入一张版式为"标题幻灯片"的新幻灯片，主标题输入"神奇的章鱼保罗"，并设置"黑体"，47 磅，蓝色（请用自定义选项卡的红色 0、绿色 0、蓝色 220），副标题输入"8 次预测全部正确"，并设置为"楷体"，30 磅。第三张幻灯片的版式为"标题，内容与文本"，将第二张幻灯片左侧图片移入第三张幻灯片的内容区，图片动画设置为"进入"、"折叠"，文本动画设置为"进入"、"下降"。动画顺序为先文本后图片。将第四张幻灯片的版式改为"标题，两项内容与文本"，文本区的第二段文字移动到标题区域，将第二张幻灯片右侧的两张图片依次移入内容区。删除第二张幻灯片。在第四张幻灯片前插入一版式为"空白"的新幻灯片，插入 9 行 3 列表格，并将第五张幻灯片的 9 行 3 列文字移入表格相应位置。删除第五张幻灯片。

2．按下列要求创建和编辑演示文稿，并以"yswg2.ppt"为文件名保存在 D 盘上自己的文件夹中。

（1）建立一个含有 5 张幻灯片的演示文稿，内容和版式如图 5-47 所示。

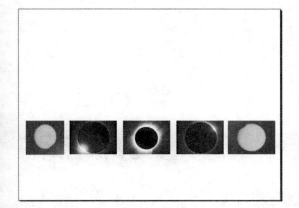

单击此处添加标题

• 本月二十二日，地球北半球将经历一次堪称"世纪日食"的罕见天象，中国境内可以观测到日全食的区域主要集中在长江流域，最长日全食时间达六分多钟，这是从一八一四年至未来的二三〇九年近五百年中，中国记载过或者可预测的可见日全食食延时间最长的一次。

单击此处添加标题

• 原理：日全食必须太阳、月亮、地球在一条直线的时才能发生，同时，月亮还必须在新生相的位置。在日食的时候，月亮在地球的影子分为两部分，中心的地区叫做本影，外面的区域叫做半影。只有处在本影的位置才能看到日全食。
• 日食带：由于月亮的影椎又细又长，所以当它落到地球表面时，所占的面积很小。当月球绕地球转动时，影椎就在地面上自西向东扫过一段比较长的地带，在这个地带都可以看见日食。这条带就叫做"日食带"。
• 一次日全食的过程可以包括以下五个时期：初亏、食既、食甚、生光、复圆。

图 5-47　演示文稿"yswg2"

　　提示：第四张幻灯片的版式为"空白"，演示文稿中出现的图片，若没有相同的图片，请用任意剪贴画图片代替。

　　（2）第四张幻灯片的版式改为"标题，文本与内容"，文本设置为"仿宋_GB2312"、23 磅字。将第一张幻灯片的图片移到第四张幻灯片的内容区。第一张幻灯片的版式改为"内容"，内容区插入 5 行 2 列的表格。第一列的第 1～5 行依次录入"初亏"、"食既"、"食甚"、"生光"和"复圆"。将第二张幻灯片的第 1~5 段文本依次移到表格第二列的第 1～5 行，并设置第二列文本全为 19 磅了。移动第四张幻灯片，使之成为第一张幻灯片。删除第三张幻灯片。移动第四张幻灯片，使之成为第二张幻灯片。在第二张幻灯片文本"初亏、食既、食甚、生光、复圆"上设置超链接，链接对象是本文档的第四张幻灯片。第四张幻灯片插入艺术字"日全食的过程"，形状为"双波形 1"，艺术字位置：水平：4 厘米，度量依据：左上角，垂直：3 厘米，度量依据：左上角。艺术字的动画设置为"进入"、"弹跳"。

　　（3）设置母版，使每张幻灯片的左下角出现文字"日全食过程"（在占位符中添加），文字设置为 15 磅字。使用"CCONTNTF 模板修饰全文。全部幻灯片切换效果为"扇形展开"。

第 6 章

计算机网络

知识点

- 计算机网络的基本概念、组成和分类。
- Internet 的基础知识：TCP/IP 协议、IP 地址和 Internet 接入。
- Internet 的简单应用：浏览器的使用、信息检索和电子邮件的使用。

重点

- 计算机网络的分类与功能。
- IP 地址与域名。
- 搜索信息和电子邮件的收发。

本章知识结构图

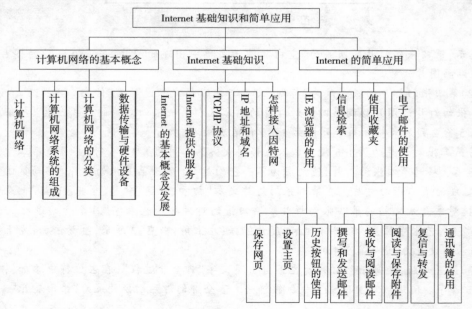

在 20 世纪的最后十年中，随着生活节奏的加快，人们对信息的获取与传播需求日益增长，这也就促进了 IT 信息技术的高速发展。信息技术包含的内容很广，既有对信

息的收集、处理、存储、传送和分配，又有表达信息的手段。其中计算机网络是信息技术的主要领域之一。它是计算机技术与通信技术结合的产物，是信息技术进步的象征。近年来，Internet 这个全球化计算机网络的发展，已经证明了计算机网络对信息时代的重要性。

6.1　计算机网络概述

6.1.1　计算机网络的功能

想一想：

什么是计算机网络？

计算机网络是指分布在不同地理位置上的具有独立功能的多个计算机系统，通过通信设施和通信线路相互联结起来，在网络软件、网络协议的管理下实现数据传输和资源共享的系统。一句话概括，计算机网络就是指互联起来的独立自主的计算机集合。这里"互联"意味着互相连接的两台或两台以上的计算机能够互相交换信息，达到资源共享的目的。而"独立自主"是指每台计算机的工作是独立的，任何一台计算机都不能干预其他计算机的工作。

最简单的网络就是两台计算机的互联，而复杂的计算机网络则是将全世界的计算机连在一起。它综合应用了几乎所有的现代信息处理技术、计算机技术和通信技术的研究成果，组成了规模更大、功能更强、可靠性更高的信息综合处理系统。

计算机网络既然是以共享为主要目标，那么还有什么其他功能呢？

计算机网络具备的主要功能如下：

1．资源共享

这是计算机网络最重要的功能。网络上的计算机彼此之间可以实现资源共享，包括硬件、软件和数据。所谓共享就是指网络中各计算机的资源可以互相通用，比如在办公室里的几台计算机可以以网络共用一台打印机。信息时代的到来，其资源的共享具有重大的意义。首先，从投资方面考虑，网络上的用户可以共享使用网络上的打印机、扫描仪等，这样就节省了资金。其次，现代的信息量越来越大，单一的计算机已经不能将其存储，只有分布在不同的计算机上，网络用户可以共享这些信息资源。再次，现在计算机软件层出不穷，在这些软件中，很多是免费共享的，这是网络上的宝贵财富。任何联入网络的计算机，都有权利使用它们。因此，资源共享为用户使用网络提供了许多的方便。

2．数据通信（数据传输）

计算机网络为分布在不同地点的计算机用户提供了快速传送信息的手段，网络上不同的计算机之间可以传送数据、交换信息，为人们的生活和工作提供了方便。该功能实现了计算机与终端、计算机与计算机间的数据传输，这是计算机网络的基本功能。

3．提高可靠性

在一个较大的系统中，个别部件或计算机出现故障是不可避免的。计算机网络中的各台计算机可以通过网络互相设置为后备机。如果某台计算机出现故障时，网络中的后备机即可代替其继续使用，保证任务正常完成，避免系统瘫痪，从而提高了计算机的可靠性。

4．集中管理

计算机网络技术的发展和应用,已使得现代的办公手段、经营管理等发生了变化。目前,已经有 MIS（管理信息系统——Management Information System）、OA（办公自动化——Office Automation）等许多系统,通过这些系统可以实现日常工作的集中管理,提高工作效率,增加经济效益。

5．实现分布式处理

网络技术的发展,使得分布式计算成为可能。对于大型的课题,可以分为许许多多的小题目,由不同的计算机分别完成,然后再集中起来解决问题。正在兴起的云计算（cloud computing）就是分布式计算的一种。

6．负荷均衡

负荷均衡是指工作被均匀地分配给网络上的各台计算机系统。网络控制中心负责分配和检测,当某台计算机负荷超重时,系统会自动转移到负荷较轻的计算机系统去处理,减少用户的等待时间。

6.1.2　计算机网络系统的组成

从计算机网络的定义上看,计算机网络系统由通信子网和资源子网两部分组成。通信子网和资源子网的划分反映了网络系统的物理结构,同时它还有效地描述出了系统实现资源共享的方法。通信子网与资源子网的关系如图6-1所示。

通信子网是由通信线路和负责通信控制处理的接口处理机组成的通信网络,主要包括通信线路、通信设备、网络协议和通信控制软件等。其主要任务是为主机提供数据传输和通信控制,实现信息交换。资源子网用于负责整个网络的数据处理,以及向用户提供网络资源和服务。它包括联网的计算机、终端、外部设备、网络协议及网络软件等。其主要任务是收集、存储和处理信息,为用户提供网络服务和资源共享等功能。

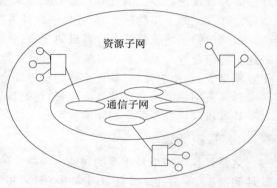

图 6-1　计算机网络的逻辑结构图

6.1.3　计算机网络的分类

计算机网络的分类方法很多（如按计算机网络的拓扑结构分类、按网络协议分类等）,从不同的角度划分网络系统,有利于全面地了解网络系统的各种特性。

常用的分类方法是按网络规模、距离远近、传输介质和网络的拓扑结构分类。

1．按网络的网络规模、距离远近分类

计算机网络按其地理位置和分布范围分类可以分成局域网、广域网和城域网三类。

（1）局域网 LAN（Local Area Network）

局域网是指在几百米到十公里范围之内,办公楼或校园内的计算机相互连接所构成的计

算机网络,是一类联网范围有限的计算机数据通信系统。如一栋楼内、一所学校的校园网、一家公司的企业网等都是局域网。传统局域网具有高数据传输率、低延迟和低误码率、数据设备和传输介质可为某一组织拥有,且易于管理、维护和使用灵活方便等特点,因而深受广大用户的欢迎。

(2)广域网 WAN(Wide Area Network)

广域网是指远距离的计算机互联组成的网,分布范围可达几千公里乃至上万公里,甚至跨越国界、洲界,遍及全球范围。因此,对通信的要求越高,复杂性也就越高。在实际应用中,广域网可与局域网互联,即局域网可以是广域网的一个终端系统。组织广域网,必须按照一定的网络体系结构和相应的协议进行,以实现不同系统的互联和相互协同工作。广域网是一种跨地区的数据通信网络,使用电信运营商提供的设备作为信息传输平台。Internet 是典型的广域网。

(3)城域网 MAN(Metropolitan Area Network)

城域网的规模主要局限在一个城市范围内,是一种介于广域网和局域网之间的网络,分布范围一般在十几公里到上百公里之间。其用户多为需要在一个城市之间进行高速通信的较大单位或公司。

2. 按传输介质分类

计算机网络按其传输介质分类可以分成有线网和无线网两大类。

(1)有线网

有线网又有两种,一是采用同轴电缆和双绞线连接的网络;二是采用光导纤维作传输介质的网络,又称为光纤网。采用同轴电缆和双绞线连接的网络比较经济,安装方便,但传输距离相对较短,传输率和抗干扰能力一般;光纤网则传输距离长,传输率高(可达数千兆 bps),且抗干扰能力强,安全性好,但价格较高,且需高水平的安装技术。

(2)无线网

采用空气作传输介质、用电磁波作传输载体的网络。其优点是联网方式灵活方便,缺点是传输速率不如有线网络高。例如在办公场所用无线路由器和无线网卡将计算机及其他手持设备联结起来组成的无线局域网。

3. 按网络的拓扑结构分类

网络拓扑结构是指一个网络中各个节点之间互联的几何结构,即各个节点之间相互连接的方式。基本的拓扑结构有星型、环型、总线型、树型、网状结构等 5 种,任何一个网络系统都规定了自己的网络拓扑结构,通过网络之间的相互连接,可以将不同拓扑结构的网络组合起来,组成一个集多种结构为一体的互联网络。

(1)星型结构

星型结构是最早的通用网络拓扑结构形式。它由一个功能较强的中心节点,以及一些通过点到点链路连到中心节点的从节点组成。其中每个节点都通过连线(如光纤)与中心节点相连,各节点之间不能直接通信。如 A 节点要向 B 节点发送,A 节点先发送给中心节点 F,再由 F 发送给 B 节点。

星型结构的优点是结构简单,控制处理也较为简便,易于扩充和管理,发现故障、排除故障容易,缺点是属集中控制,对中心节点依赖性大,若中心站点出故障会引起整个网络瘫痪。可靠性低,星型结构如图 6-2(a)所示。

（2）环型结构

环型结构是一种首尾相连的总线型拓扑结构，网络中各节点的通信都通过中继器连接到一个闭合的环路上，信息沿环型线路单向（或双向）传输，由目的节点接收。环型网适合那些数据不需要在中心节点上集中处理，而主要在各自节点进行处理的情况。

环型结构的优点是设备与线路少，结构简单，成本低，缺点是容量有限，可靠性低，速度慢，发现、排除故障难，增加新站点难。环型结构如图 6-2（b）所示。

（3）总线型结构

总线型结构是由一条高速公用总线连接若干个节点所形成的网络，网络中各个节点均与这条公用总线相连，信息可沿两个不同的方向由一个节点传向另一个节点。总线型结构的优点是结构简单，易于扩充和管理，可靠性高，速率快，缺点是接入节点有限，发现故障、排除故障困难，实时性较差。总线型结构如图 6-2（c）所示。

（4）树型结构

树型结构是指联网的各计算机按树形或塔形组成，树的每个节点都为计算机。节点按层次进行连接，像树一样有分支、根节点、叶子节点等，信息交换主要在上、下节点之间进行，树型拓扑可以看作是星型结构的一种扩展，主要使用于汇集信息的应用要求。

树型结构适用于相邻层通信较多的情况，典型的应用是低节点解决不了的问题，请求中层解决，中层解决不了的问题请求顶部的计算机来解决。树型结构如图 6-2（d）所示。

（5）网状结构

在广域网中，互联的计算机一般都安装在各个城市，各节点间距离很长，某些节点间是否用点到点线路专线连接，要依据其间的信息流量以及网络所处的地理位置而定。如果某节点间的通信可由其他中继节点转发且不影响网络性能时，可以不必直接互联。因此在地域范围很大且节点较多时，都为部分节点连接的任意拓扑结构。网状拓扑的优点是系统可靠性高，但是由于结构复杂。广域网中基本都采用网状拓扑结构。网状结构如图 6-2（e）所示。

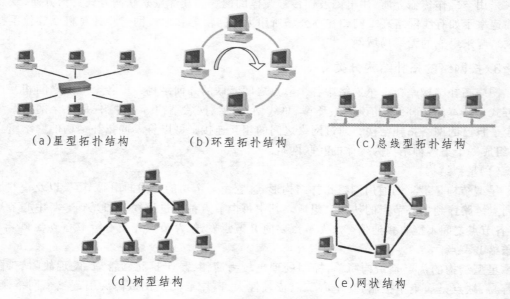

（a）星型拓扑结构　　　（b）环型拓扑结构　　　　（c）总线型拓扑结构

（d）树型结构　　　　　（e）网状结构

图 6-2　网络的拓扑结构

6.1.4　数据传输与网络连接设备

数据传输是指利用信道(如双绞线、同轴电缆、光纤等)把数据从发送端传送到接收端的过程。信道是数据信号从发送端传送到接收端的物理通道。数据传输有时也叫数据通信、网络通信等。随着通信技术的不断发展,这些术语的区别已经日趋模糊,越来越多的人都把数据传输统称为通信。通信的目的就是传递信息,首先简单介绍有关数据传输的几个常用术语。

1. 信道

信道是数据信号从发送端传送到接收端的物理通道。传输信道可能是由同轴电缆、光纤、双绞线构成的有线线路,也可能是由卫星和地面微波站等构成的无线线路,还可能是有线线路和无线线路的结合。传输信道给数据提供了通路,同时也会引入噪音干扰,可能造成数据传输的差错。在传输过程中可以是模拟信号,也可以是数字信号。

2. 数字信号和模拟信号

通信的目的是传输数据,信号是数据的表现形式。从信号传输的角度来看,信号有模拟信号和数字信号两种形式。模拟信号是一种连续变化的信号,如电视图像信号、语音信号;数字信号是一种离散的信号,如数字电话和数字电视等。

3. 调制与解调

在数据通信过程中可能会遇到噪音干扰影响传输数据的准确率,因此,在模拟信道传输数字数据时,首先要进行数、模转换,把数字脉冲信号转换成适应模拟信道传输要求的模拟信号,这一过程称为调制;在接收端再把模拟信号转换成数字脉冲信号,称为解调。将调制和解调两种功能结合在一起的设备称为调制解调器。

4. 信息传输速率与误码率

在模拟传输系统中,通常用带宽来表示信道传输信息的能力。它指的是在传输过程中可使用的最高频率与最低频率之差,或者说是"频带的宽度",也就是所谓的"Bandwidth"、"信道带宽",单位有 Hz、KHz、MHz、GHz 等。在数字传输系统中,通常用传输速率来度量传输信息的能力。它指的是每秒通过系统传输的信息量,又称为比特率,单位是 bps(比特/秒)、Kbps、Mbps、Gbps 等。在现代网络中,人们经常用"宽带"来表示信道的数据传输速率,"宽带"与"速率"几乎成了同义词。宽带与数据传输速率是通信系统的主要技术指标之一。

误码率是指在信息传输过程中的出错率,是通信系统的可靠性指标。在计算机网络系统中,一般要求误码率低于百万分之一。

下面介绍一下网络连接设备。

1. 传输介质

传输介质通常分为有线介质和无线介质。有线介质包括同轴电缆、双绞线和光纤等。无线介质主要包括无线电、红外、微波和卫星通信等。

2. 网络接口卡

网络接口卡(简称网卡)是网络的基本设备,它是计算机与通信设备之间的接口设备。它使计算机和通信电缆连接起来,连接到其他计算机或交换机等通信设备上进行数据传输。无线网中的计算机安装的是无线网卡,计算机通过无线网卡接入到网络中无需通过电缆。通常网卡都插在计算机的扩展槽内或集成在计算机的主板中,外置网卡通常插在 USB 口上。

3. 调制解调器(Modem)

调制解调器是一种传统的数据通信设备,在利用模拟信道进行数据传输或网络连接时,必须使用调制解调器。它有调制和解调两种功能,在发送端,把数字脉冲信号转换成适应模拟信道传输要求的模拟信号,这个过程称为调制;在接收端再把模拟信号转换成数字脉冲信号,称为解调。

调制解调器也被称为"猫",例如用于连接宽带的宽带猫就是调制解调器,再如进行无线上网时用的无线上网卡也属于调制解调器。

4. 中继器(Repeater)

中继器是最简单的局域网延伸设备,其主要作用是放大传输介质上传输的信号,以便在网络上传输得更远。不同类型的局域网采用不同的中继器。

5. 网络集线器(Hub)

集线器是局域网中重要的部件之一,它是网络连线的中央连接点。通俗地说,集线器就是一个将共享介质干线(总线)折叠到铁盒子中的集中连接设备。随着计算机网络的发展和交换机的低成本制造,交换机已经逐渐取代了集线器。

6. 交换机(Switch)

交换式集线器是一种网络开关,由于和电话交换机对出入线的选择有相似的原理,因此也被称为交换机。交换机是一种存储转发设备,它可以接收发来的信息帧,加以暂时存储,然后发到另一端的网络部件。

交换机的主要特点是提高了每个工作站的平均占有带宽并提供了网络整体的集合带宽,从而增大网络带宽,改善局域网的性能和服务质量。

7. 网桥(Bridge)

网桥将相同类型的网络连接起来,并对网络数据的流通进行管理。它工作于数据链路层,不但能扩展网络的距离或范围,而且可提高网络的可靠性和安全性。

8. 路由器(Router)

路由器是互联网的主要节点设备,是不同网络之间互相连接的枢纽。路由器用于检测数据的目的地址,对路径进行动态分配,根据不同的地址将数据分流到不同的路径中。如果存在多条路径,则根据路径的工作状态和闲忙情况,选择一条合适的路径,动态平衡通信负载。

9. 无线 AP

无线 AP 也称为无线访问点或无线桥接器,即是当作传统的有线局域网络与无线局域网络之间的桥梁,通过无线 AP,任何一台装有无线网卡的主机都可以去连接有线局域网。无线 AP 含义较广,不仅提供单纯性的无线接入点,也同样是无线路由器等类设备的统称,兼具路由、网管等功能。单纯性的无线 AP 就是一个无线的交换机,仅仅是提供一个无线信号发射的功能,其工作原理是将网络信号通过双绞线传送过来,无线 AP 将电信号转换为无线电信号发送出来,形成无线网的覆盖。无线 AP 型号不同则具有不同的功率,可以实现不同程度、不同范围的网络覆盖,一般无线 AP 的最大覆盖距离可达 300 米,非常适合于在建筑物之间、楼层之间等不便于架设有线局域网的地方构建无线局域网。

6.1.5 无线局域网

无线局域网络(WLAN)是相当便利的数据传输系统,它利用射频(RF)的技术,取代旧式碍手碍脚的双绞线所构成的局域网络,使得无线局域网络能利用简单的存取架构让用户透过它,达到"信息随身化、便利走天下"的理想境界。

对于局域网络管理主要工作之一,铺设电缆或是检查电缆是否断线这种耗时的工作,很容易令人烦躁,也不容易在短时间内找出断线所在。再者,由于配合企业及应用环境不断的更新与发展,原有的企业网络必须配合重新布局,需要重新安装网络线路,虽然电缆本身并不贵,可是请技术人员来配线的成本很高,尤其是老旧的大楼,配线工程费用就更高了。因此,架设无线局域网络就成为最佳解决方案。

在无线联网的发展史上,从早期的红外线技术到蓝牙,都可以无线传输数据,多用于系统互联,但却不能组建局域网。如将一台计算机的各个部件连接起来,再如常见的蓝牙耳机。如今新一代的无线网络,不仅仅是简单将两台计算机相连,更是建立了无须布线和使用非常自由的无线局域网。在无线局域网中有许多计算机,每台计算机都有一个无线电调制解调器和一个天线,通过该天线,它可以与其他的系统进行通信。通常在室内的墙壁或天花板上也有一个天线,所有机器都与它通信,然后彼此之间就可以相互通信通话了。

6.2　Internet 基础知识

因特网是从英文 Internet 翻译过来的,又称为国际互联网。它是一个世界范围内的"网络的网络"。Internet 含有极为丰富的信息资源,是人类巨大的信息宝库。在 Internet 上可以实现资源共享、相互通信、远程教学等。例如,通过 Internet 就可以在家中的计算机上查阅学校图书馆的书目或北京图书馆的资料;可以到中央电视台的网站上去查阅节目预告甚至收看电视节目等。下面介绍 Internet 的基本概念和协议。

6.2.1 Internet 的基本概念及发展

Internet 是指通过网络互联设备把不同的多个网络或网络群体互连起来形成的大网络。它又称为国际互联网,是一个全球性的开放式计算机网络系统,其通过网络协议来交换数据。无论用户身在何处,只要计算机与 Internet 建立了连接,足不出户就可以使用 Internet 进行数据通信及获取丰富的网络资源。它是世界上最大的计算机网络。

从某种意义上,Internet 可以说是美苏冷战的产物。这样一个庞大的网络,它的由来,可以追溯到 1962 年。当时,美国国防部为了保证美国本土防卫力量和海外防御武装在受到苏联第一次核打击以后仍然具有一定的生存和反击能力,认为有必要设计出一种分散的指挥系统:它由一个个分散的指挥点组成,当部分指挥点被摧毁后,其他点仍能正常工作,并且这些点之间能够绕过那些已被摧毁的指挥点而继续保持联系。为了对这一构思进行验证,1969 年,美国国防部国防高级研究计划管理局(DoD/DARPA)资助建立了一个名为 ARPAnet(即"阿帕网",是 Internet 最早的雏形)的实验性的计算机网络。1983 年,原来的 ARPANET 分裂成两个网络,但它们之间仍保持着互连状态,能够进行通信和资源共享。这种网络互连称为 DARPA Internet,随后简称为 Internet,Internet 就正式诞生了。

为了便于网络相连，美国国防通信局 DCA 规定，ARPANet 中所有的主机都必须使用 TCP/IP 协议，结果 ARPANet 中所有的主机都开始使用该协议，Internet 的网络环境就大致形成了。这也意味着只要使用 TCP/IP 协议都可以连入 Internet。

20 世纪 80 年代，由于个人计算机的出现和计算机价格的大幅度下跌，加上局域网的发展，各学术和科研机构都想跟 Internet 互连，从而引发了一场 ARPANet 热。逐渐地，其应用领域也突破限制扩大到文化、政治和经济等领域。到 1994 年，Internet 由美国的商业机构接管，使得 Internet 从美国国家科学网络演变到一个世界性的商业网络，从而加速了 Internet 的普及和发展。

1994 年，中国正式接入 Internet。到 1996 年，中国的 Internet 已形成了中国科技网（CSTNet）、中国教育和科研计算机网（CERNet）、中国公用计算机互联网（ChinaNet）和中国金桥信息网（ChinaGBN 即国家公用经济信息通信网络）四大网络体系。2012 年 1 月 16 日，中国互联网络信息中心（CNNIC）发布《第 29 次中国互联网络发展状况统计报告》显示，截至 2011 年 12 月底，中国网民规模突破 5 亿，互联网普及率达到 38.3%。

6.2.2　Internet 提供的服务

Internet 之所以拥有大量用户，是因为它能够提供丰富的服务，主要包括以下几种：

1．信息浏览

WWW 服务（World Wide Web，简称 Web），中文简称"万维网"。万维网是搜索和浏览信息的信息服务系统，它通过超级链接将世界各地不同 Internet 的相关信息有机地组织在一起。在 WWW 之前，Internet 上信息查询、传递不是很方便，要靠 FTP 等字符界面工具，且检索也不方便、直观。随着超文本技术、多媒体技术和交互式应用程序的发展，WWW 已经成为信息交换的一种主流方式。在 WWW 上的信息有图形、图像、视频、音频信息等多种格式，易于浏览和理解。近几年，WWW 的应用已经成为 Internet 上最受欢迎的应用之一，它的出现极大地推动了 Internet 的发展 。

2．电子邮件（E-mail）

电子邮件是 Internet 的一个基本服务。是通过 Internet 与其他用户进行联系的快速、经济的现代通信方式。由于电子邮件不存在地理限制，能及时、方便地通信，因此深受用户喜爱。

3．文件传输（FTP）

文件传输是指使用 Internet 将一台计算机上的信息传送到另一台计算机上，它是一种实时的联机服务，用户必须登录到对方的计算机上才可以进行文件传送操作。文件传输服务是广大用户获得丰富资源的重要方法之一。

4．远程登录（Telnet）

远程登录是指使用自己在另一台计算机上的账号和口令，通过 Internet 从个人计算机登录到另一台计算机，成为另一台计算机的远程终端，使用另一台计算机的资源。通常在远程登录中，个人所使用的计算机称为本地计算机，而连接的另一个计算机称为远程计算机。

5．电子公告板（BBS）

电子公告板提供用户进行问题探讨和信息交流的场所。它所提供的信息放在 BBS 站点上,根据不同的主题划分为多个讨论区,在每个讨论区中有一个较集中和固定的主题,用户可以关注某一主题或对某一主题发表看法。

6.2.3 TCP/IP 协议

TCP/IP 协议是由美国国防部提出的,它是针对 Internet 开放的、用于计算机通信的一组协议。它是众多协义中两个最核心的协议。TCP/IP 协议由网络接口层、网际层、传输层和应用层 4 个层次组成。TCP/IP 协议的功能是确保数据的可靠传输。

TCP/IP(Transmission Control Protocol/Interent Protocol,传输控制协议 / 网际协议)由一组小的、专业化的子协议组成,包括 TCP、IP、UDP 等。它实际上是一个关于网际互联的标准,已经成为现在的 Internet 的主流协议。Internet 的发展正是有了 TCP/IP 协议才到达如此繁荣的地步。

TCP/IP 是一种网络通信协议,它规范了网络上的所有通信设备,尤其是一个主机与另一个主机之间的数据往来格式以及传送方式。TCP/IP 协议使用的是分组交互技术,其原理是将信息分为若干个不超过规定大小的信息报进行传送。这样,一方面可以节约网络资源,防止单个用户长时间占用网络线路,另一方面在传送出错的信息报时,不必重新传送所有的信息。

1. TCP 协议

TCP 协议位于传输层。它向应用层提供面向连接的服务,确保网上所发送的数据报可以完整地接收。一旦数据丢失或破坏,则由 TCP 负责将被丢失、破坏的数据报再传输一次,以实现数据的可靠传输。

2. IP 协议

IP 协议是一种不可靠、无连接的数据报传送服务协议。它提供了无连接的数据报传输和互联网的路由服务。它的基本任务是通过互联网传输数据报,各个 IP 数据报是独立传输的。也就是在网上从一个端点到另一个端点的传输路径的选择,将数据从一个地方传输到另一个地方。

6.2.4 IP 地址和域名

1. IP 地址

IP 地址是连接到 Internet 上的每台主机的唯一逻辑识别地址。

Internet 是由许多个物理网互联而成的虚拟网络,因而每台主机的 IP 地址都由网络号和主机号两部分组成。IP 地址的结构如图 6-3 所示。

网络号	主机号

图 6-3 IP 地址结构图

IP 地址共有 32 位(bit)地址,一般以 4 个字节表示。每个字节的数字又用十进制表示,即每个字节的数的范围是 0 ~ 255。且每个数字之间用点隔开,例如:192.168.101.5。

网络中 IP 地址很多,通常划分为以下 5 类:

0.0.0.0 ~ 127.255.255.255 为 A 类。

128.0.0.0 ~ 191.255.255.255 为 B 类。

192.0.0.0 ~ 233.255.255.255 为 C 类。

234.0.0.0 ~ 239.255.255.255 为 D 类。

E 类地址为实验地址,范围是 240.0.0.0 ~ 247.255.255.255。

IP 地址不是任意分配的,必须由国际组织统一分配,以保持 IP 地址的唯一性。

注意：目前使用的 32 位 IP 地址是根据 IP 协议中的 IPv4 版本定义的，最多可以有 232 台计算机连到 Internet 上。近年来由于 Internet 的蓬勃发展，可供分配的 IP 地址数量越来越少。为了扩大地址空间，现在正逐步向 IPv6 版本过渡。IPv6 采用 128 位地址长度，几乎可以不受限制地提供 IP 地址。

2. 域名

在实际生活中，由于数字形式的 IP 地址较难记忆，人们采用字符的形式来代替 IP 地址，这种代替 IP 地址的字符被称为域名。IP 地址和域名是一一对应的。采用域名服务器 DNS 可以实现域名和 IP 地址之间的转换。

域名采用层次结构的形式来表示，即域名是由若干子域名构成，子域名之间用小数圆点分隔，其结构如下：

主机名. …… . 二级子域名. 最高级子域名

在域名中，每个子域名都是由英文字母和数字组成（英文字母不区分大、小写），主机名写在最左边，级别最高的子域名写在最右边，一个完整的域名不超过 255 个字符。为了方便，采用通用的子域名来表示某些机构，如表 6-1 所示。

在国际上，最高级子域名采用通用的标准代码，分为组织机构和地理模式两类。一般默认状态是美国，除此以外，每个国家或地区都有自己的代码。例如：CN（中国）、JP（日本）、KR（韩国）、UK（英国）

例如：tsinghua.edu.cn 是清华大学的一个域名，其中 tsinghua 是清华大学的英文缩写，edu 表示的是教育机构，cn 表示中国。

注意：域名与 IP 地址的作用完全相同，用户既可以使用 IP 地址，也可以使用域名访问 Internet 上的计算机。域名在使用时要通过域名服务器 DNS 进行域名解释，将域名与 IP 地址相互转换后进行网络通信。

表 6-1　常用一级子域名的标准代码

子　域　名	含　　义
NET	网络服务机构
COM	商业组织
EDU	教育机构
GOV	政府部门
MIL	军事部门
INT	国际组织
AC	科研院所及科技管理部门

3. 统一资源定位器

WWW 用统一资源定位器 URL 来描述网页的地址和访问它时所用的协议。

URL 的格式如下：

协议://IP 地址或域名 / 路径 / 文件名。

在统一资源定位器中，协议是服务方式或获取数据的方法，如 http。IP 地址或域名是指存放该资源的主机的 IP 地址或域名；路径和文件名是用路径的形式来表示 Web 页在主机中的具体存放位置。

例如, http://www.tup.tsinghua.edu.cn/Resource/tsqy/008893-01.txt 是一个 Web 页的 URL。可以看出它使用的是超文本传输协议，资源是域名为 www.tup.tsinghua.edu.cn 网页上的文件夹 Resource/tsqy 下的一个文本文件 008893-01.txt。

6.2.5　接入 Internet

Internet 的接入方式通常有拨号连接、局域网连接、专线连接和无线连接 4 种。其中 ADSL 方式拨号连接对众多个人用户和小单位来说，是经济、简单且采用最多的一种接入方式，如果要实现拨号上网，计算机应具备一些软硬件条件：硬件上要安装调制解调器，软件应有 WWW 浏览器。专线连接是直接采用电缆将个人计算机连接到距离最近的一个网络上。而局域网上网的计算机，只要有网卡，且局域网已接入 Internet 即可。

1．ADSL

用电话线接入因特网的主流技术是 ADSL（Asymmetric Digital Subscriber Line 非对称数字用户线路），这种接入技术的非对称性体现在上下行速率的不同，高速下行信道速率一般在 1.5 Mbit/s ~ 8 Mbit/s，低速上行速率一般在 15 Kbit/s ~ 640 Kbit/s。

采用 ADSL 接入因特网，除了需要一台带有网卡的计算机和一条直拨电话线外，还需向电信部分申请 ADSL 业务，由相关部门负责安装话音分离器、ADSL 调制解调器和拨号软件。

2．ISP

ISP 是指 Internet 服务提供商，用户必须通过它接入 Internet。用户根据自己的需要选择合适的 ISP。申请到 ISP 后，ISP 向用户提供分配 IP 地址、网关、DNS、联网软件、各种因特网服务和接入服务等。

3．ISDN

ISDN（综合业务数据网）接入技术俗称"一线通"。用户利用一条 ISDN 线路，可以在上网的同时拨打电话。ISDN 具有 64 Kbps ~ 128 Kbps 的信息通路，比较可靠的线路可以满足要求不高的图片浏览和音视频点播的需求。

4．无线连接

架设无线网需要一台无线 AP，通过 AP，装有无线网卡的计算机或天线设备就可以快速、方便地接入因特网。普通的小型办公室、家庭，有一个 AP 就已经足够，几个邻居之间也可以共享一个 AP 共同上网。

几乎所有的无线网络都在某一个点上连接到有线网络中，以便访问因特网上的文件和服务。AP 就像一个简单的有线交换机一样，将计算机和 ADSL 或有线局域网连接起来，达到接入因特网的目的。现在市面上已经有一些产品，如无线 ADSL 调制解调器，它将无线局域网和 ADSL 的功能合二为一，只要将电话线接入无线 ADSL 调制解调器，即可享受无线网络和因特网的各种服务了。

6.3　Internet 的简单应用

6.3.1　IE 浏览器的使用

1．浏览的相关概念

（1）万维网（WWW）

万维网（WWW）是搜索和浏览信息的信息服务系统，它通过超级链接将世界不同 Internet 结点上的相关信息有机地组织在一起，使用它可以浏览文字、图像、图形、动画等多媒体信息。万维网（WWW）采用超文本和超媒体的方式为人们提供信息服务。

（2）超文本（Hypertext）和超链接

超文本（Hypertext）是指文本中含有一些比较明显的单词或图形，其中的文字包含有可以链接到其他位置或者文档的链接，允许从当前阅读位置直接切换到超文本链接所指向的位置。超文本是通过超文本传输协议（Hyper Text Transfer Protocol，HTTP）来传输的，超文本的格式有很多，目前最常使用的网页编写语言是超文本标记语言（Hyper Text Markup Language，HTML）。我们日常浏览的网页上的链接都属于超文本。

超链接指的是多媒体计算机系统将声音、图形、视频等多媒体信息嵌入文本中的技术，单击这些信息时可以显示或播放其相应的内容。

（3）浏览器

浏览器是安装在用户计算机上用于浏览 WWW 的一种软件。它可以进行超文本标记语言信息和用户信息之间的转换。浏览器有很多种，目前最常用的 Web 浏览器是 Microsoft 公司的 Internet Explorer（简称 IE）、Google 公司的"谷歌浏览器"Chrome、苹果公司的 Safari 浏览器等。用户必须在计算机上安装一个浏览器才能对 Web 页进行浏览。

2．浏览网页

下面以 Internet Explorer（IE）为例，介绍浏览器的常用功能及操作方法。

（1）IE 的启动和关闭

① 启动 IE 有如下 3 种方法：

● 单击快速启动工具栏中的 IE 图标。

● 双击桌面上的 IE 快捷方式图标。

● 选择"开始"|"程序"|"Internet Explorer"命令。

② 关闭 IE 方法有 4 种：

● 单击窗口"关闭"按钮▣。

● 选择窗口控制菜单中的关闭命令。

● 选择"文件"菜单中的"关闭"命令。

● 按组合键【Alt+F4】。

（2）IE 的窗口界面

当启动 IE 后，窗口会自动打开，其窗口的组成与其他 Windows 应用程序的窗口类似，如图 6-4 所示。

图 6-4　IE 的窗口界面

① 标题栏

标题栏位于窗口顶部,用来显示浏览的页面名称。标题栏左侧是"控制菜单"图标,标题栏右侧有 3 个按钮,依次是"最小化"、"最大化"/"还原"、"关闭"按钮。

② 菜单栏

菜单栏包含一组下拉菜单,菜单栏上的命令最为丰富,几乎所有的操作都可以通过菜单上的命令来执行。菜单栏的右侧有一个 Windows 标记。

③ 标准按钮栏

在标准按钮栏中有"后退"、"前进"、"搜索"、"收藏夹"、"历史"等 15 个按钮。这些按钮的功能可以通过菜单命令来实现,也可以通过单击标准按钮来实现。

④ 地址栏

地址栏对用户来说是最重要的。在这一栏中输入即将浏览的页面地址便可浏览了。

⑤ 链接栏

链接栏是一个存放常用网页快捷方式的地方,灵活使用可以提高浏览速度。

⑥ 浏览器窗口

浏览器窗口中显示选择的网页的内容。

⑦ 状态栏

状态栏位于窗口的底部。当浏览器正在下载页面时,状态栏左侧显示浏览页的地址和相应下载的信息,其右边有一处蓝色进度条向右不断延伸,表示已下载部分的比例。

（3）浏览网页

启动 IE 后,在地址栏中输入要浏览网页的地址,然后按回车键或单击地址栏右侧的"转到"按钮,即可看到相应的网页。

3. 保存网页

在浏览网页时,会遇到一些精彩的信息,用户可以根据需要将整个网页保存下来,也可以将部分内容(文本、图片)保存下来。

(1)保存整个网页,步骤如下:

① 启动 IE 浏览器,打开所需要保存的整个网页。

② 选择"文件"菜单中的"另存为"命令,打开"另存为"对话框。

③ 文件类型改为"网页(*.htm;*.html)"。

④ 根据需要选择相应的位置和文件名,然后保存。

(2)保存网页中的部分文本,步骤如下:

① 启动 IE 浏览器,打开需要保存文本所在的网页。

② 选择保存的文本,选择"编辑"菜单中的"复制"命令。

③ 打开一个文本编辑窗口,选择"编辑"菜单中的"粘贴"命令,然后选择"文件"|"保存"命令。

(3)保存网页中的全部文本,步骤如下:

① 启动 IE 浏览器,打开所需要保存的整个网页。

② 选择"文件"菜单中的"另存为"命令,打开"另存为"对话框。

③ 文件类型改为"文本文件"(*.txt)。

④ 根据需要选择相应的位置和文件名,然后保存。

(4)保存网页中的图片,步骤如下:

① 启动 IE 浏览器,打开要保存图片所在的网页。

② 右击所需保存的图片,然后从弹出的快捷菜单中选择"图片另存为"命令。

③ 根据需要选择相应的位置和文件名,然后保存。

4. 设置主页

主页通常是指每次启动 IE 后最先显示的某一个网站的主页。用户通常将它设置为最频繁查看的网站的主页。设置主页的步骤如下:

(1)启动 IE 浏览器,显示第一个打开的网页。

(2)选择"工具"菜单中的 Internet 选项命令,出现如图 6-5 所示的对话框。

(3)选择"常规"选项卡。

(4)单击"主页"中的"使用当前页"按钮。

(5)在地址栏中选择所需网页的地址,单击"确定"按钮。

如果在启动 IE 时, 希望显示空白的 IE 窗口,只要在"常规"选项卡中单击"使用空白页"

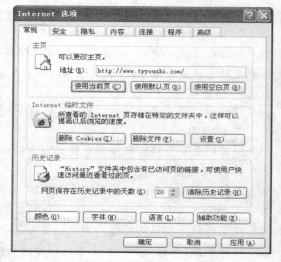

图 6-5 "Internet 选项"对话框

按钮即可。

5．设置历史记录

IE 有自动将浏览过的网页地址按日期先后保留在历史记录中的功能。用户可以对历史记录保留期限进行设置，下面简单介绍一下历史记录设置的操作步骤：

（1）选择"工具"|"Internet 选项"命令，打开 Internet 选项对话框。

（2）选择"常规"选项卡。

（3）在"历史记录"中的"网页保存在历史记录中的天数"栏中输入天数，系统默认值是20 天。

（4）单击"历史记录"中的"清除历史记录"按钮可以清除所有的历史记录。

（5）单击"确定"按钮。

6.3.2　使用收藏夹

收藏夹有保存网页地址的功能。它有两个明显的优点：一是浏览者可以对收藏夹中的网页地址起一个便于记忆的名字；二是收藏夹有类似于资源管理器的功能，管理和操作都很方便。下面介绍如何将网页地址添加到收藏夹中和整理收藏夹的具体操作。

1．将网页地址添加到收藏夹中

常用的将网页添加到收藏夹中的方法有两种：

（1）使用"收藏夹"按钮

以太原幼儿师范学校为例，操作步骤如下：

① 打开太原幼儿师范学校的网页。

② 单击工具栏中的"收藏夹"按钮。"收藏夹"窗口如图 6-6 所示。

图 6-6　"收藏夹"窗口

③ 单击"收藏夹"中的"添加"按钮。"添加到收藏夹"对话框如图 6-7 所示。

④ 单击"确定"按钮。

（2）在收藏夹中创建新文件夹的方法

操作步骤如下：

① 单击"添加到收藏夹"对话框中的"新建文件夹"按钮，弹出"新建文件夹"对话框，如图 6-8 所示。

② 在"文件夹名"文本框中键入新文件夹名，单击"确定"按钮。

③ 单击"创建到"按钮，当前打开的网页地址便添加到新建的文件夹中了。

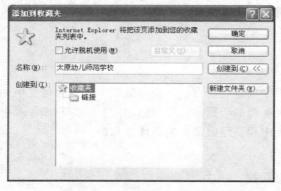

图 6-7 "添加到收藏夹"对话框

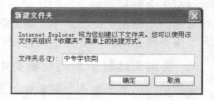

图 6-8 "新建文件夹"对话框

2. 使用收藏夹中的地址

收藏地址是为了方便使用经常访问的地址。单击工具栏中的"收藏夹"按钮，在"收藏夹"窗口中，选择需要的网页名，就可以打开相应的网页。

3. 整理收藏夹

为了使存放在收藏夹里的网页地址更有条理，便于查找和使用，应对收藏夹进行整理。

单击"收藏夹"|"整理"按钮，或选择"收藏"|"整理收藏夹"命令。

打开的"整理收藏夹"对话框，如图 6-9 所示。在其对话框上左半部分有"创建文件夹"、"移至文件夹"、"重命名"和"删除"4 个命令按钮；右半部分是收藏夹列表框。

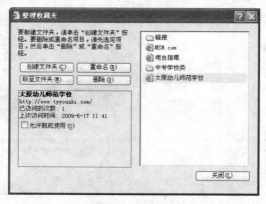

图 6-9 "整理收藏夹"对话框

通过以上 4 个按钮,可以进行以下操作:

（1）创建文件夹

单击"创建文件夹"按钮,在收藏夹列表框中新建一个文件夹,默认名为"新文件夹",输入文件夹名后,按回车键确认。

（2）重命名

对文件夹或网页名重命名的操作步骤如下:

① 在收藏夹列表框中,选择要重命名的选项。

② 单击"重命名"按钮,进行重命名。

③ 按回车键确认。

（3）删除

类似于重命名的操作步骤,在选择相应的选项后,单击"删除"按钮,然后按回车键确认。

（4）移到文件夹

将某网页移到指定文件夹中的操作步骤如下:

① 在"整理收藏夹"对话框右半部分的列表中,选择要移动的选项,如图 6-10 所示。

② 单击"移至文件夹"按钮,弹出"浏览文件夹"对话框,如图 6-11 所示。

③ 在"浏览文件夹"对话框中选择目标文件夹,并单击"确定"按钮,目标文件夹便移入了。

④ 单击"关闭"按钮。

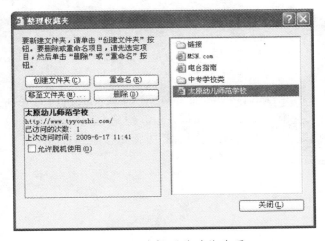
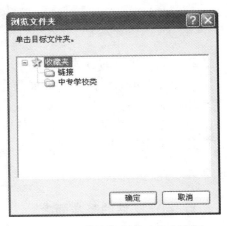

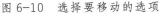

图 6-10　选择要移动的选项　　　　　图 6-11　"浏览文件夹"对话框

6.3.3　信息检索

Internet 包含着全球范围内的所有资源,它是一个巨大的信息资源库。使用搜索引擎可以从 Internet 的众多内容中快速搜索出用户所需的信息。下面简单介绍两种常用的信息检索方法:

1. IE 的检索功能

IE 的搜索工具简化了搜索过程,其具体操作如下:

单击工具栏中的"搜索"按钮,将浏览器窗口分为左右两部分,左侧窗口为搜索栏,右侧窗口正常显示网页的内容,如图 6-12 所示。在 IE 搜索窗口的文本框中键入关键字(如图中的"太原幼儿师范学校"),单击"搜索"按钮开始搜索。

图 6-12　IE 搜索窗口

2．几个常用的搜索引擎

国内外有很多好的搜索引擎,如国外的有:www.google.com 和 www.yahoo.com;国内的有百度(www.baidu.com)、搜狐(www.sohu.com)、搜狗(www.sogou.com)、迅雷狗狗(www.gougou.com)等。使用类似 IE 的搜索方法搜索信息,能缩小搜索的范围,更快捷、方便地搜索到自己所需要的信息。其操作步骤与 IE 搜索类似。

6.3.4　电子邮件的使用

1．电子邮件的基本概念

电子邮件是 Internet 上使用最广泛的一种服务。电子邮件系统不但可以传输各种格式的文本信息,而且还可以传输图像、声音、视频等多种信息。它负责接收用户送来的邮件,并根据收件人地址发送到对方的邮件服务器中,同时负责接收由其他邮件服务器发来的邮件,并根据收件人地址分发到相应的电子邮箱中。由于电子邮件通过网络传送,具有方便、快速、不受地域和时间上的限制等优点,所以很受用户欢迎。

(1)电子邮件地址的格式

电子邮件地址的格式是:用户名 @ 域名,它由收件人的用户名(如姓名或缩写)、字符"@"和电子邮箱所在计算机的域名 3 部分组成。地址中间不能有空格或逗号。

(2)电子邮件的格式

电子邮件与普通信件一样要有一定的书写格式。电子邮件都有两个基本部分:邮件头和邮件体。邮件头相当于信封,邮件体相当于信件的内容。

① 邮件头

邮件头中通常包括以下几项:

● 收件人:收件人的电子邮箱地址,多个收件人地址之间用分号或逗号隔开。

● 抄送:表示同时可以接收到此信的其他人的电子邮箱地址。

● 主题:信件里要表达内容的概括。

② 邮件体

邮件体是指收件人收到的信件里的正文部分,有时还带有附件。

2．如何收发电子邮件

使用电子邮箱的第一步是申请自己的邮箱。目前,国内的很多网站都提供了各有特色的免费邮箱服务如网易、腾讯、新浪等网站。申请邮箱之后网站会提供一个邮箱账号和一定容量的存储空间供邮件的中转、暂存、管理之用。对于不同的站点而言,申请免费电子邮箱的步骤基本一致,只需在提供邮箱服务的网站上根据提示进行操作便可。

登录邮箱账号收发电子邮件必须首先登录自己的邮箱账号,登录邮箱账号可以直接在申请账号的网站上通过该主页提供的界面进行登录,也可通过专门的邮件工具进行登录。前者的优点是方便使用,只需通过浏览器便可登录,缺点是管理邮件的功能较弱,查看邮件必须在线进行;后者的优点是邮件工具管理邮件功能很强,并且可以脱机浏览邮件,大部邮件工具软件都提供了邮件自动提醒功能,可以实时报告有无新邮件收到,而不必登录网点专门查询。著名的邮件工具软件有 Foxmail、Outlook Express 等,本章重点学习 Outlook Express 的使用,其他工具的使用与此类似。

3．Outlook Express 的使用

Windows 自带了一个收发电子邮件的好工具 Outlook Express。使用 Outlook Express 的操作如下:

（1）设置账户

在使用 Outlook Express 收发电子邮件前，必须对 Outlook Express 进行账号设置。设置账号的具体步骤如下:

① 单击快速启动栏中"启动 Outlook Express" 按钮，启动 Outlook Express。Outlook Express 窗口如图 6–13 所示 (若 Outlook Express 中还没有设置账户，则首先会弹出如图 6–15 的窗口，引导用户去进行账号设置，设置完成后再弹出图 6–13 所示窗口)。

② 选择 "工具"|"账户"| "Internet 账户"命令，打开"Internet

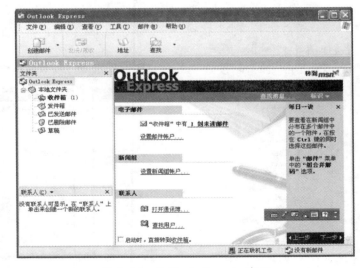

图 6–13 Outlook Express 窗口

账户"对话框,选择"邮件"选项卡,如图 6-14 所示。

图 6-14　"邮件"选项卡

③ 选择"添加"|"邮件"命令,在"Internet 连接向导"对话框中填入电子邮箱用户的姓名,如图 6-15 所示。

④ 单击"下一步"按钮,填入电子邮箱地址,如图 6-16 所示。

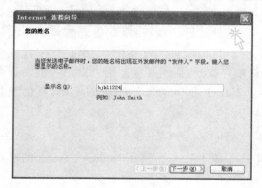

图 6-15　"Internet 连接向导"之 1

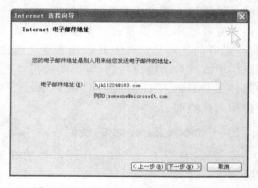

图 6-16　"Internet 连接向导"之 2

⑤ 单击"下一步"按钮,分别填入由 ISP 提供的接受邮件服务器和发送邮件服务器的域名,如图 6-17 所示。

⑥ 单击"下一步"按钮,分别填入账户名(即电子邮件地址字符前的用户名),如图 6-18 所示。

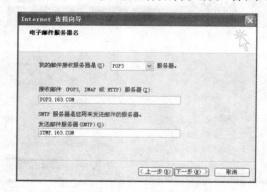

图 6-17　"Internet 连接向导"之 3

图 6-18　"Internet 连接向导"之 4

⑦ 单击"下一步"按钮,弹出"祝贺您"的对话框,表示设置完成,如图 6-19 所示。

（2）撰写与发送邮件

试着给自己或朋友发送一个贺卡,具体操作步骤如下:

① 单击"启动 Outlook Express"按钮。

② 单击工具栏中的"新邮件"按钮,出现如图 6-20 所示的撰写新邮件窗口。

填写如下各项:

● 收件人:"qiji-66@163.com"

● 主题:"生日快乐"

● 邮件体部分:"小王:祝你生日快乐!"

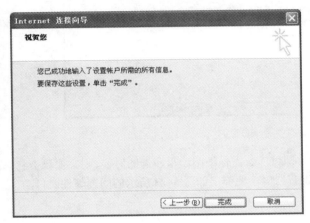

图 6-19　"Internet 连接向导"完成

图 6-20　撰写新邮件窗口

③ 单击"发送"按钮,即可发送给收件人。

（3）电子邮件中插入附件

在本例中需要添加贺卡,贺卡是以附件形式存放的。其基本操作如下:

① 选择"插入"|"文件附件"|"插入附件"命令,弹出如图 6-21 所示的对话框。

② 在对话框中选择要插入的文件,单击"附件"按钮。

（4）接收和阅读邮件

操作步骤如下:

① 选择 Outlook 栏窗口左侧"文件夹"栏中的"收件箱"选项,在右侧会出现预览窗口,如图 6-22 所示。该窗口分为两部分,上半部分是邮件列表区,收到的所有信件都在此列出,下半部分是邮件浏览区。

图 6-21　"插入附件"对话框

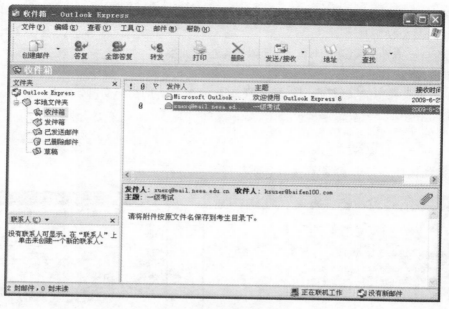

图 6-22   "收件箱"窗口

② 若要简单阅读,选择列表中的某个邮件即可。若需仔细阅读很多遍的时候,则必须双击它。例如,双击"关于 NCRE 与高等教育自学考试课程"邮件,便弹出如图 6-23 所示的阅读邮件窗口。

(5)阅读和保存附件

① 阅读附件

如果邮件含有附件,则在邮件列表框中,该邮件的左端会显示一个回形针图标。单击"附件"按钮,打开"附件"下拉菜单,选择附件的文件名即可阅读。如图 6-24 所示。

② 保存附件

选择下拉菜单中的"保存附件"命令,打开"保存附件"对话框,指定文件夹名,单击"保存"按钮。

图 6-23   邮件阅读窗口

图 6-24   "附件"下拉菜单

（6）复信与转发

① 回复邮件

单击邮件阅读窗口中"回复作者"或"全部回复"按钮，出现如图 6-25 所示的复信窗口。其中的发件人和收件人的地址已由系统自动填好，原信件的内容也已显示出来。编写复信时允许原信内容和复信内容交叉。编写完成，单击"发送"按钮。

② 转发

转发分两类来说：对于刚阅读过的邮件，直接在邮件阅读窗口上单击"转发"按钮；对于收信箱中的邮件，先选择要转发的邮件，然后单击"转发"按钮。接着即可进入转发邮件窗口，填入收件人地址，单击"发送"按钮，完成转发。

图 6-25　回复信件窗口

（7）通讯簿的使用

通讯簿是 Outlook Express 中重要工具之一。它的功能是可以保存联系人的电子邮箱地址、邮编、通讯地址、电话和传真号等信息，并可以自动填写电子邮件地址、电话拨号等功能。

① 通讯簿中添加联系人

操作步骤如下：

a. 打开 Outlook Express，选择"工具"|"通讯簿"命令，即打开"通讯簿 – 主标识"窗口，如图 6-26 所示。

b. 在该窗口的左侧窗格中选择"主标识的联系人"选项，然后选择"文件"|"新建联系人"命令（或者单击工具栏中的"新建"按钮，再从其下拉列表中选择"新建联系人"选项），弹出"属性"对话框，如图 6-27 所示。

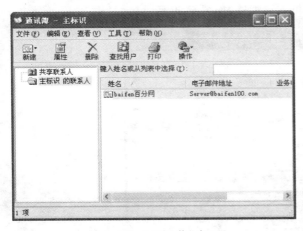

图 6-26　"通讯簿"窗口

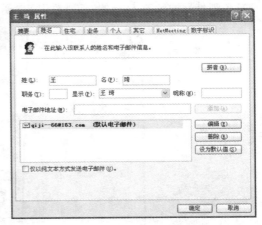

图 6-27　"属性"对话框

c. 将联系人的各项信息键入到相关选项卡的文本框中，单击"确定"按钮，联系人的信息已建立在通讯簿中。

注意：右击"收件箱"中的邮件，弹出的快捷菜单中选择"将发件人添加到通讯簿"命令可以将发件人的电子邮件地址添加到通讯簿中，如图 6-28 所示。

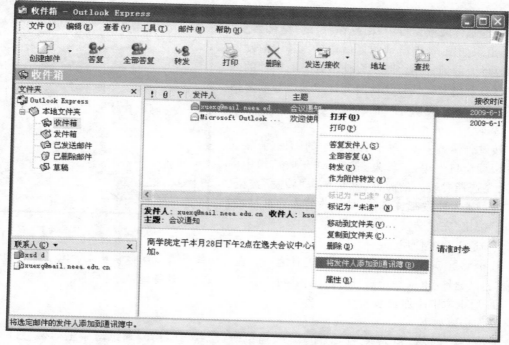

图 6-28　将发件人地址添加到通讯簿中

② 通讯簿的使用

具体操作步骤如下：

在"通讯簿"窗口中选择具体的收件人地址并右击鼠标，在弹出的快捷菜单中选择"操作"|"发送邮件"命令，在打开的"新邮件"窗口便可发送邮件，如图 6-29 所示。

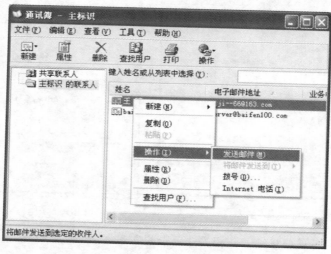

图 6-29　"发送邮件"命令

6.3.5　流媒体技术

1. 流媒体的定义

流媒体是指采用流式传输的方式在 Internet 播放的媒体格式。流媒体又叫流式媒体,它是指商家用一个视频传送服务器把节目当成数据包发出,传送到网络上。用户通过解压设备对这些数据进行解压后,节目就会像发送前那样显示出来。

流媒体技术发端于美国。流式传输方式则是将整个 A/V 及 3D 等多媒体文件经过特殊的压缩方式分成一个个压缩包,由视频服务器向用户计算机连续、实时传送。在采用流式传输方式的系统中,用户不必像采用下载方式那样等到整个文件全部下载完毕,而是只需经过几秒或几十秒的启动延时即可在用户的计算机上利用解压设备(硬件或软件)对压缩的 A/V、3D 等多媒体文件解压后进行播放和观看。此时多媒体文件的剩余部分将在后台的服务器内继续下载。

2. 流媒体原理

流式传输的实现需要缓存。因为 Internet 以包传输为基础进行断续的异步传输,对一个实时 A/V 源或存储的 A/V 文件,在传输中它们要被分解为许多包,由于网络是动态变化的,各个包选择的路由可能不尽相同,故到达客户端的时间延迟也就不等,甚至先发的数据包还有可能后到。为此,使用缓存系统来弥补延迟和抖动的影响,并保证数据包的顺序正确,从而使媒体数据能连续输出,而不会因为网络暂时拥塞使播放出现停顿。通常高速缓存所需容量并不大,因为高速缓存使用环形链表结构来存储数据,通过丢弃已经播放的内容,流可以重新利用空出的高速缓存空间来缓存后续尚未播放的内容。流式传输的实现需要合适的传输协议。由于 TCP 需要较多的开销,故不太适合传输实时数据。在流式传输的实现方案中,一般采用 HTTP/TCP 来传输控制信息,而用 RTP/UDP 来传输实时声音数据。流式传输的过程一般是这样的:用户选择某一流媒体服务后,Web 浏览器与 Web 服务器之间使用 HTTP/TCP 交换控制信息,以便把需要传输的实时数据从原始信息中检索出来,然后客户机上的 Web 浏览器启动 A/VHelper 程序,使用 HTTP 从 Web 服务器检索相关参数对 Helper 程序初始化。这些参数可能包括目录信息、A/V 数据的编码类型或与 A/V 检索相关的服务器地址。

A/VHelper 程序及 A/V 服务器运行实时流控制协议(RTSP),以交换 A/V 传输所需的控制信息。与 CD 播放机或 VCRs 所提供的功能相似,RTSP 提供了操纵播放、快进、快倒、暂停及录制等命令的方法。A/V 服务器使用 RTP/UDP 协议将 A/V 数据传输给 A/V 客户程序(一般可认为客户程序等同于 Helper 程序),一旦 A/V 数据抵达客户端,A/V 客户程序即可播放输出。

3. 流媒体技术应用

互联网的迅猛发展和普及为流媒体业务发展提供了强大的市场动力,流媒体业务正变得日益流行。流媒体技术广泛用于多媒体新闻发布、在线直播、网络广告、电子商务、视频点播、远程教育、远程医疗、网络电台、实时视频会议等互联网信息服务的方方面面(例如:通过优酷网站观看视频)。流媒体技术的应用将为网络信息交流带来革命性的变化,对人们的工作和生活将产生深远的影响。

一个完整的流媒体解决方案应是相关软硬件的完美集成,它大致包括下面几个方面的内容:内容采集、视音频捕获和压缩编码、内容编辑、内容存储和播放、应用服务器内容管理发布及用户管理等。

6.3.6　手机电视

手机电视是个通俗的名字,其正规名称为"移动数字多媒体广播"。随着移动数据业务的普及、手机性能的提高以及数字电视技术和网络的迅速发展,手机电视已成为无线应用的新热点。手机电视是指利用通信广播网络,面向移动通信终端进行数字内容广播(包括音频、视频和数据内容)的新型移动多媒体业务。手机电视按业务实现方式分主要有两种:一是移动通信网络流媒体方式,二是数字无线广播电视网络广播方式。

中国移动的手机电视业务基于 GPRS 网络,中国联通则是依靠 CDMAIX 网络。这种手机电视业务实际上是利用流媒体技术,把手机电视作为一种数据业务,电视内容变成了流媒体传输中的视频数据。这就要在手机上安装终端播放软件,与流媒体服务器交互传输数据,实现边下载边播放,而相应的电视节目是由移动通信公司或相应的服务提供商来组织提供。

习　题　6

一、选择题

1. 计算机网络的最大优点是_____。
   A. 共享资源　　　　B. 增大容量　　　　C. 加快计算　　　　D. 精度高
2. 一台计算机要与局域网连接,必须安装的硬件是_____。
   A. 集线器　　　　B. 网关　　　　C. 网卡　　　　D. 路由器
3. TCP 协议的主要功能是_____。
   A. 对数据进行分组　　　　　　　　B. 确保数据的可靠传输
   C. 确定数据传输路径　　　　　　　D. 提高数据传输速度
4. 在计算机网络中,英文缩写 WAN 的中文名是_____。
   A. 局域网　　　　B. 无线网　　　　C. 广域网　　　　D. 城域网
5. 根据域名代码规定,表示教育机构网站的域名代码是_____。
   A. .net　　　　B. .com　　　　C. .edu　　　　D. .org
6. 正确的 IP 地址是_____。
   A. 202.112.111.1　　　　　　　B. 202.2.2.294
   C. 202.202.1　　　　　　　　　D. 202.257.14.13
7. Internet 提供的最简便、快捷的通信服务称为_____。
   A. 文件传输(HTTP)　　　　　　B. 远程登录(Telnet)
   C. 电子邮件(E-mail)　　　　　　D. 万维网(WWW)
8. 下列各项中可作为 URL 的是_____。
   A. http://www.bi tedu.cn/dir/file.html
   B. http://www.bit.edu.cn\dir/file.html
   C. www.bit.edu.cn/dir/file.html
   D. http://www.bit.edu.cn/dir/file.html

9. 收藏夹是用来_____。
    A. 保存感兴趣的页面地址
    B. 记忆感兴趣的页面的内容
    C. 收藏感兴趣的文件内容
    D. 收集感兴趣的文件名

10. 下列各项中,正确的电子邮箱地址是_____。
    A. L202@sina.com
    B. TT202#yahoo.com
    C. A112.256.23.8
    D. K201yahoo.com.cn

11. 下列的英文缩写和中文名字的对照中,正确的是_____。
    A. WAN——广域网
    B. ISP——因特网服务程序
    C. USB——不间断电源
    D. RAM——只读存储器

12. 为了用 ISDN 技术实现电话拨号方式接入 Internet,除了要具备一条直拨外线和一台性能合适的计算机外,另一个关键硬设备是_____。
    A. 网卡
    B. 集线器
    C. 服务器
    D. 内置或外置调制解调器(Modem)

13. 用户在 ISP 注册拨号入网后,其电子邮箱建在_____。
    A. 用户的计算机上
    B. 发件人的计算机上
    C. ISP 的邮件服务器上
    D. 收件人的计算机上

14. 调制解调器(Modem)的作用是_____。
    A. 将数字脉冲信号转换成模拟信号
    B. 将模拟信号转换成数字脉冲信号
    C. 将数字脉冲信号与模拟信号互相转换
    D. 为了上网与打电话两不误

15. 电话拨号连接是计算机个人用户常用的接入因特网的方式。称为"非对称数字用户线"的接入技术的英文缩写是_____。
    A. ADSL
    B. ISDN
    C. ISP
    D. TCP

16. 英文缩写 ISP 指的是_____。
    A. 电子邮局
    B. 电信局
    C. 因特网服务商
    D. 供他人浏览的网页

17. 在因特网上,一台计算机可以作为另一台主机的远程终端,使用该主机的资源,该项服务称为_____。
    A. Telnet
    B. BBS
    C. FTP
    D. WWW

18. 调制解调器的主要技术指标是数据传输速率,它的度量单位是_____。
    A. MIPS
    B. Mbps
    C. dpi
    D. KB

19. 在下列网络的传输介质中,抗干扰能力最好的一个是_____。
    A. 光缆
    B. 同轴电缆
    C. 双绞线
    D. 电话线

20. 以下说法中,正确的是_____。
    A. 域名服务器(DNS)中存放 Internet 主机的 IP 地址
    B. 域名服务器(DNS)中存放 Internet 主机的域名
    C. 域名服务器(DNS)中存放 Internet 主机的域名与 IP 地址的对照表
    D. 域名服务器(DNS)中存放 Internet 主机的电子邮箱的地址

二、操作题

1. 在百度 www.baidu.com 中搜索出"太原幼儿师范学校"的主页地址,并打开其主页浏览第一条新闻:

(1)将这条新闻以文本文件的格式保存到自己的文件夹中,文件名为"幼师新闻"。

(2)在自己的文件夹中新建文本文件 search.txt,复制链接地址到 search.txt 中,并保存。

2. 在 www.163.com 上新建自己的邮箱,并给自己的朋友发送电子邮件,主题为:快乐每一天。正文为"我有新邮箱了,大家多联系"(将幼师新闻.txt 作为附件一起发出)。

二进制 (b6b5b4b3b2b1b0)	十六进制	十进制	字 符	二进制 (b6b5b4b3b2b1b0)	十六进制	十进制	字 符
0000000	00	0	NUL	0010111	17	23	ETB
0000001	01	1	SOH	0011000	18	24	CAN
0000010	02	2	STX	0011001	19	25	EM
0000011	03	3	ETX	0011010	1A	26	SUB
0000100	04	4	EOT	0011011	1B	27	ESC
0000101	05	5	ENQ	0011100	1C	28	FS
0000110	06	6	ACK	0011101	1D	29	GS
0000111	07	7	BEL	0011110	1E	30	RS
0001000	08	8	BS	0011111	1F	31	US
0001001	09	9	HT	0100000	20	32	SP
0001010	0A	10	LF	0100001	21	33	!
0001011	0B	11	VT	0100010	22	34	"
0001100	0C	12	FF	0100011	23	35	#
0001101	0D	13	CR	0100100	24	36	$
0001110	0E	14	SO	0100101	25	37	%
0001111	0F	15	SI	0100110	26	38	&
0010000	10	16	DLE	0100111	27	39	'
0010001	11	17	DC1	0101000	28	40	(
0010010	12	18	DC2	0101001	29	41	)
0010011	13	19	DC3	0101010	2A	42	*
0010100	14	20	DC4	0101011	2B	43	+
0010101	15	21	NAK	0101100	2C	44	,
0010110	16	22	SYN	0101101	2D	45	?

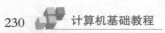

二进制 (b6b5b4b3b2b1b0)	十六进制	十进制	字　符	二进制 (b6b5b4b3b2b1b0)	十六进制	十进制	字　符
0101110	2E	46	.	1010000	50	80	P
0101111	2F	47	/	1010001	51	81	Q
0110000	30	48	0	1010010	52	82	R
0110001	31	49	1	1010011	53	83	S
0110010	32	50	2	1010100	54	84	T
0110011	33	51	3	1010101	55	85	U
0110100	34	52	4	1010110	56	86	V
0110101	35	53	5	1010111	57	87	W
0110110	36	54	6	1011000	58	88	X
0110111	37	55	7	1011001	59	89	Y
0111000	38	56	8	1011010	5A	90	Z
0111001	39	57	9	1011011	5B	91	[
0111010	3A	58	:	1011100	5C	92	\
0111011	3B	59	;	1011101	5D	93	]
0111100	3C	60	<	1011110	5E	94	^
0111101	3D	61	=	1011111	5F	95	_
0111110	3E	62	>	1100000	60	96	`
0111111	3F	63	?	1100001	61	97	a
1000000	40	64	@	1100010	62	98	b
1000001	41	65	A	1100011	63	99	c
1000010	42	66	B	1100100	64	100	d
1000011	43	67	C	1100101	65	101	e
1000100	44	68	D	1100110	66	102	f
1000101	45	69	E	1100111	67	103	g
1000110	46	70	F	1101000	68	104	h
1000111	47	71	G	1101001	69	105	i
1001000	48	72	H	1101010	6A	106	j
1001001	49	73	I	1101011	6B	107	k
1001010	4A	74	J	1101100	6C	108	l
1001011	4B	75	K	1101101	6D	109	m
1001100	4C	76	L	1101110	6E	110	n
1001101	4D	77	M	1101111	6F	111	o
1001110	4E	78	N	1110000	70	112	p
1001111	4F	79	O	1110001	71	113	q

续表

二进制 (b6b5b4b3b2b1b0)	十六进制	十进制	字 符	二进制 (b6b5b4b3b2b1b0)	十六进制	十进制	字 符
1110010	72	114	r	1111001	79	121	y
1110011	73	115	s	1111010	7A	122	z
1110100	74	116	t	1111011	7B	123	{
1110101	75	117	u	1111100	7C	124	|
1110110	76	118	v	1111101	7D	125	}
1110111	77	119	w	1111110	7E	126	~
1111000	78	120	x	1111111	7F	127	DEL

附录 **B**

五笔字型输入法

前面介绍的汉字拼音编码是根据汉字的读音实现的,现在介绍的"五笔字型"汉字编码是根据汉字字型结构和书写顺序实施的编码方案。由于五笔字型输入速度快、效率高、容易实现盲打(即不看键盘输入),学习起来并不困难,因此五笔字型输入法目前在我国拥有较多的用户,获得了广泛的应用。

B.1 字根的概念

汉字都是由笔画或部首组成的。为了输入这些汉字,我们把汉字拆成一些最常用的基本单位,叫做字根,字根可以是一个汉字的一部分,也可以是汉字的偏旁部首,还可以是部首的一部分,甚至是一个笔画或几个笔画的组合。

B.2 汉字的字型结构

B.2.1 五种笔画的定义

五笔字型输入法把所有的汉字拆分成字根,而所有的字根又分别由 5 种笔画的不同组合构成。这 5 种笔画定义为:横、竖、撇、捺、折,相应编号分别为 1、2、3、4、5。横、竖、撇、捺 4 种笔画的走向如图 B-1 所示。

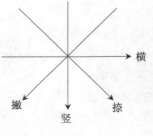

一些特殊笔画的规定:

(1)"提笔"视为横,如"现、场、特、扛、冲"各字偏旁部首末笔均为"提",视之为横。

(2)"点"均视为捺,如"学、永、寸、冗"各字中的点,包括"宀"的左点都视为捺类。

(3)"竖勾"若勾向左视为竖,如"小、寸、于"各字中的竖勾;若勾向右视为折,如"民、长"各字中的竖勾。

5 种笔画组成字根时,笔画间的关系可分以下 4 种情况:

(1)单:即五笔画自身。

(2)散:组成字根的笔画间有一定间距,如三、八、氵等。

(3)连:组成字根的笔画之间是相连接的,如厂、人、尸、弓等。

(4)交:组成字根的笔画之间是相互交叉的,如十、力、又、车等。

当然还会有混合情况,一个字的各笔画间,可能又连又交或散,如禾、雨等。掌握笔画的概念和笔画间的关系,以及非基本字根的拆分和"识别码"的取法是非常有用的。

B.2.2 汉字的基本字根

　　一个汉字集包括的汉字很多,汉字的偏旁、部首也很多。某一编码方案不可能把众多的偏旁部首都作为字根。字根的数量太多,使用者难以记住,也难于在小键盘上实现;如果字根数量太少,难以表达完整,增加码长,增加重码机会。只有选取数目适量,而且具有相当的组字能力的偏旁部首作为编码的字根,才可能产生一个比较好的编码方案。

　　五笔字型编码方案通过大量的统计数据和反复试用进行优选出使用频率相对高的字根130 个。

　　五笔字型编码方案把优选出的 130 个左右的基本字根依其起笔画分为 5 类,如图 B-2 和图 B-3 所示,每一类安排在键盘的一小区内,每一区按"横、竖、撇、捺、折"顺序以 1、2、3、4、5 作为区号;每一小区占 5 个键位,每一小区的键位也是从 1~5 编了号的,叫位号,五区共占用 25 个键位。在键盘上,130 个基本字根占用 25 个键位,这样的安排给初学者指明在键盘上寻找字根的大体目标,增强了它的易学性。

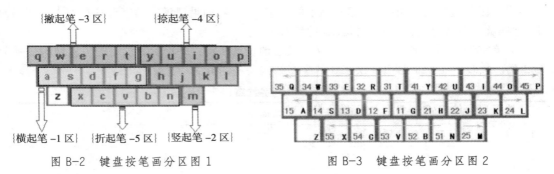

图 B-2　键盘按笔画分区图 1　　　　　　图 B-3　键盘按笔画分区图 2

B.2.3 字根之间的结构关系

　　基本字根可以拼合组成汉字集中的所有汉字。在组成汉字时,字根之间的位置关系很重要。字根可分为四类:

　　(1)本身就可单独成为一个汉字的字根,这样的字根在 130 个基本字根中占很大的比例。如"五"、"雨"、"广"等。

　　(2)用多个字根组成一个汉字,而且字根之间保持一定的距离,相互之间不连不交。如"湖"、"汉"、"学"字等。

　　(3)五笔字型中字根相连的关系是指下面两种情况:

　　第一种情况是单笔画与某基本字根相连的情况,如下表中的一些字。

正	一与止连	不	一与小连
千	丿与十连	下	一与卜连
丘	斤与一连	舌	丿与古连

　　第二种情况是带点的结构,也认为点与某字根之间有相连的关系。如勺、术、主、太等字。这些字中的点与另外的基本字根可能根本就不连在一起。

对于具有上面两种相连关系的汉字的定义是五笔字型编码作者人为规定,看起来似乎没有道理,事实上对字型的判定是有好处的,至少我们不会把上述这样的汉字理解为上下结构或左右结构的汉字。

（4）多个字根交叉重叠构成汉字的情况,如下表中的字。

丰	三丨相交	果	日木相交
夫	二人相交	申	日丨相交

五笔字型编码的作者把上述 4 种字根结构分别取名为单、散、连、交结构。

B.2.4　汉字的字型结构

有些汉字,它们会有相同的字根,但字根之间的位置关系不一样,就构成了不同的汉字,如下面的两对汉字：

邑　吧

叭　只

为了区分这些汉字,使含有相同字根的汉字不重码,如果把汉字的字型信息加入汉字编码中,这样就可以区分类似上述二组汉字的每对了。

五笔字型编码方案把字型信息定义为汉字的位置结构,并把所有汉字的位置结构关系分为 3 类。如表 B-1 所示给出了汉字 3 种字型结构关系的有关信息。

表 B-1　字型结构

字型代号	字型描述	字　　　例
1	左右	极、叭、仿、位
2	上下	字、只、京、且
3	杂合	回、困、旭、乘、正、勺

对上表作进一步说明：

（1）凡是字根属于相连关系的汉字视为杂合结构,如："正"、"勺"为杂合型。

（2）凡键面字（本身是基本字根的汉字）,有单独的编码方法,不必考虑其字型结构信息。

（3）对于属于散、交两类字根结合的关系,要区分字型结构。

B.2.5　汉字拆分原则

用五笔字型输入法输入汉字时,首先要考虑的问题是：对于每一个汉字如何把它拆分成多个字根,再把字根编码输入到计算机中。掌握每个汉字的拆分原则,才能正确输入汉字。

对于单结构的汉字,即字根本身就是一个汉字的情况,因为无需拆分,这类字的输入方法有一套单独规定。

对于散的情况,由于字根结构之间相对独立,容易拆分。

拆分主要是要解决连、交的情况。在拆分时一般要遵循 4 个要点：

取大优先,兼顾直观,能散不连,能连不交。

取大优先是指在拆分过程中,尽可能使拆分出来的字根最大,字根数目最少。例如：

毛→丿二乙　　　　　　　　　　　无→二儿

丰→三丨   果→日木

夫→二人   专→二乙、

根据规定,"果"字如果拆成"旦""小"是错误的。

对于相连关系,按照规则,对单笔画与字根相连的情况可拆分成单笔画与基本字根;对于带点结构的相连关系可拆成点与基本字根。例如:

主→、王   产→立丿

下→一卜   术→木、

正→一止   且→月一

尺→尸、   灭→一火

叉→又、   舌→丿古

这里应该指出的是,任何拆分过程中不能把一个笔画割断分别用在两个字根中,这种拆分方法是绝对错误的。如"果"字其正确拆法为"日"、"木",若拆成"田"、"木"则是错误的。

B.3 五笔字型键盘设计

当选取一个编码方案的字根之后,还有一个重要的工作就是如何合理安排这些字根在键盘上的位置。任何一个字形编码的键盘安排都比西文键盘的布局难得多。因为西文键盘是一字符对应一个键位,只需要考虑字符之间的合理关系及使用频度。而对一个汉字字形编码来说,字根数目比键位数目多得多。如五笔字型编码选取了 130 个字根,作者把这 130 个字根安排在 25 个键位,这时就存在一个键位要安排多个字根的问题,哪些字根安排在同一个键位上,哪些字根安排在相邻键位上,是相当讲究的。

B.3.1 字根的键盘布局

五笔字型编码的 130 个字根按起始笔画分为 5 类,每一类占用相连的一片键位,对每一类进行编号,这个编号称之为区号。而每区占用 5 个键位,每区中每个键位也有一个称之为位号的编号。区号与位号合起来称为区位号,如图 B-4 所示。

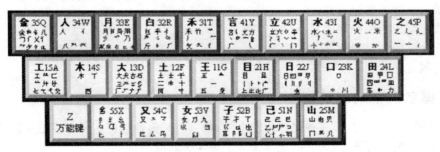

图 B-4 字根键盘分布图

从上述图中可看出,25 个键位各自左上角的一个字根都是汉字,这个汉字称为键名汉字。按照区位号的排列,它们是:

1 区:横起笔,王土大木工

2 区:竖起笔,目日口田山

3 区:撇起笔,禾白月人金

4 区:捺起笔,言立水火之

5 区:折起笔,已子女又幺(纟属二级字库)

以上述 25 个键名汉字为核心,把其余字根按与键名汉字的某种关系安排在适当位置上。

B.3.2 便于记忆的一些键位安排特点

五笔字型编码的字根在键面的安排有如下特点:

(1)字根首笔画代号与其所在区的区号一致。

(2)相当一部分字根的第二笔笔画代号与位号一致,如王、戈、文、阝、勹等。

(3)部分字根的笔画数与位号一致,如字根丶、冫、氵、灬分别在捺区的第 1、2、3、4 位上,字根一、二、三分别在横区的第 1、2、3 位上。

(4)部分字根与同一键位上的键名字根在形态上相近。例如:

键名字根	形态相近的字根
王	五
土	士、干
大	犬、
田	甲、四
手	扌
山	由
月	用
水	氵、水、小
之	辶、廴
已	巳、巳、尸

B.4 五笔字型单字输入编码规则

对五笔字型单字输入编码规则的讨论将分成以下 4 个部分:

(1)键名汉字的编码规则。

(2)成字字根的编码规则

(3)合体字的编码规则

(4)简码规则。

B.4.1 键名汉字的编码规则

键名汉字共 25 个,安排在各键位的左上角,输入时只需连续键入所在键位 4 次即可。

例:"王"字编码为 gggg,输入时连续键入 g 键 4 次即可。

"土"字编码为 ffff,输入时连续键入 f 键 4 次即可。

B.4.2 成字字根汉字的编码规则

在 130 个基本字根中,除 25 个键名汉字外,还有大量的本身就是一个汉字的字根,这样的字根称为成字字根。它们的编码规则有别于键名汉字,编码规则如下:

键名码 + 首笔代码 + 次笔代码 + 末笔代码

当成字字根的笔画只有两笔时编码规则如下:

键名码 + 首笔代码 + 末笔代码 + 空格

键名码即成字字根所在键位的英文字母,首笔代码、次笔代码、末笔代码的编码为该字根的首笔画、次笔画、末笔画对应区的第一键位。笔画与编码的对应关系如下:

单笔画属类:横　　竖　　撇　　捺　　折

编　　码:g　　h　　t　　y　　n

有了上述规则,不难对下面的汉字写出其相应的编码。

车:lgnh　　　　　　西:sghg　　　　　　十:fgh　　　　　　手:rtgh　　　　　　九:vtn

应当指出,对于几个单笔画的成字字根,不适合运用上面的规则,而特别地规定它们的编码如下:

一:ggll　　　　　　丨:hhll　　　　　　丿:ttll　　　　　　丶:yyll　　　　　　乙:nnll

B.4.3　合体字的编码规则

大量的汉字属于这类汉字,因此掌握这一类汉字的编码规则很重要。给出编码规则之前,先讨论字根码的概念。每个字根所在键位上的英文字母就是该字根的字根码。对于含有四个或四个以上字根的汉字,编码规则为:编码取汉字的第一、二、三和最末字根的字根码。其中第一、二、三和最末字根的定义完全遵守汉字的正确书写顺序,即先左后右,先上后下,先外后内的书写顺序。下面是一些汉字的编码实例:

汉字	分解	编码
癌:	疒口口山	ukkm
淑:	氵上小又	ihic
崖:	山厂土土	mdff
磨:	广木木石	yssd
盒:	人一口皿	wgkl

对于字根数少于 4 个字根的汉字,其编码规则为:按书写顺序取其字根码,加上末笔画字型识别码。加上识别码后仍不足四码者,编码不变,输入时以空格键补足。

所谓末笔画字型识别码是用汉字的末笔画的笔画代码和该字的字型码组成。具体地说,识别码是两位数值,十位上的数字是末笔画类型码,只能取 1、2、3、4、5(分别代表横、竖、撇、捺、折)这 5 个值;个位的数字是汉字的字型代码,只能取 1、2、3(分别代表左右型、上下型、杂合型)这 3 个值。把这个数值看成键盘上的区码和位码,则把识别码与键盘上的键对应起来,取键位的英文字母作为识别码,便有如下表所示的末笔画字型识别码表,如表 B-2 所示。

表 B-2　末笔画字型识别码表

字型 末笔画	左右型 1	上下型 2	杂合型 3
横划 1	11　g	12　f	13　d
竖划 2	21　h	22　j	23　k
撇划 3	31　t	32　r	33　e
捺划 4	41　y	42　u	42　u
折划 5	51　n	52　b	53　v

请看下面的实例：

汉字	字根	字根码	末笔代号	字型代码	识别码	编码
正	一止	gh	一、1	3	13，d	fbn
回	口口	lk	一、1	3	13，d	lkd
元	二儿	fq	乙、5	2	52，b	fqb
杠	木工	sa	一、1	1	11，g	sag
少	小丿	it	丿、3	2	32，r	itr
连	车辶	lp	一、1	3	13，d	lpd

从示例中注意到，"连"字的末笔按书写顺序应为"辶"，而示例中取的末笔为"一"，这是为什么呢？原因是在汉字集中，带"辶"偏旁的汉字很多，而均以"辶"偏旁为末笔画，而且还注意到，凡带"辶"偏旁的汉字都具有同样的杂合型。如果取"辶"偏旁作为末笔画，在构成识别码时，会造成所有带"辶"偏旁的汉字具有相同的识别码，而这样的识别码就没有意义了。所以取除"辶"偏旁另外末笔画。

正是因为有类似"连"字这样的问题，五笔字型编码的作者对一些特殊情况作了关于末笔画和字型的规定。

关于末笔画的规定如下：

（1）末字根为"力、九、七"等时，其末笔画视为折。

（2）半包围或全包围字取被包围部分的末笔，如进、逞、远等带"辶"偏旁的字根末笔为除去"辶"偏旁后的末笔画；圆、圈、园、因等末笔为"囗"内字根的末笔。

（3）绒、成、伐等字的末笔取点（即撇）。

（4）带单独点的字，如义、太、勺等，把点作为末笔。

关于字型的规定：

（1）凡单笔画与字根相连者或带单独点结构，如丰、太视为杂合型。

（2）区分字型时亦运用能散不连的原则，矢、卡、严都视为上下型。

（3）内外型属杂合型，如图、匝、同等，但"见"字为上下型。

（4）含两字根相交者属杂合型，如串、电、本、无、农、里等。

（5）下含"辶"、"廴"偏旁者为杂合型，如进、逞、远、延。

B.4.4　简码规则

在五笔字型输入法中，输入一个单字或一个词语最多要按4下键，但对大多数常用汉字来说，并不用按4次键，一般按两三下就可以了，这种输入方法就是简码。可想而知，简码分为一级简码、二级简码和三级简码。

1．一级简码

在五笔中，挑出了在汉语中使用频率最高的25个汉字，把它们分布在键盘的25个字母上，并称之为一级简码。输入一级简码的方法是：按一下简码字所在的键，再按一下空格键。下图给出了一级简码的25个汉字对应的键位，如图B-5所示。

图 B-5　一级简码键盘分布图

一级简码基本上都含有所在键上的字根,如"中"在"K"键位上,有"口"这个字根。只有"我、为"两个高频字没有所在键上的字根,需要单独记忆。

2．二级简码

对二级简码来说,理论上可安排 25×25=625 个汉字,去掉一些没有的空字,实际上是 588 个。二级编码的输入方法是:取这个字的第一、第二个字根代码,再按空格键。

在进行单字输入时,二级简码的出现频率是 60%,使用频率很高。记住了这些字,在输入过程中会事半功倍。

3．三级简码

三级简码的输入方法是:按前 3 个字根代码再加空格。虽然加上空格后,这个字也要按 4 下,但因为有很多字不用再判断识别码,这无形中提高了输入速度。

在输入汉字时,尽可能都用简码输入,如果某个汉字用三级简码还不能输入的话,则只能用全码输入,相信这一点,您的输入信息中绝大多数汉字都可用简码输入。

从简码规则看出,一、二、三级简码总数达 5 000 个汉字左右,这个数目已达到或超过一般文章中常用的汉字数目,即对一般用户来说,绝大多数的文字都可用简码规则输入,只可能有极少数甚至是极个别的汉字需要用全码输入。显然,简码规则对减少码长,提高输入速度起了很重要的作用。

B.5　词组编码规则

"五笔字型"首创汉字的词语纯粹依靠字形编码的方法,无论多长词语取等长的四码,而且单字与词语可混合输入,看到字打字,看到词打词,不用任何挡或其他操作,这种词语输入法使得输入速度大大提高。

B.5.1　两字词编码规则

每字取其全码的前两码组成,共四码。

编码:纟丶石马(xydc)　　　　　　无论:二儿讠人(fqyw)

B.5.2　三字词编码规则

前两个字各取第一码,最后一字取前两码,共四码。

幼儿园:幺儿口二(xqlf)　　　　　计算机:讠竹木几(ytsm)

B.5.3　四字词编码规则

每个字各取全码的第一码,共四码。

五笔字型：五竹宀一（gtpg）　　　　操作系统：扌亻丿纟（ywtx）

B.5.4　多字词编码规则

取第一、二、三字的第一码和最后一字的第一码，共四码。

毛泽东思想：丿氵七木（tias）　　　中华人民共和国：口亻人口（kwwl）

B.6　重码、Z容错键

B.6.1　重码

　　一个优秀的编码方案要尽量做到：使用最少的键位，编码的码长应尽量短，重码要尽量少，这不是一件容易的事。可以这样说，没有一个汉字输入编码方案可以做到使用键位少，很短的码长，而没有重码。五笔字型输入方案中，有较少的重码。对重码的处理采用把重码显示出来让用户选择的方法。

　　当出现重码，编码提示框将显示所有这一编码的重码，重码显示按这些汉字的使用频率排列，若所需汉字为排在第一位的字，则按空格键即可选出该字，若要选择的字为第一位以后的字，则需要用户键入欲选字前的数字键，以选择所需的汉字。

　　【例 B.1】　输入微笑的"微"字，在五笔输入方式下键入编码 tmgt，编码提示框显示如下：

tmgt　　　　　1 微

　　　　　　　2 徽

这时按空格键即可选出"微"字。

　　【例 B.2】　输入云彩的"云"字，在五笔输入方式下键入编码 fcu（后面补空格），编码提示框显示如下：

fcu　　　　　1 去

　　　　　　2 云

　　　　　　3 支

这时按数字键 2 即可选出"云"字。

B.6.2　Z 容错键

　　在五笔字型输入方法中，【Z】键上没有安排任何字根，而是作为一个可以替代任何字根码的万能键。当操作者不知道某个汉字的某个或某几个字根码，或者不知道某个汉字的识别码，均可用【Z】键当作该键位上的字根码或识别码。

　　显然，【Z】键的引入是以牺牲输入速度为代价。先来看一个实例，输入"服"字时，显然第一字根为"月"，其码为 e，假设第二码输入者不知道，第三码为"又"字，其字根码为 c，第四码为识别码，显然"服"字的识别码为 y。这时可输入编码 ezcy，由于在 Z 位置上，Z 可代表 a，b，…，y 等 25 个字母，则系统将按页显示所有以 e 开头，第二码为任意码，第三、四码分别为 c、y 的编码汉字，这时重码可多了，只能用数字键和类似拼音输入方法中的翻页键来选择所需的汉字。

　　显然连续输入一个有 4 个 Z 的编码将按页显示汉字集中所有的汉字。

B.7　键盘指法练习

从 1.3 节中已经可以发现,五笔字型的键盘设计,采用的是世界通用的标准键盘,其"区"、"位"的安排,正好与标准英文键盘的指法规则相吻合。因此,汉字的五笔字型输入极易实现"盲打",这就给企图达到较高输入速度的爱好者或专职打字员,创造了必要的条件。

由于其指法规则与英文打字指法规则相同,希望大家在学习五笔字型输入方法时,一定按照标准的指法练习进行训练,养成良好的习惯,这样您的输入速度才会很快得以提高。

至此,现已经将五笔字型输入方法比较详尽地给大家作了介绍。五笔字型从问世以来,由于它的编码简单准确,容易达到高效率地输入汉字的目的,而受到广泛使用。

附录 C
全国计算机等级考试上机考试系统

为了使考生更好地熟悉考试界面和考试环境，现将《全国计算机等级考试》中的所有界面作为附录，供考生参考。考试系统界面如图 C-1 所示。

单击【开始登录】按钮，进入考试系统登录界面，如图 C-2 所示。

C-1　考试系统界面 1 　　　　　　　　　C-2　考试系统界面 2

在指定位置上输入准考证号后，单击"考号验证"按钮，仔细核对提示信息，如图 C-3 所示。

确认"考生姓名"和"身份证号"无误后，单击"抽取试题"按钮；若信息有误码，则单击"重输考号"按钮后，重复上一步骤，如图 C-4 所示。

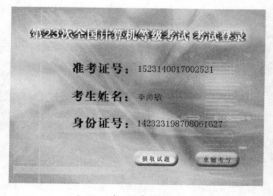

C-3　考试系统界面 3 　　　　　　　　　C-4　考试系统界面 4

　　在此界面中,提示考试过程中所涉及的考题类型及分值,并提示考试当前剩余时间。单击"开始答题并计时"按钮考试正式开始,如图 C-5 所示。

　　以下各界面是在答题过程中的各大题型所显示的界面形式,如图 C-6 ~ C-18 所示。

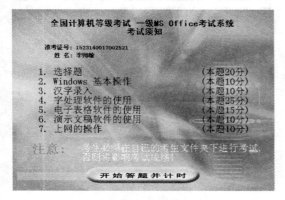

C-5　考试系统界面 5

C-6　考试系统界面 6

C-7　考试系统界面 7

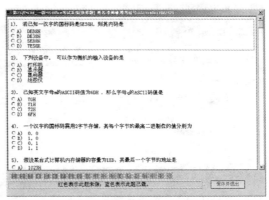

C-8　考试系统界面 8

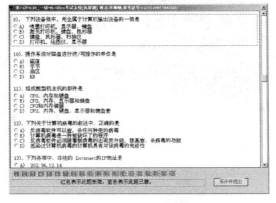

C-9　考试系统界面 9

C-10　考试系统界面 10

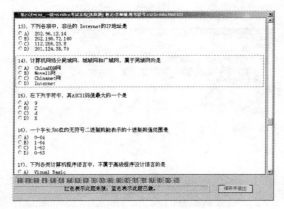

C-11　考试系统界面 11

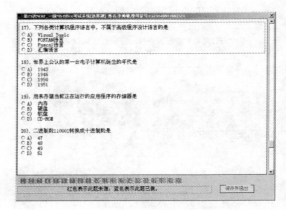

C-12　考试系统界面 12

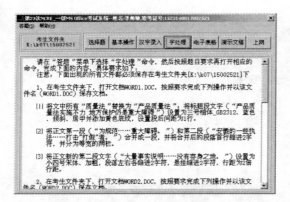

C-13　考试系统界面 13

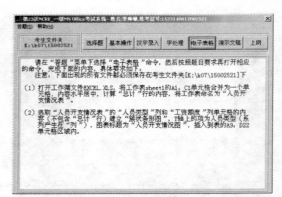

C-14　考试系统界面 14

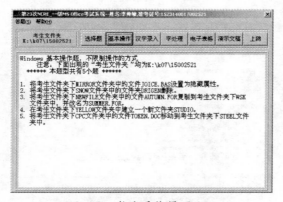

C-15　考试系统界面 15

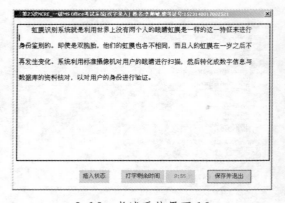

C-16　考试系统界面 16

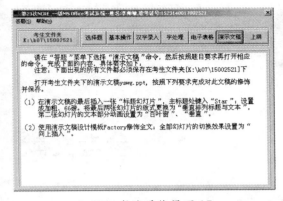

C-17 考试系统界面 17

C-18 考试系统界面 18

参考文献

［1］东方华人. Windows 2000 中文版入门与提高. 北京:清华大学出版社,2000

［2］李秀等. 计算机文化基础. 北京:清华大学出版社,2003

［3］王诚君. 最新微机操作培训教程. 北京:清华大学出版社,2003

［4］教育部考试中心. 全国计算机等级考试一级 MS Office 教程(2004 年版). 天津:南开大学出版社,2004

［5］冯博琴等. 计算机网络. 北京:高等教育出版社,2004

［6］赵随民等. 计算机应用基础教程. 北京:兵器工业出版社,2004